十二五国家科技支撑计划项目
（编号：2012BAH33B03、2012BAH33B05）资助

基于GIS的县级多维贫困监测与评价

王艳慧　赵文吉　谯博文等　著

科学出版社
北京

内 容 简 介

本书针对《中国农村扶贫开发纲要（2011—2020 年）》实施中贫困县监测的主要任务及要求，研究了综合考虑资源环境与社会经济条件的多尺度多维度贫困县监测与评价技术体系。基于地理空间信息技术，在有效组织多维贫困数据的基础上，设计县级多维贫困监测与评价模型，开发对应的软件系统，分别选取片区、省、市研究示范区，剖析了贫困县在资源环境与社会经济发展相关维度的减贫与发展状况，通过挖掘各个区域的贫困特征与致贫因素，更加高效直接的瞄准贫困区域，以期在人地关系和谐的前提下，实现贫困县社会经济与资源环境的协调可持续发展。

本书既可为扶贫开发相关部门技术与管理人员提业务参考，也可供从事地理学、资源环境科学、人口学、社会经济学、地理信息应用、信息管理等学科领域的研究开发者、管理者、大学高年级学生和研究生阅读参考。

图书在版编目(CIP)数据

基于 GIS 的县级多维贫困监测与评价/王艳慧等著. —北京：科学出版社，2017.8

ISBN 978-7-03-054132-1

Ⅰ. ①基… Ⅱ. ①王… Ⅲ. ①地理信息系统-应用-县-贫困区-监测-中国 Ⅳ. ①P208②F127

中国版本图书馆 CIP 数据核字（2017）第 193155 号

责任编辑：刘　超／责任校对：邹慧卿
责任印制：张　伟／封面设计：无极书装

科学出版社 出版
北京东黄城根北街 16 号
邮政编码：100717
http://www.sciencep.com

北京东华虎彩印刷有限公司 印刷
科学出版社发行　各地新华书店经销

*

2017 年 8 月第 一 版　开本：B5（720×1000）
2017 年 8 月第一次印刷　印张：24 1/4
字数：487 000

定价：168.00 元
(如有印装质量问题，我社负责调换)

自　　序

贫困是一个全球性的重大社会问题和现实问题。消除贫困、缩小城乡差距是人类实现可持续发展的重要目标之一。中国作为世界上最大的发展中国家，贫困人口规模庞大，扶贫工作影响着全球减贫工作的成效。其中，农村贫困问题一直以来都是中国政府制定扶贫开发规划及系列扶贫政策的重点。改革开放以来，中国农村反贫困实践取得了举世瞩目的成绩，农村贫困人口从1978年的2.5亿减少到2016年的4575万，贫困发生率相应地从30.7%下降到4.5%。标志着《中国农村扶贫开发纲要（2011—2020）》提出的中期目标顺利实现。

但是，成绩的背后，还应充分地认识到，长期影响农村发展的自然环境和经济约束因素依然存在。由于生态环境、区位交通、历史文化等因素制约，农村贫困面大、贫困人口多、贫困程度深的状况尚未发生根本改观。中国贫困人口分布呈现片（14个连片特困区）、线（沿边境贫困带）、点（12.8万个贫困村）并存的特征；自然条件恶劣、地理位置偏远、生态环境差、基础设施薄弱的黄土高原区、荒漠区、高寒山区、深山区、石山区等，存在明显的"空间贫困陷阱"。农村贫困空间分布特征由原来的"大面积"向"区域性、大分散小集中"转变，贫困的分布依然总体表现为"贫困深、成因杂、分布广、聚集强"的态势。总体上，农村贫困群体所生活的自然资源和生态环境构成了中国未来扶贫的重要约束条件，如何有效地利用自然资源以及改善贫困地区生态环境就成了扶贫工作的关键内容，也成为统筹地区扶贫开发与生态环境保护、帮助当地农民脱贫致富、实现资源环境与社会经济可持续发展的重要前提。

而县（或县级市）作为中国国民经济和社会发展进行组织与管理的最基本的行政单位，是城乡二元结构、区域差异扩大、"三农"问题的矛盾发生集中地，也是国家扶贫工作的重点组织单位。贫困县的发展与反贫困监测作为新阶段国家扶贫战略格局的重要组成部分，也是贯彻党中央"精准扶贫"战略的贫困精准识别、精准帮扶、精准管理的重要举措之一。对贫困县脱贫发展的监测可以有效解决贫困对象"是谁、在哪、为什么贫困"的实际业务问题，有助于切实加强扶贫项目实施的后续管理，充分发挥扶贫项目的经济效益和社会效益。

因此，在新十年扶贫开发实施的关键阶段，为了顺利开展对连片特困地区贫困县的精准反贫困监测，需要建立一套涵盖经济、社会和生态环境的多维度贫困测度指标体系和度量模型，尤其需要理清贫困县的整体贫困特征及其分布格局，以此制定并实施针对性扶贫策略，为科学评估和决策提供依据，这对减贫与反贫困有着更加直接的推动作用和具体的指导意义。

在此背景下，本书针对扶贫开发瞄准机制对贫困县多维贫困特征度量和监测的业务需求，通过空间信息技术在扶贫领域的创新性应用，研究多维度量与监测贫困县的关键技术与方法体系，为提高扶贫开发举措的针对性和监测评估扶贫开发规划的实施效果提供辅助决策支持，有助于克服扶贫对象瞄准的偏离和扶贫资源无法合理有效利用的不足，进而在脱贫导向选择上，辅助实现普惠与精准的动态均衡。对后续扶贫资源的有效瞄准与优化配置、精准脱贫政策响应的效率和精度提升具有重要意义。

王艳慧

2017 年 6 月 15 日

前 言

改革开放以来，中国扶贫事业取得巨大进步，但贫困地区由于所处资源环境的限制，以及公共设施、社会服务等的缺失，经济社会发展相对滞后，总体水平不高，区域发展不平衡问题突出，制约贫困地区发展的深层次矛盾依然存在，相对贫困问题凸显。《中国农村扶贫开发纲要（2011—2020年）》提出我国扶贫开发已经从以解决温饱为主要任务的阶段转入巩固温饱成果、加快脱贫致富、改善生态环境、提高发展能力、缩小发展差距的新阶段。统筹区域可持续发展、从多个维度把握贫困的实质并进行贫困县的动态监测与评价成为近年来国内外研究和扶贫开发业务的焦点。对此，本书基于地理空间信息技术，研究了综合考虑资源环境与社会经济条件的多尺度多维度贫困县监测与评价技术体系，在有效组织多维贫困数据的基础上，发展县级多维贫困监测与评价模型，开发对应的软件系统，分别选取片区、省、市研究示范区，剖析了贫困县在资源环境与社会经济发展相关维度的减贫与发展状况，通过挖掘各个区域的贫困特征与致贫因素，更加高效直接的瞄准贫困区域，为后续的扶贫资源的优化配置提供决策参考依据。

本书共分9章。第1章首先系统分析贫困县监测与评价的研究背景与意义，剖析了当前多尺度多维度贫困监测的发展与研究现状，提出了本书的研究目标、内容与技术路线。第2章针对目前贫困县多维度监测所需的多源多尺度资源环境与社会经济数据组织需求，研究了面向多维贫困识别的多源多尺度空间数据组织技术，提出了基于空间区域对象的矢栅一体化组织策略以及基于扩展R树索引方法的多尺度空间数据组织策略，并给出了详细的技术实施方案与案例测试。第3章基于多维贫困理论研究了县级多维贫困综合度量模型。针对县级人口贫困和区域贫困，分别建立了符合新阶段精准扶贫特征的中国农村贫困对象多维贫困识别与体系，从县域到农户，实现了贫困的精准度量分析；并从人地关系可持续发展的视角，分析了人口贫困与区域贫困的相互关系。为了评价和揭示不同资源环境和社会经济条件下的贫困具体表现特征，第4章到第7章围绕多维贫困评价与监测的核心维度，结合研究区区位条件，分别构建了资源贫困、生态贫困、交通贫困和农村基本公共服务均衡化视角下的耦合协调度模型，利用综合赋权法系统评价研究区相对资源承载力、生态环境质量、交通优势度、基本公共服务发展水平，并与各县经济发展水平进行耦合，计算耦合协同发展度，分别在省–市–县尺度上对其综合发展水平和空间分布特征进行时空分异分析，并提出相应的政策建议。第 8 章基于上述关键技术，研究了贫困精准识别空间信息系统的设计、开发与实现。最后在第 9 章，总结了本研究的主要内容，并指出了目前研究的不足及下一步研究重点。

本书可作为人文地理、地理信息科学方向的高年级学生及研究生的参考书，也可作为从事相关研究工作者的参考用书。

由于作者水平有限和时间仓促，书中定有一些错误和不足之处，敬希读者批评指正。

目　　录

自序
前言
第1章　绪论 ··· 1
　　1.1　研究意义及背景 ·· 1
　　1.2　国内外研究进展 ·· 3
　　1.3　研究目标与内容 ·· 17
　　1.4　技术路线 ·· 18
　　1.5　本章小结 ·· 25

第2章　面向贫困识别的多源多尺度数据组织 ··············· 27
　　2.1　面向贫困识别与监测的多源多尺度数据分析 ······ 27
　　2.2　面向贫困识别与监测的多源多尺度空间数据的组织 ······ 36
　　2.3　面向贫困识别与监测的多源多尺度空间数据库设计 ······ 56
　　2.4　面向贫困识别与监测的多源多尺度空间数据组织方法应用与分析 ······ 71
　　2.5　本章小结 ·· 83

第3章　县级多维贫困度量及空间分布特征研究 ··········· 84
　　3.1　县级人口多维贫困度量及空间分布特征研究 ······ 84
　　3.2　基于PI-LSM模型的县级贫困识别与测量 ··········· 103
　　3.3　多尺度贫困关系分析与政策建议 ······················· 120
　　3.4　本章小结 ·· 128

第4章　贫困地区生态环境与经济发展协调性评价 ········· 129
　　4.1　研究区概况 ··· 129
　　4.2　数据源及数据预处理 ······································· 132
　　4.3　研究方法 ·· 133
　　4.4　6个片区大尺度实证研究 ································· 146
　　4.5　吕梁单片区尺度的实证研究 ····························· 157
　　4.6　六片区与吕梁片区研究对比 ····························· 167
　　4.7　本章小结 ·· 170

第 5 章　贫困地区相对资源承载力评价 · 171
- 5.1　研究区概况与数据预处理 · 171
- 5.2　相对资源承载力研究方法 · 174
- 5.3　大别山片区相对资源承载力空间分异性分析 · 182
- 5.4　片区相对资源承载力动态分析及预测 · 191
- 5.5　2015 年片区各类资源承载力预测 · 201
- 5.6　大别山片区可持续发展的建议与对策 · 203
- 5.7　本章小结 · 208

第 6 章　贫困地区交通与经济发展协调性评价 · 209
- 6.1　分析方法与模型构建 · 209
- 6.2　武陵山片区交通优势度时空分异变化 · 216
- 6.3　武陵山片区交通优势度与区域经济耦合分析 · 225
- 6.4　武陵山片区交通优势度发展与区域经济增长预测和评价 · 237
- 6.5　本章小结 · 248

第 7 章　贫困地区农村基本公共服务与经济发展协调性评价 · 250
- 7.1　农村基本公共服务评价方法 · 251
- 7.2　农村基本公共服务发展水平的差异分析方法 · 254
- 7.3　武陵山片区农村基本公共服务均衡化发展的结果分析 · 255
- 7.4　连片特困区贫困县农村基本公共服务时空演变及其与县域经济协同发展关系 · 264
- 7.5　本章小结 · 277

第 8 章　多维贫困识别空间信息系统 · 279
- 8.1　系统概要设计 · 279
- 8.2　系统详细设计 · 290
- 8.3　平台开发与测试 · 332

第 9 章　总结与展望 · 361
- 9.1　总结 · 361
- 9.2　展望 · 362

参考文献 · 364
后记 · 378

第1章 绪 论

1.1 研究意义及背景

改革开放以来，我国大力推进扶贫开发，特别是随着《国家八七扶贫攻坚计划（1994—2000年）》和《中国农村扶贫开发纲要（2001—2010年）》的实施，扶贫事业取得了巨大成就。中国农村贫困人口大幅减少，绝对贫困人口规模已从2000年的3209万人下降到2008年的1004万人，绝对贫困发生率从2000年的3.5%下降到2008年的1%。2010年全国农村贫困人口达到2688万，其中，东部地区124万，中部地区813万，西部地区1751万，贫困发生率分别为0.4%、2.5%、6.1%，占全国农村贫困人口的比例分别为4.6%、30.3%和65.1%。2001~2010年，东部地区贫困人口占全国贫困人口比例由10.2%下降到4.6%；西部地区贫困人口占全国贫困人口比重由60.8%上升至65.1%。西部地区贫困人口相对集中，此外，山区农村贫困人口占全国农村贫困人口的比例逐年上升。与此同时，贫困地区基础设施明显改善，社会事业不断进步，最低生活保障制度全面建立，农村居民生存和温饱问题基本解决，这为促进我国经济发展、政治稳定、民族团结、边疆巩固、社会和谐发挥了重要作用，也为推动全球减贫事业发展做出了重大贡献。

尽管中国扶贫事业取得巨大进步，但经济社会发展总体水平不高，区域发展不平衡问题突出，制约贫困地区发展的深层次矛盾依然存在。人们对贫困的认识经历了由单维度到多维度的演变，影响贫困的指标也从单一的经济收入指标转变成为包含能力、权利等方面的指标。大部分山区农户由于地域条件存在上学难、治病难、工作难等生活问题，扶贫对象规模大，相对贫困问题凸显，返贫现象时有发生。在这多种复杂问题的连锁反应之下，中国普适性经济政策为中国扶贫开发工作指明了方向，许多地区利用地理优势等通过产业调整使得其脱离了贫困状况，但地理空间相对较封闭的一些区域发展则停留在了自给自足的农耕阶段，贫困地区特别是集中连片特殊困难地区（以下简称连片特困地区）发展相对滞后，扶贫开发任务仍十分艰巨，且这些区域由于公共设施、社会服务等的缺失，跟不上现代发展的步伐，农户的教育、健康、生活水平都远远落后于其他发达地区，存在分布上的"广而散，小而集中"的趋势。我国扶贫开发已经从以解决温饱为主要任务的阶段转入巩固温饱成果、加快脱贫致富、改善生态环境、提高发展能力、缩小发展差距的新阶段。

在此背景下，2011年中华人民共和国国务院颁布的《中国农村扶贫开发纲要（2011—2020年）》（以下简称"新纲要"）决定将农民人均纯收入2300元（2010年不变价）作为新的国家扶贫标准，更多低收入人口将享受到国家扶贫优惠政策，并明确指出，为进一步加快贫困地区发展，促进共同富裕，实现到2020年全面建成小康社会奋斗目标，按照"集中连片、突出重点、全国统筹、区划完整"的原则，把武陵山区、六盘山区等11个连片特困地区和国家已经明确实施特殊扶持政策的西藏、四省藏区和新疆南疆三地州作为扶贫攻坚主战场，按照"区域发展带动扶贫开发，扶贫开发促进区域发展"的思路，以县为基础制定和实施扶贫攻坚工程规划，加大投入和支持力度，加强对跨省片区规划的指导和协调，集中实施一批教育、卫生、文化、就业、社会保障等民生工程，大力改善生产生活条件，培育壮大一批特色优势产业，加快区域性重要基础设施建设步伐，加强生态建设和环境保护，着力解决制约发展的瓶颈问题，促进基本公共服务均等化。力争到2020年，稳定实现扶贫对象不愁吃、不愁穿，保障其义务教育、基本医疗和住房。贫困地区农民人均纯收入增长幅度高于全国平均水平，基本公共服务主要领域指标接近全国平均水平，扭转发展差距扩大趋势，从根本上改变连片特困地区面貌。

在此背景下，如何有效瞄准扶贫对象，度量贫困地区贫困现状，并在此过程中在转变经济发展方式、增强自我发展能力、注重基本公共服务均等化等方面坚持统筹发展，更加注重解决制约发展的突出问题，努力推动贫困地区经济社会更好更快发展，是扶贫工作的重点。考虑到扶贫统计监测工作的基础性、导向性和综合性，"新纲要"也明确要求要加强扶贫统计与贫困监测，建立扶贫开发信息系统，开展对连片特困地区的贫困监测。进一步完善扶贫开发统计与贫困监测制度，不断规范相关信息的采集、整理、反馈和发布工作，更加及时客观反映贫困状况、变化趋势和扶贫开发工作成效，及时发现贫困洼地，将资金和项目引导到贫困程度最深的地区，引导到需要帮扶的扶贫对象，为科学决策提供依据。

因此，为了响应"新纲要"号召，顺利实现"新纲要"对未来10年中国扶贫开发的主要任务及要求，缩小城乡差距，统筹区域可持续发展，有必要对片区内各县的社会经济发展水平、基础设施、社会服务、农村贫困状况与脱贫进程、农户生产与生活水平等方面，进行连续系统的监测，综合度量监测各片区及其对应的省－市－县的多尺度多维度贫困现状，为后续的扶贫资源的优化配置提供决策参考依据。

因此，本书试图从贫困县监测的角度出发，把握多维贫困的实质，在有效组织多维贫困数据的基础上，发展多维贫困度量与监测模型，开发多维贫困识别空间信息系统，借助GIS的空间分析与辅助决策能力，剖析贫困县在资源环境与社会经济发展各个维度的减贫与发展状况，充分考虑地理要素对贫困人口分布的影响，通过挖掘各个区域的贫困特征与致贫因素，更加高效直接地瞄准和度量贫困区域和贫困人口，以期在人地关系和谐的前提下，为实现贫困地区社会经济与资源环境的协调可持续发展的目标提供支持。

1.2　国内外研究进展

1.2.1　面向贫困识别的多源多尺度数据组织

1.2.1.1　空间数据组织

基于文件方式组织空间数据的模式在地理信息系统的发展中发挥了重要作用（李宗华，2005）。国内外学者都对其进行研究，并详细介绍了基于文件方式的空间数据组织思想，一些学者已在研究时采用了基于文件方式的组织方法，并应用到具体的实例中。早期空间数据数据量相对较小，结构格式单一，文件的组织方式足够满足数据的存储与管理。随着计算机网络技术和数据库技术的发展，越来越多的信息系统都支持 GIS 数据的文件共享，但由于文件的安全性不易控制，并且文件组织效率较低，容易引起共享冲突，已很难满足网络环境的需要（龚健雅，2000），因此要求空间数据采用更好的存储方式满足现代应用需求。

近十几年来，数据库技术得到了长足进步与发展，尤其是将空间数据与属性数据集成在商用大型数据库中进行管理是目前 GIS 发展的主流。空间数据在数据结构上的不同决定了其不同的组织方式。例如，栅格数据建库，尤其是遥感影像建库中，面向对象的组织常用的方法是在关系数据库的基础上，引入对象的概念，扩展数据类型，使之能存储影像数据。在矢量数据组织方面，主要采用基于中间件技术即空间数据引擎的组织方式来组织。通过这种组织方式，矢量数据分为很多层，每层在数据库中为一个表。它是将空间数据分解成关系数据表，从而实现对数据的管理，这也是近年来学者研究关注的热点。

上述基于数据库方式的组织方法虽然在一定程度上能够有效解决空间数据管理的难题，但是对于一些结构复杂的多源多尺度数据，在数据结构设计、一体化存储方面还没达到最优，还需进一步改进。

1.2.1.2　多源多尺度空间数据组织

（1）多源空间数据组织

常燕卿（2000）将矢量数据和栅格数据其中一种数据作为同一比例尺下的基

本数据框架，按照建好的数据位置索引，实现各种数据的调度；系统通过空间坐标将可视范围内的数据关联起来，通过计算得到其相关的图幅，矢量和栅格数据分别按照各自的组织方式将数据读出，经过矢栅一体化中的数据匹配将其显示出来。肖计划等（2009）设计并实现了一个多源多尺度空间数据引擎，即在计算机内存中存储和管理多尺度地图数据，多图幅地图数据管理的基本思想就是随着地图窗口视野的变化，动态、高效地实现磁盘和内存之间地图数据的调度。谢斌等（2011）提出按几何与属性要素组织，并融入扩展栅格数据模型，提供了一个较为完整的矢量栅格一体化的数据模型。杨宇博等（2013）提出了基于 GeoSOT 的多源空间信息区位关联模型：通过进行数据分块标识操作，使多源空间数据具有了统一的组织基准；并在地理对象与空间数据的"中间层"的基础上形成"对象－面片－数据"的空间信息三层组组织方式。

Krivtsova（2009）、Sozer（2010）、沈敬伟等（2013）通过设计矢量、栅格的数据结构，结合面向对象程序语言，构造表达相应数据结构的类，在数据库系统中实现空间数据的一体化存储。

上述研究虽然方法各异，但都是从数据的结构特点出发，研究数据结构的一体化。除此之外，面向贫困识别的研究区空间数据以矢量数据为主，因此，结合面向对象的特征，将空间数据按要素对象处理，并存储在关系数据库中，实现矢量数据与栅格数据的一体化组织。

（2）多尺度空间数据组织

多尺度数据组织尤其是多尺度矢量数据组织方法一直是研究的焦点。很多学者从包括数据库建库、可视化以及空间索引技术等不同角度进行了研究。

郭建忠（1999）、魏海平（2000）在数据库中实现了同时存储不同比例尺数据，但并没有从理论上说明数据体系构成的完备性问题。张作昌等（2005）提出了多比例尺线状要素数据组织方案，采用按比例尺分别建库，不同比例尺数据库之间是平行的，数据库间的关系通过线状要素的编码（要素标识码 FID）来链接，以此建立一个包含多个层次细节的数据库。

王涛等（2003）采用分比例尺组织方法，构建数据库能快速地浏览各种比例尺下的空间信息；缺点是增大了空间数据的组织和管理难度，增加了存储容量。李云岭等（2003）针对空间信息浏览的尺度变化规律以空间信息的屏幕视觉传输来研究空间数据的分级问题。但只介绍了多级比例尺数据在屏幕上缩放解决办法，并未提出具体的解决方案。许俊奎等（2013）从同名对象在不同比例尺地图之间关联关系的角度出发，提出一种树形多比例尺空间数据关联关系模型。但是在如何正确处理各级比例尺各要素之间及其内部对象间的关系问题上并没有提出合理的解决方案。

Oosterom(2005)、Lemmen(2001)、Vermeij(2003)、Ai等(2002)一些国外学者对 GAP-tree 对数据结构进行了一些研究，牛方曲等(2009)、程昌秀等(2009)在此基础上提出了一种索引结构来表达多尺度要素的渐变过程；这种矢量数据的多尺度模型能极大地提高海量矢量数据的可视化与传输的效率。邓红艳等(2009)认为空间数据多尺度表达实质上也可以看成一种空间分辨率与浏览区域的组合查询，并且在 R 树基础上设计出了 SDMR 树。然而，要完全实现空间数据多尺度表达只研究其数据结构是不够的，还要从高效率、高实用性的综合算法和模型等方面来考虑。除此之外，Bertino(2004)、Samba(2005)、Liliana(2006)通过数据库访问机制与空间索引技术关系的研究，来描述对多尺度数据的表达。

综上所述，多尺度空间数据可以通过多种方式表达。但是从空间数据模型构建来看，利用空间索引技术比其他表达方式在各种数据结构的扩展，对地理实体的多尺度表达实际应用有更重要的意义。在传统的索引方法中，格网索引和四叉树索引属于静态索引，在进行空间数据更新索引号的空间区域不能超出该区域计算时索引号的范围，否则区域大小的改变会引起整个索引的重建；另外，R 树索引属于层次数据动态索引，可用最小边界矩形(MBR)来近似地表达复杂的空间对象，该方法灵活度较高，并不需要提前知道研究区域索引范围。因此，结合 R 树的结构特征即在尺度维和空间维上的拓展，利用 R 树建立空间数据多尺度索引表达是完全合理的。针对传统 R 树在索引范围上的不足，即可能存在数据重叠，引入改进的 R 树即在原有索引项范围中增加一个标识项(区域名称)建立基于区域的索引，以期避免区域重叠，实现多尺度数据之间，以及多尺度数据与识别维度指标属性数据的关联。

(3) 多源多尺度一体化组织

李欣等(2005)采用了基于层次模型的存储结构系统并结合文件索引和数据字典技术对多源多尺度数据进行统一管理；对于各实体的属性数据，采用结构化记录式文件来对其进行管理，大大提高大数据量的 GIS 应用的存取效率。彭勤生等(2010)在传统空间数据索引技术和关系数据库索引技术的基础上，提出了基于多源空间和属性数据的联合索引方法。汪金花等(2010)创建索引数据库，并把不同图层的相关联空间信息有效地串联在一起，在整个数据组织中起核心纽带的作用；在空间分析或空间查询过程中，可以同时调用同一地块或区域的不同类图层的图形信息和属性信息。

上述方法重点研究多源多尺度空间数据与其属性数据之间的关系，而与非空间实体的属性数据以及其他专题数据关联的具体方法研究并不多。而且大多数空间数据与属性数据之间的关系呈现非结构化特征，这样就不能保证数据的存储效率。目前关联空间数据与属性数据的方法主要是利用空间数据中的对象属性信息与属性数据建立联系；当对象的地理编码缺失时，就无法实现其关联。通过对面向贫困识别与监测的数据分析，贫困识别与监测多源数据中属性数据复杂，但都可以用区域名称来标识，而空间实体的属性数据信息中也包含区域名称。因此，要实现空间数据和属性数据建立的关联，则可以改变空间数据的数据结构并建立空间索引，形成一个联合索引机制，以区域名称进行关联。因此，有效地建立起多源多尺度数据之间的关系，使不同类型的数据之间关联起来呈现结构一体化，是解决多源数据组织的途径。同时也与数据库组织数据的无缝集成以及一体化思想相呼应。

1.2.2 县级多维贫困度量

多维贫困(multidimensional poverty)理论主要创始者为1998年诺贝尔经济学奖获得者阿马蒂亚·森。他把发展看成扩展人们享有实质自由的一个过程，实质自由包括免受困苦——如饥饿、营养不良、可避免的疾病、过早死亡之类——基本的可行能力(Sen, 1999)。贫困是对人的基本可行能力的剥夺，而不仅仅是收入低下。除了收入低下以外，还有其他因素也影响可行能力的剥夺，从而影响真实的贫困。森对贫困的定义方法称为能力方法(the capability approach)。森提出了以能力方法定义贫困的多维贫困理论。多维贫困理论的核心观点是，人的贫困不仅仅是收入的贫困，也包括饮用水、道路、卫生设施等其他客观指标的落后和对福利缺乏的主观感受的贫困。

多维贫困的概念是随着贫困理论的发展而逐渐被提出来的。通常来说，贫困有3种类型：绝对贫困、相对贫困和社会排斥。绝对贫困是指个体缺乏足够的资源来满足其生存的需要。相对贫困是指相对于平均水平而言，个体缺乏日常生活所需的一些资源。或者说相对于平均水平而言，个体不能获得日常生活中所需要的全部资源。社会排斥强调的是个体与社会整体的断裂。从贫困概念的发展可以发现，衡量贫困的标准已经越来越超出收入这样的货币标准。从多个维度定义和识别贫困，越来越成为反贫困所必须依据的基础。

森提出多维贫困理论后，面临的最大挑战是如何对多维贫困进行测量。于是，2007年5月由森发起，在牛津大学国际发展系创立了牛津贫困与人类发展中心(Oxford Poverty and Human Development Initiative, OPHI)。中心主任Alkire建立了研究团队，并致力于多维贫困测量。Alkire认为与能力方法相关的多维贫困测量能够提供更加准确的信息，便于识别人们的能力剥夺(Alkire, 2007)。在2007~2008年，Alkire和Foster(2008)发表了《计数和多维贫困测量》工作论文。该文提出了多维贫困的识别、加总和分解方法，并逐渐为国内外众多研究团体和个人加以使用。例如，在国内，王小林等（2009）利用2006年"中国健康与营养调查"数据，从健康、教育、住房等8个维度以家庭为单位进行多维贫困测算；李佳路（2010）使用王小林等的测算方法，从教育、健康、环境和消费4个维度对S省的30个贫困县进行了贫困测量；王艳慧等（2014）从经济福利、生活水平、健康、教育4个维度，对河南省内县乡进行了多维测算和分析。

对于地区贫困（如贫困县、贫困村），现在往往从其可持续发展能力的角度来衡量一个地区的状况，从而确定其是否被划分为贫困地区。在这方面许多学者已经做了大量的研究。叶初升等（2005）通过分析个体贫困的贫困特征，基于此构建了村级贫困指标体系，利用完全模糊方法对每个村庄在各个维度上被剥夺的情况进行度量并加总，确定村庄的多维贫困指数，并且与绝对收入贫困、相对收入贫困所确定的贫困村覆盖的贫困人口做了比较，发现多维贫困识别出的贫困村中覆盖的贫困人口最多；彭贤伟（2002）在贵州喀斯特环境中发现，长期的自然经济形成比较封闭的人文社会环境和长期的单一经济结构是导致该地区无法彻底消灭贫困的主要原因。

在区域贫困研究领域，许多研究者都发现大多数贫困个体都分布在高海拔偏僻地区，而且这些地区的生态环境普遍较好。例如，李双成等（2005）在定量分析中国区域贫困化与自然要素的关系的基础上，利用GIS和ANN技术模拟了1999年中国区域自然贫困化的空间分布，发现地形因素与区域贫困化有显著的负相关关系，自然贫困空间分布有明显的空间集聚特性；曲玮（2010）总结出目前关于贫困与地理环境的关系研究趋势：一是关注贫困的地理空间分布特征；二是在前者的基础上研究贫困与地理环境、资源各要素之间相互影响、相互作用的动态关系；曾永明（2011）建立了包含生态环境、经济、社会等方面的指标体系，并经过BP神经网络模拟计算，分别得到自然致贫指数、社会致贫指数和经济消贫指数，在此基础上提出了一种测度方法，最终量化得出区域扶贫压力指数用来表征区域农村贫困程度。此外，程宝亮（2009）论述了其他地理环境，如西部环境脆弱地区与贫困分布的关系；李小云（2011）论述了地震灾害对农村贫困的影响机制；邹薇（2012）通过构建多层次计量模型，采用多年"中国健康与营养数据"考察了"群体效用"影响个体生活水平与区域间收入不平等的动态变化，进而使其陷入贫困陷阱为进一步支持扶贫政策提供依据。结果显示，在经济发展水平较低的地区或时期，应采用普适性的扶贫政策，通过群体效应达到减贫效果；随着经济发展的推进，则更多地采用瞄准性的扶贫开发政策以促进个体能力开发和人力资本积累。

在国外的研究中，Callander等（2012）设置收入、健康、教育的多维贫困指标体系，测算澳大利亚三区域（城市区、城市郊区以及郊区）中的收入贫困个体以及多维贫困个体，通过独立 Logistic 回归分析，讨论了不同区域收入以及多维贫困的人数相似性情况，并进一步分析了不同年龄段不同区域的贫困个体相似性情况，结果显示，在偏僻郊区的人更有可能成为多维贫困个体；Garriga 等(2013)使用安全饮用水、卫生设施以及卫生室条件三个指标构建了 WASH 贫困指数，并通过 WASH 贫困指数排名优先确定贫困区域，帮助决策。

综上，对于贫困村、贫困县的多维识别与度量研究中，国内外学者都普遍认同自然与社会致贫因素、经济缓贫因素的思想，学者往往从这两个方面来理解自然环境及社会条件与贫困人口之间的动态关系，从而进一步分析其致贫机理；也有学者在此基础上通过构建新的综合指数来评价同一尺度不同区域间的贫困程度，为扶贫决策提供借鉴。

1.2.3 生态环境质量与经济贫困耦合评价

1.2.3.1 生态环境质量评价

刘鲁君和叶亚平(2000)认为县域生态环境评价指标体系由生态环境质量背景、人类对生态环境的适宜度需求和人类对生态环境的影响程度三部分组成。这套指标从对人类的影响出发，重点在于评价生态环境相对于人类生存及社会经济持续发展的适宜程度。自然条件则仅作为背景指标。

刘洪岐(2008)从生态环境现状及动态变化出发，使用了环境保护部 2006 年发布的《生态环境状况评价技术规范(试行)》(下面称为《规范》)中给定的方法与指标体系对北京市各区县及功能区进行生态环境质量评价。《规范》中规定生态环境状况指数(EI)由生物丰度指数、植被覆盖指数、水网密度指数、土地退化指数和环境质量指数构成。以 EI 的值评价生态环境现状，以不同时期 EI 差值的绝对值评价生态环境的动态变化。

周铁军等(2006)为了评价 10 年间毛乌素沙地的动态生态环境质量，从毛乌素沙地的区域特征出发，构建了自然生态环境、社会生态环境、自然灾害和环境污染三层指标体系。这套指标充分考虑了研究区毛乌素沙地的自然特点，以及研究区主要生态问题和人口社会经济状况，可以客观地了解该区域生态环境质量。

刘正佳和于兴修(2011)，以生态系统稳定性内涵为核心选取了十三个指标，建立了生态敏感性 – 生态恢复力 – 生态压力度(SRP)概念模型，这比较全面地展示了生态脆弱的各个方面。这套指标可以反映生态系统受到扰动时的自身恢复能力，外界干扰带来的生理效应。

赵跃龙和张玲娟(1998)依据脆弱生态类型的划分和综合整治的方向将脆弱

生态环境形成因素的构成分为自然因素和人为因素，基于脆弱生态环境成因与结果表现进行研究，并由此构建了主要成因－结果表现指标体系。主要成因指标各异导致生态环境脆弱度评价结果不能进行地区间的比较，解决办法是加入结果表现指标进行校正。

国外的生态环境质量评价工作始于20世纪60年代，经过数十年的发展，由OEDC提出压力－状态－响应模型，为生态环境质量评价研究打下了理论与方法的基础，是现代世界范围内生态环境评价工作的开端。

20世纪90年代初美国环保局（USEPA）曾经提出了环境监测和评价项目（EMAP），到1990年，USEPA又提出了Regional EMAP项目，旨在评估EMAP在区域和地方尺度上的适用性，评估和改善区域尺度上的EMAP概念。这个项目极大地促进了区域生态环境评价。

2001～2005年，由联合国环境规划署（UNEP）总体协调开展了名为Millennuiu Ecosystem Assessment的项目，即千年生态系统评估（简称MA）。该项目的目标是评估生态系统变化为人类带来的影响，为保护生态系统的保护和可持续性奠定科学基础，促进人类社会的发展。这个项目对全球的一些重要区域进行了生态环境评价，进一步推进了生态环境质量评价。此后有越来越多的学者针对不同区域进行生态环境评价的研究。

1.2.3.2 贫困与生态环境的关系

自1898年西勃海姆提出关于贫困的定义以来，人们不断地在丰富贫困的概念，贫困也不仅仅是从经济的角度来定义了，其包含了生活生产条件、社会等多方面的内容。

贫困地区的定义具有丰富的内涵。依据麻朝晖（2008）的研究，贫困地区可以从以下三个角度进行分类：按照自然条件分类，可分为沙荒盐碱型贫困、沙漠干旱贫困、灾害型贫困、偏远型贫困。按照资源状况可分为自然资源贫乏型贫困和自然资源丰富但未开发贫困。按区域分类可分为边远少数民族贫困和省际接壤处贫困。李国彬（2007）认为贫困问题是当今人类社会共同面临的最严峻的挑战之一，是一个世界性的课题。一个地区是否贫困，要看它是不是集中了贫困人口，是不是社会、文化经济落后的集中地区。

从这些分类可以明显看出，虽然贫困地区是以生活水平未达标准的人口集中程度来定义的，但是地区的贫困和生态贫困的关系是密不可分的。

安树伟（1999）提出区域环境条件是地区贫困的第一位原因，影响着区域的经济发展水平，也是政府制定区域经济政策的主要依据。生态环境对经济活动存在限制的同时，经济发展也对生态环境产生影响。贫困地区不合理的经济开发活动会破坏和阻碍生态环境的恢复和保护。对于贫困地区，想要实现经济增长不可避免地要从生态环境中获得资源，如果获取方式不合理，对生态环境产生恶劣的影响，不仅不会脱贫，反而会使贫困程度加深。例如，"三废"的排放对生态环境造成的污染；乱砍滥伐，过度开垦，粗放式开发以及人口密度过大导致人地关系紧张，都对生态环境造成了极大的影响。生态环境恶化的结果就是造成了石漠化、荒漠化、风蚀、水蚀、植被破坏、大气质量恶化以及水资源污染。这些问题不仅影响着人类的生活，更影响了人类经济的发展。因此，对生态环境质量的评价有助于有针对性地对地区的生态环境质量进行改造与保护。

目前关于生态环境质量与贫困关系的研究并不多，主要有以下四种类型的研究。

Ⅰ．从生态贫困出发的定性分析

杨润高(2009)在分析怒江州的环境型贫困问题时，以人口数和人均资源禀赋分别作为因变量和自变量，探讨了怒江傈僳族自治州环境型贫困的原因是土地开发边际数量逐渐减少，趋于逆转拐点；国家开发政策汇集，形成狭小的地区发展空间。

李红梅和孟娟(2010)将陕西分为陕南地区、陕北地区和关中地区分别分析三个地区的自然条件与贫困状况，得出由于气象灾害、水土流失、土地荒漠化等生态环境问题导致该地区的农村贫困。

罗娅和熊康宁(2009)在研究生态环境脆弱的喀斯特地区环境退化问题时，发现很多经济贫困的地区往往是水土流失和石漠化较为严重的地区，该地区环境退化带来的劳动生产率降低、低资源承载力等都成为导致该地区经济贫困的重要因素。

Ⅱ．从生态环境与贫困的关系出发的定性分析

程宝良和高丽(2009)对西部环境脆弱带的分布与贫困地区的经济状况进行研究，得出西部地区脆弱环境与贫困之间存在着互为因果的复杂关系：生态环境脆弱成为返贫重要原因，地方投资能力有限和教育落后又成为导致生态环境更加脆弱的原因。

佟玉权和龙花楼(2003)则从脆弱生态环境与贫困地区耦合的角度证明了二者的相关性：贫困带来人口增长与脆弱生态环境等问题；人口增加使生态环境趋向更脆弱，脆弱生态环境使贫困越发严重。

陈浩(1999)对贫困地区进行研究后总结过生态恶化是贫困的主要原因之一，贫困促使人类不合理开发利用资源加剧生态恶化，并重点提出了政策上的建议。

Ⅲ．从生态环境脆弱县与贫困县相关性出发的定量分析

李周(1994)对生态敏感县和政府公布的贫困县做过相关研究，主要研究了

生态敏感县与贫困县的个数、人口、耕地面积和土地面积的关系；赵跃龙和刘燕华(1996)将全国划分为七大生态脆弱区，并找出落在其中的生态脆弱县，计算全国各省(区)纯收入低于500元的县个数与脆弱县个数的关系，计算二者之间的关系。这三位学者还将研究区按一定数学方法分为三个区，并再次进行生态脆弱县个数与贫困县个数的相关分析，最后三个区的相关性大小有明显区别，由此得出脆弱生态环境与贫困的相关关系因不同地区而不同的结论

目前关于生态环境质量与贫困关系的研究大部分都是从社会学角度定性地进行分析，仅仅对人口、耕地面积等基础指标进行了简单的对比，对于生态环境质量、贫困以及二者的关系也以描述为主。并没有考虑区域生态环境综合质量，也没有涉及生态环境所包含诸多因子间相互作用带来的结果。对贫困没有一个合理的衡量标准。对于生态环境与贫困的关系没有给出科学合理的量化。少部分研究对于二者关系使用了定量的方法进行衡量，采用了合适的指标体系评价生态环境质量，对于生态环境与贫困的关系有一个量化的评判标准。但是仍然存在不足之处：对生态环境脆弱的评价是在全国范围内进行的，但是不同区域内生态环境的特点不同，因此采用同一套指标进行评价缺乏针对性，不能体现出不同地区生态环境质量的真实状态；对生态环境与贫困的关系是分别以两类县的个数为因变量和自变量计算相关性的，而不是以生态环境的质量的指标值和贫困的指标值计算的。

Ⅳ. 从环境污染的角度以经济学方法研究

国外学者更侧重于以经济学的方法对环境与经济的关系进行研究，而且环境方面的因素重点考虑污染因素。

国外有关生态环境与贫困的关系则要追溯到16世纪的地理环境决定论，这种理论认为地理环境在人类社会发展中普遍起着决定性作用。虽然这是一种片面的理论，但是地理环境对于人类社会特定方面起到的作用是不可忽视的。罗马俱乐部的报告——《增长的极限》一书中提出了粮食、资源和健康的环境是经济增长的必要条件，但不是充分条件(Meadows，1972)。采取自己对增长加以限制的方法，使全球处于人口和资本基本稳定，外界对这种稳定的干扰要认真加以控制。1972年联合国环境与发展大会上通过了《21世纪议程》，文件第八章中明确提出要将环境与发展问题纳入政策、规划和管理。

对于环境与经济的定量分析，比较常用的有投入产出模型和非线性扩展型生产函数。从国外研究情况来看，不管是生态环境质量评价，还是环境与经济的相关分析，大部分都是从人类福祉出发，探索如何更好地协调生态环境与人类生活之间的关系。对于生态环境质量评价已经有了比较成熟的体系，但是关于环境与经济的定量分析多数还停留在经济学角度上，利用不同的数学模型从环境对经济

效益的影响出发，更多地考虑的是生态环境污染对经济造成的影响。

1.2.4　相对资源承载力评价

全球人口迅速膨胀，资源严重短缺、生态环境遭到了严重的破坏，人地矛盾日益尖锐成了20世纪中叶至今的一个非常严峻的问题，因此，相对资源承载力的相关研究得到了深入的发展。

早在1785年，法国经济学家范士纳就对土地生产力和经济财富之间的相互关系问题进行了较为详细的研究。接着，人口与粮食问题在马尔萨斯的著作中被首次提出，随后，Verhust用容纳能力指标以逻辑斯缔方程的形式有效地验证了马尔萨斯的重要观点。1812年针对人口与粮食问题，马尔萨斯提出了相关假设，对经济学以及人口学等领域相继展开了承载力的相关理论研究。但环境承载能力的极限问题，说法不一，产生过两种截然不同的理论：① 罗马俱乐部于1972年发表了世界报告——《增长的极限》。该报告向全世界宣布了20世纪末至21世纪初全球增长将达到极限，这个结论是运用全球分析模型得出的。② 另外一种观点与此相反，美国经济学家西蒙认为人类资源并没有尽头，粮食问题也并不像罗马俱乐部描述的那样出现了问题，人口会在不久的将来达到平衡。World - watch Institute于1994年就粮食问题所写了一本著作名为《人满为患》。此书的主要观点结论为：由于人口增速较快，世界粮食供应虽然保持几十年的稳速增长，但却难以跟上人口的增速。书中有这样一段话值得重视："经济学家和人口统计学家因为人口增长率的不断下降而感到满意，但是生态学家却把人口增长率和绝对增长量分成两个不同的问题看待，他们主要关注人口需求以及保障系统之间的相互关系"。这个保障系统就是指自然资源以及自然过程，因为"只有地球提供原材料，不断为人类提供食物、并能够吸收所产生的废物，人类的经济活动才能够持续进行"。

前几年，局限于自然资源领域（尤其是研究要素为土地资源和水资源）的承载力研究比较多见。土地资源能够满足人类的一切基本需求，因此土地资源是最基础的生产资料也是最基本的劳动对象，土地资源的承载力是最主要的研究对象，众多学者都注意到了这一点，所以关于资源承载力的研究大部分都集中于以土地－食物－人均消费－可承载人口为主线的研究模式和研究方法上，研究领域也基本围绕土地相关的范围。该领域的研究成果丰硕，时间持续得也较长，其中最具代表性的有联合国粮食与农业组织于20世纪80年代初进行的土地资源人口承载力研究，这一研究为世界上的相关研究做出了重大的贡献。中国社会科学院自然资源综合考察委员会于1986年做了《中国土地资源生产能力及人口承载量研究》，该项研究是我国在此课题上做出的最具影响力的成果。水资源是人类生存、生产所依赖的重要资源，关于水资源的研究虽然起步较晚，但成果丰硕。从20世纪90年代初，中国科学院率先对我国城市设置与区域水资源承载力协调做出研究，分析我国城市水资源超载原因；同年，学者蔡安乐对水资源承载力的研究成果中具有建设性地提出了水资源的开发利用应遵循环境生态学原则即考虑到了科技、经济水平等对其的制约，又兼顾了生态系统的完整性这一准则；此后不断有学者对水资源承载力的概念、实质、功能及分析方法进行完善，并选择不同研究区进行实证分析，取得了较满意的结论。此后，郑宇等学者将水土资源作为一个整体来进行研究，探讨水土资源承载力可持续利用的模式，学者开始了资源约束与可持续发展的多方位研究。

在分析方法上，主要分为资源承载力研究和相对资源承载力研究两类。资源承载力研究注重研究区资源绝对量的计算，而相对资源承载力会选择一个资源状况更好，且相对研究区面积更大的区域资源量作为对比标准，根据参照区的人均资源拥有量和消费量、研究区域的资源存量，计算出研究区域的各类相对资源承载力。近年来，相对资源承载力的相关研究越来越多，相关学者在天津、吉林、宁夏、安徽、长江流域、辽西地区、新疆、贵州乌蒙山区等区域的相对承载力开展了研究，研究的切入点与研究方法也各不相同。在研究对象的选择及研究指标的确定方面，不同学者各有偏重，主要分为两类：一是对专项资源承载力进行评价，如《武汉市土地利用总体规划环境影响评价研究》（由国土资源规划研究室编写完成），以定量化评价方法分别对土地资源承载力、森林资源承载力、矿产资源承载力、海洋资源承载力等进行初步探索评价；二是选择几项指标分别代表某类资源承载力水平，整合在一起进行评价，如吴连海（1992）、张永勇（2001）、高志刚（2005）对自然资源承载力（以耕地面积水资源拥有量分别代表土地资源水平和水资源水平，通过对两项指标加权，得到自然资源承载力现状）进行评价，或者是王中根（2006）、徐晓红（2002）、高明（2009）对经济资源承载力（以国内生产总值代表）进行评价；还有少数学者注重各类资源承载力的相互协调发展状况，在考虑相对自然资源和经济资源承载力的基础上，把相对社会资源承载力（用社会消费品零售总额或GDP指标衡量）的计算指标也纳入研究，从而资源承载力的研究得到进一步的完善。

在研究模型方面，周亮广（2006）利用主成分分析评价对喀斯特地区水资源承载力动态变化研究，陈传美等（2000）运用系统动力学对郑州市土地承载力进行研究。由于资源研究的定义被不断外延，评价指标不断增多，综合指标评价方法也被学者广泛应用，例如，沈君（2005）、夏军（2006）基于综合指标评价方法，运用线性等权重加权方法计算综合资源承载力，2008年学者李泽红等对此进一步改进，用几何平均方法计算综合资源承载力，这使得评价结果更为客观。当然还有其他一些常规的资源评价方法，如单因子评价、生产力估算评价、模糊综合评价等。

在分析时间序列的选择上，分为静态研究和动态研究两类。静态资源承载力研究侧重于对现状的分析。动态资源承载力更关注资源的长期发展趋势及其预测研究，寻求资源在长时间序列中的发展趋势与持续平衡增长，例如，李小燕等（2006）对相对资源承载力的研究方法进一步创新，结合1978～2003年的相关资料，对陕西省的三种产业的相对资源承载力进行了时空动态模拟。

1.2.5 交通优势度时空演变及其与经济耦合关系

1.2.5.1 交通优势度

国外学者对区域交通优势的评价研究起步较早，成果丰富，理论水平较高。Holl（2007）以西班牙为例，分析了国家尺度下高速公路建设对可达性的提升。Zhu等（2004）利用GIS技术，以新加坡为研究区域，分析了MRT交通系统对可达性的影响。Gutierrez等（1996）探究了西班牙－法国之间的高速铁路的修建对欧洲其他城市可达性的影响，并对欧洲主要城市的可达性值的变化进行了定量分析。Bowen（2000）定量分析了东南亚航空中心国际航空可达性在1979～1997年间的变化，结果表明，不同政府政策对航空网络的发展有不同影响。日本学者Murayama（1994）以日本为例，探究了1868～1990年铁路的发展对城市体系的影响，结果表明，铁路的发展大大促进了城市可达性的提升，而可达性的提升又大大促进了日本的城市体系的发展。

国内学者对区域交通评价的研究起步相对较晚，多以可达性分析为主。曹小曙和阎小培（2003）分析了广东省东莞市从改革开放到现在交通网络的演化，并对可达性空间格局的变化进行了探究。罗鹏飞等（2004）以上海、南京沿线地区为例，从旅行时间、经济潜力、日常可达性3个维度，探讨了京沪高铁通车后可达性的变化。金凤君和王姣娥（2004）介绍了20世纪以来我国铁路网络的发展历程，并对铁路可达性演变进行了分析。吴威等（2006）以长三角地区为例，分析了主要城市公路可达性的演化规律。徐旳和陆玉麒（2004）分析了1993年和2003年两个时间断面江苏省高等级道路网络变化，并对不同区域驱动因素进行了分析。曹小曙等（2005）从距离和时间两个角度，分析了国家尺度上中国各城市的可达性。王法辉等（2003）从航运方面入手，研究了我国航空网络1980～1998年机场服务范围的变化。张兵等（2006）选取了1984年、1993年、2004年三个时间断面，分析路网可达性变化，并根据规划，模拟分析2025年湖南高速公路网络可达性。以上研究多只单一分析某一项交通方式的变化，没有反映整体区域的交通优势。

金凤君等(2008)最早提出交通优势度的概念，从交通网络密度、交通干线影响度和区位优势度三方面对全国交通优势度进行综合评价。交通优势度通过综合集成，能真正反映一个区域交通环境的优劣。近些年，其他学者纷纷效仿，对各地交通优势度进行评价。黄晓燕等(2011)选取交通网络密度、邻近度、通达性等指标，评价海南省交通优势度。王成新等(2010)用交通网络密度、交通干线等级、区位优势度对山东省进行评价，并用聚类方法进行分级。孙威等(2010)以主体功能区为背景，分析了山西省省域层次上交通优势度空间分布格局。李玉森(2012)从交通优势度与交通通达度两方面对辽宁省交通进行综合评价。吴旗韬等(2012)以广东省为研究区，从综合路网密度、交通设施影响度、交通枢纽辐射水平三方面，分析各区县差异。蔡安宁等(2013)分析了江苏省交通优势度的空间格局，并利用引力模型改进了区位优势的计算。张新等(2011)分析了河北省交通优势度，并运用层次分析法确定了交通优势度各评价指标的权重。吴威等(2011)用时间代替距离，分析长江三角洲地区交通优势度空间格局。周宁(2012)分析了黄淮海平原地区交通优势度的空间格局。孟德友等(2012)用熵值法确定各指标权重，对中原经济区交通优势度进行评价。

1.2.5.2 区域差异及时空变化

目前针对地区发展不平衡的研究很多，从内容上看，对于区域差异的研究主要集中于经济数据上，有用单一指标人均GDP、人均收入等指标，也有用指标体系综合反映地区间的发展水平。齐元静(2013)采用人均GDP分析了1990~2010年间中国地级行政单元经济发展阶段和时空特征。孟德友和陆玉麒(2012)对江苏县域农民收入水平及收入增长的区域格局及演变态势进行深入分析。彭颖和陆玉麒(2010)，以1999~2008年人均GDP和经济密度为基础数据，定量分析了成渝经济区经济差异的变化。

近些年，对于区域不平衡的研究逐渐扩展开来，由单一的从经济金融方面，延伸到社会公共服务各项领域，特别以教育和医疗的均衡性研究最多(赵宏斌，2009；王良健，2011；张彦琦，2008；陈浩，2011)。虽然研究的内容有所扩展，但主要以统计数据为主。

从研究方法上看，主要是基于数理分析的视角，利用均值、方差、变异系数、基尼系数、泰尔指数等指标对区域差异及变化进行分析(欧向军，2006；胡望舒，2013；孟德友，2011)。随着GIS的不断发展，探索性空间数据分析

(ESDA)逐渐在空间格局及变化的研究中广泛应用(彭颖,2010)。

1.2.5.3 交通与经济耦合关系

交通可达性变化导致相对区位价值发生改变,从而增大或减小区域经济发展差异,现有研究多集中于可达性的提高对区域经济发展的促进作用。Vickerman(1996)对跨欧洲交通网的建设进行了评价,从空间和非空间两种视角分析了可达性对区域发展的影响。Linneker和Spence(1996)研究了伦敦M25环线公路沿线,自20世纪80年代至今可达性变化和区域发展的关系。Femald(1999)以20世纪50、60年代美国为研究对象,探讨了道路建设投资和生产率的关系。Vickerman等(1999)认为跨欧洲公路网并没有促进可达性和经济发展的更进一步的收敛。Botham(1980)以英国为研究区,分析了其20世纪60和70年代的公路建设,表明交通的改善促进就业人口集聚分布。

张一平(1994)对交通运输和经济发展的理论进行了初步介绍与总结,提出两者关系因经济发展水平不同而有所差异,在具体研究中要与我国国情相适应,并对我国交通运输与农村经济进行了探讨。陆大道(1995)从空间可达性和时间可达性方面,探讨了交通对区域产业发展的重要影响。

随着计量革命的兴起,越来越多的学者采用计量经济学和统计学的方法,定量分析交通与经济发展的关系。部分学者从经济学的角度切入,探究货物运输、道路密度、设施建设等统计数据和经济发展的关系。张学良(2007)运用1993 – 2004年面板数据,采用C – D生产函数,定量分析了我国不同区域交通基础设施建设对GDP增长的弹性效果。张镝和吴利华(2008)研究发现,交通基础设施建设存在滞后效应,其对经济增长的提升效果在短时间内并不明显,且经济增长受多种因素共同作用,交通基础设施只是促进经济增长的其中一个条件。徐巍和黄民生(2007),吴云勇(2006),董大朋(2009)分别以福建省、辽宁省、东北三省为研究区,探究了交通运输与经济增长间的关系。王亚(2010)评价了重庆市公路建设与县域经济发展间的适应性。刘生龙和胡鞍钢(2011)运用省际货物运输周转量数据,证明了区域经济一体化程度受交通运输的影响。

部分学者从地学的角度切入,分析可达性、交通优势度等与经济发展的关系。李九全(2008)对陕西省各市竞争力和通达性进行了测度,得到城市竞争力与通达性水平的空间格局基本一致的结论。张志学(2009)分析了陕西省1999~2006年区域可达性与经济发展的变化。孟德友等(2012)和刘传明等(2011)用耦合协调度对交通与经济的发展水平分别对淮安和中原经济区进行定量分析。吴旗韬等(2012)用交通优势度与人均GDP进行回归分析,发现交通优势度与经济发展呈明显正相关。程钰等(2013)将综合交通可达性与经济发展水平进行分级,构建 16 种空间组合类型,分别对山东省和济南都市圈进行分析。

1.2.6　基本公共服务评价

在评价尺度上,陈昌盛和蔡跃洲(2007)运用基准法和数据包络分析法全面评估了我国 34 个省公共服务(2000～2004)的综合绩效和地区差异状况;南锐等(2010)对 31 个省级城市的基本公共服务均等化水平进行比较,将全国城市的基本公共均等化水平划分等级,彭尚平等(2010)在考虑了城乡因素的基础上对成都市的基本公共服务均等化进行了实证分析;尹鹏等(2015)对吉林省 9 个城市进行分析,论证人口城镇化与基本公共服务的关系。以上研究是直接从省市级层面上采用基本公共服务的相关指标对基本公共服务进行研究,并没有满足"新纲要"扶贫开发规划的目标,从县级层面上对贫困地区的农村基本公共服务进行研究,无法加大扶贫攻坚力度,影响区域扶贫效果的稳固性和持续性。在指标体系方面,安体富等(2008)建立了社会保障指数、公共安全指数、基础教育指数、基础设施指数、环境保护指数、科学技术指数等指数进行评价和测度;刘德吉(2010)从区域和城乡差异角度出发,从投入、产出和效果三类建立了评价指标,但迄今并没有针对"新纲要"扶贫开发战略的基于贫困地区农村基本公共服务指标体系的研究。在分析方法方面,曾宝富(2010)运用主成分分析法根据构建的公共服务指标体系对各省区公共服务水平进行评价;杨帆和杨德刚(2014)利用熵值法分析新疆基本公共服务的水平及空间差异并探究了差异产生的原因;郭晗和任保平(2011)运用变异系数对我国 30 年来基本公共服务均等化的发展进行研究;王新民和南锐(2011)运用层次分析法对 31 个省份 2008 年的基本公共服务均等化水平进行了研究;曾宝富(2010),杨帆和杨德刚(2014)采用客观赋权法,根据指标的统计性质确定指标的重要程度,但不能依据理论上各指标的重要程度赋予不同的权重值,赋权结果与客观实际存在一定的差距;郭晗和任保平(2011),王新民和南锐(2011)采用主观赋权法,得出的权重对专家存在不同程度的依赖。

1.3　研究目标与内容

基于 GIS 的县级多维贫困监测与评价的研究目标是,利用空间信息技术,研究多维度识别与瞄准贫困的关键技术与方法。实现面向贫困识别的多源多尺度数据组织,设计县级贫困测量指标体系,建立反映人口、经济、社会、生态等多个维度贫困状况的测算与分析模型,分析县级贫困类型与分布,并从生态环境、资源、交通、公共服务等多维度,分析其空间分异及与经济发展的关系。

主要研究内容包括以下几个方面。

1) 贫困地区多源多尺度空间数据组织方法与技术：研究 GIS、RS 技术体系支撑下的贫困地区的人口、经济、社会、生态等社会经济调查统计数据空间化处理技术方法，研究不同空间尺度的贫困行政区划单元与对应社会经济信息调查单元的空间匹配、贫困地区社会经济调查统计信息的空间分布特征量算、贫困地区社会经济与资源环境调查统计信息的空间可视化。从而实现专题属性数据向空间数据的转换，支持贫困地区社会经济与资源环境信息的空间统计分析、时空分析和可视化等。

2) 县级多维贫困测算模型：结合连片特困区区位条件，选择确保全面反映贫困现状的综合测算评价指标体系，从资源、环境、生态、社会、经济等各个角度确定各评价因子的权重值，建立贫困状况测量分析模型，确定多维贫困分级分类标准，以县为评价单元，对贫困区的资源、生态环境、收入、消费及生活水平等进行综合度量与分析，并根据单一或部分指标因素进行分解或综合。

3) 贫困地区贫困条件调查技术：根据前面建立的贫困状况测量指标体系，结合所提取的贫困区资源生态环境信息及其变化状况，对贫困区的贫困现状进行调查摸底，系统分析连片特困示范应用区的致贫原因、贫困类型，为设计相应的扶贫开发识别和瞄准机制提供科学依据。

4) 基于空间信息技术的贫困精准识别系统：建立综合反映人口、经济、社会、生态等多个维度贫困状况的贫困精准识别系统，实现由点到面、从贫困片区到贫困农户个体、从单一维度到多维度综合的贫困逐级逐类精准识别，实现基于空间时空分析技术的贫困动态变化监测和评价。

拟解决关键技术问题包括：① 面向贫困识别与监测的多源多尺度空间数据组织；② 县级多维贫困测量指标体系的建立和模型构建；③ 生态环境质量评价及其与贫困耦合；④ 相对资源承载力评价及时空分异；⑤ 交通优势度评价及与经济耦合；⑥ 基本公共服务评价及其与经济协同发展关系。

1.4 技术路线

1.4.1 总体技术路线

本书研究的总体技术路线如图 1-1 所示：构建研究区资源环境与社会经济信息数据库，对各种可能致贫因素进行归纳、分类和整理。在此基础上设计多维贫困测量指标体系，建立反映人口、经济、社会、生态等多个维度贫困状况的多维贫困测算模型，实现多维贫困的精准识别，为扶贫资源的优化配置提供保障。

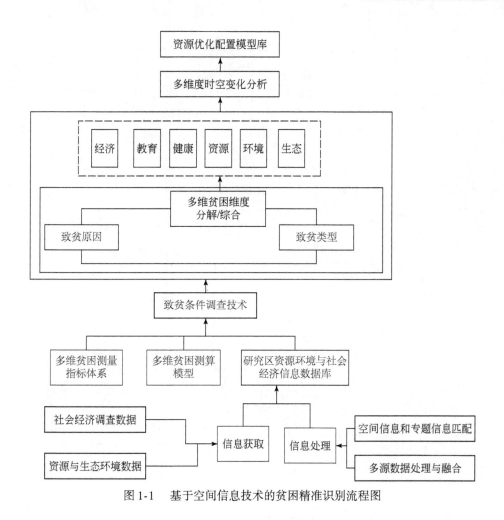

图 1-1　基于空间信息技术的贫困精准识别流程图

1.4.2　面向贫困识别的多源多尺度数据组织

通过对贫困识别理论、空间数据库理论、空间数据组织方法以及空间索引理论的研究，针对面向贫困识别空间数据多源多尺度的特征分析，构建空间数据库，提出基于地理位置的多源的矢量、栅格数据一体化组织方法，以及扩展 R 树索引实现多尺度空间数据的组织；并设计基于空间－属性数据的一体化组织方法实现空间数据与属性数据的联合查询。最后通过在多维贫困识别中的应用完成组织方法的验证。技术路线如图 1-2 所示。

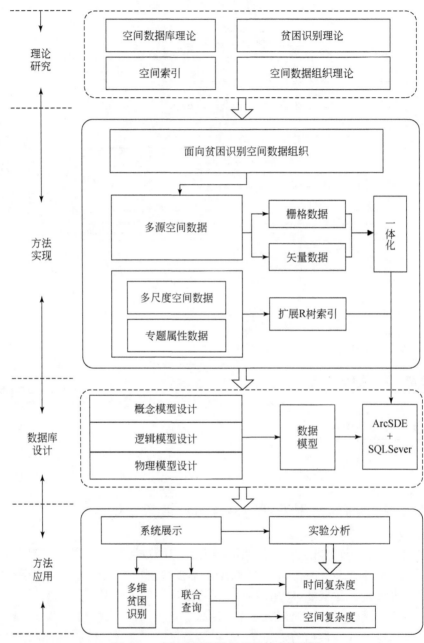

图 1-2 多源多尺度数据组织技术路线图

1.4.3　县级多维贫困识别与测量

县级多维贫困识别与测量技术路线如图1-3所示，结合连片特困区区位条件，选择确保全面反映贫困现状的综合测算评价指标体系，从资源、环境、生态、社会、经济等各个角度确定各评价因子的权重值，建立贫困状况测量分析模型，确定多维贫困分级分类标准，对贫困区的资源、生态环境、收入、消费及生活水平等进行综合度量与分析，并根据单一或部分指标因素进行分解或综合。

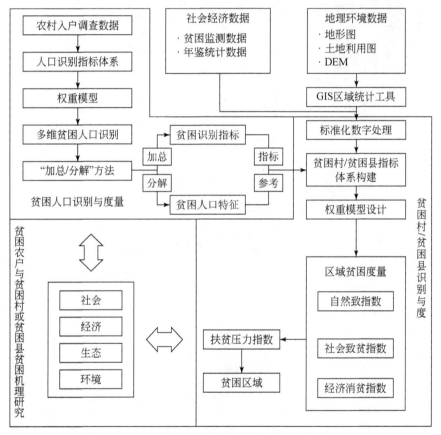

图1-3　县级多维贫困识别与测量技术路线图

1.4.4　生态环境质量与经济贫困耦合关系评价

收集生态环境数据域经济贫困数据，经过数据预处理后，根据指标体系选择基础指标，形成生态环境质量指标数据库与经济贫困指标数据库，分别计算得到生态环境质量分布图与经济贫困分布图，利用空间分析工具进行多种方式空间分析，得到二者关系分布图，对结果进行定量描述并对形成机理进行分析。技术路线如图1-4所示。

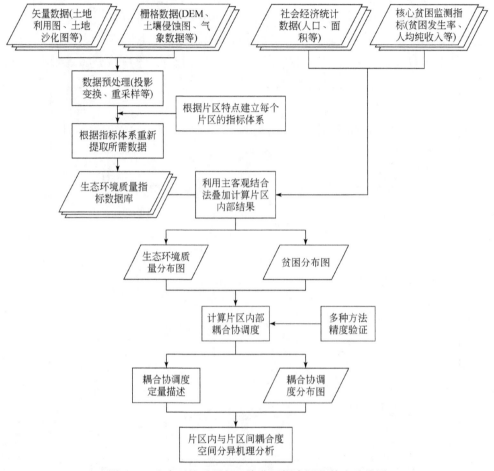

图1-4　生态环境质量与经济贫困耦合评价技术路线图

1.4.5　相对资源承载力评价

技术路线如图1-5所示。基于贫困片区的基本情况，运用综合指标评价方法，建立相对资源承载力评价指标体系；运用主客观相结合的方法，对指标体系中的众指标进行权重赋值；选取具有代表性的年份和参照区，运用资源承载力研究方法，对研究区各类资源超载程度的空间分异性进行研究；对研究区的动态资源承载力进行分析，并运用二次指数平滑的方法进行研究区各类资源承载力的预测和精度验证。

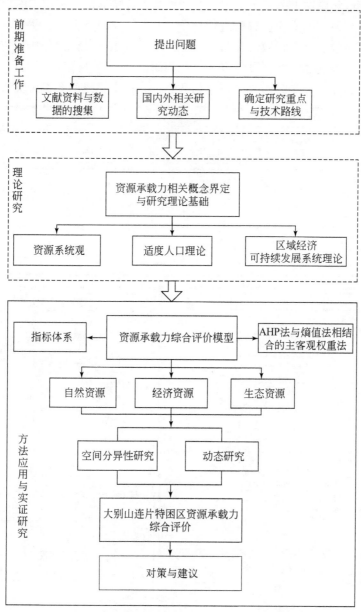

图 1-5　相对资源承载力评价技术路线图

1.4.6 交通优势度时空演变及其与经济耦合

在前期收集资料的基础上,构建交通优势度评价模型,利用 GIS 叠置分析和网络分析,对研究区交通优势度进行度量,并分析其时空演变;然后利用因子分析法计算区域经济综合指数,并与交通优势度进行耦合研究,分析研究区交通与经济耦合协调程度和时空分异特点和变化规律。最后结合片区规划,对研究区交通优势度发展与区域经济增长进行预测和评价。技术路线如图 1-6 所示。

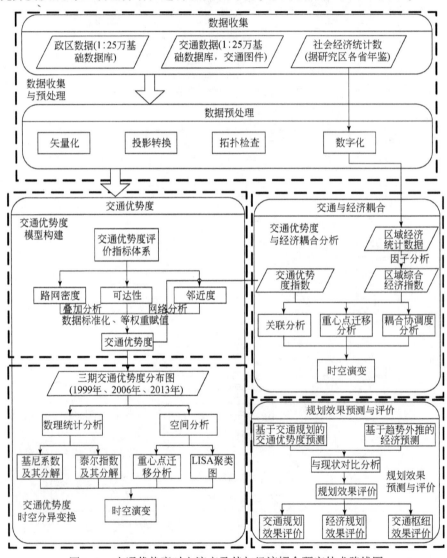

图 1-6 交通优势度时空演变及其与经济耦合研究技术路线图

1.4.7 多维贫困精准识别空间信息系统

基于.net 平台与 AE 技术，采用 SQLServer 数据库技术，研究多维贫困识别与监测数据组织方案与软件详细设计，自主研发农户 - 村级 - 县级多维贫困识别系统，在实现多维贫困识别数据库管理与基础 GIS 平台功能的基础上，实现片区 - 省 - 县 - 村 - 农户各级尺度上的数据管理、多维贫困现状展示、多维贫困测算、多维贫困监测、农户信息上报、数据输出等专题功能。多维贫困精准识别空间信息系统总体架构如图 1-7 所示。

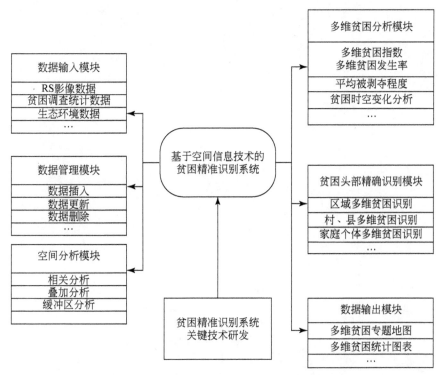

图 1-7　多维贫困精准识别空间信息系统总体架构

1.5　本章小结

尽管中国扶贫事业近年取得了重大成就，但 2011 年公布的"新纲要"对新时期扶贫工作提出了新的要求。传统单独依靠收入指标往往不能准确识别贫困个体及其贫困特征，在这种背景下，多个维度定义和识别贫困，越来越成为反贫困所必须依据的基础。从多维角度把握贫困的实质并进行多维贫困的具体度量，逐渐为国际学术界所认同并成为近年来国内外研究的焦点。

因此，本章在总结研究背景与意义的基础上，剖析了相关领域的研究现状，拟在"精准扶贫"作模式背景下，结合新阶段扶贫工作重心，以连片特困区扶贫重点县为评价单元，系统分析多维贫困测算结果及贫困分布格局，为各级政府科学决策和科学管理提供更加全面与翔实的基础数据和辅助决策支持信息，引导贫困地区合理利用优势资源，保护生态环境，实现自我发展的良性循环。

第 2 章 面向贫困识别的多源多尺度数据组织

贫困识别瞄准对象的不同决定了识别的多样性，多维度综合识别贫困对象的需求建立决定了贫困地区数据的复杂性，这些都要求对贫困地区多源多尺度数据进行分析和研究。面向贫困识别多源空间数据呈现了贫困识别对象分布状态，专题属性数据描述了贫困识别的专题信息，为进行贫困识别的空间分析提供了数据支撑。通过建立贫困地区多源多尺度空间数据库，对贫困地区空间数据的一体化存储，可以避免数据的破坏和丢失，同时也保证数据的完整性。

面向贫困识别的多源多尺度数据组织方法的提出，可以为研究贫困地区空间数据之间的关系和建立多源多尺度空间数据库提供技术支持，同时空间数据库的建立也为贫困地区扶贫信息化建设以及扶贫开发具有重要的意义。因此，本书拟针对面向贫困识别的多源多尺度空间数据需求，研究多源多尺度空间数据组织方法，并且构建多源多尺度空间数据库，为贫困地区多源多尺度空间数据组织提供解决途径。

2.1 面向贫困识别与监测的多源多尺度数据分析

2.1.1 面向贫困识别与监测的多源数据分析

贫困识别的数据具有多源、异构、多尺度等特征；贫困识别不是从单个维度判断，而是多个维度的考虑。这些差异和需求要求我们将这些数据进行有效的组织管理、连接成为一个整体。

（1）数据关联问题

面向贫困识别的数据分为空间数据和专题属性数据。数据关联分为空间数据之间、空间数据与非空间数据之间的关联。对空间数据之间的关联来讲，通常的方法是基于面向对象的，这种方法要么分开表达和存储，要么只能支持矢量数据或单源栅格影像。在这种方法下对数据的叠加与存储，严重影响空间数据显示速度。对空间数据与非空间数据之间的关联来讲，通常是通过空间数据关联与其相关的属性数据，并且是将空间数据与属性数据同时存储到关系数据库中通过关键字段建立关联，即实现两种数据在物理存储上联系。这种方法一般是通过空间对象唯一标识实现的。一旦数据编码缺失，就会导致不同数据源之间关系的缺失，从而影响数据的查询与存储。

（2）贫困识别特殊性问题

一般情况下，对行政区域的管理是以省、市、县为基本单位，而在扶贫开发中，引入了新的区域概念——"连片特困区"，而组成连片特困区的基本行政单元为县，片区又是跨省、市的。因此，片区与其他行政区域之间的关联问题是贫困识别解决的重要问题之一。其次，贫困识别的专题属性数据量大、种类多，专题属性数据又是基于不同维度和指标的，因此，解决区域、维度和指标之间的关系是贫困识别专题属性数据组织的关键。

2.1.1.1 面向贫困识别与监测的数据来源

（1）行业角度

从行业角度看，面向贫困识别与监测的空间数据主要有以下来源。

Ⅰ．国土资源数据

国土资源数据涉及不同地理空间位置，包括土地、矿产、海洋、地质等不同部门，包含村、乡、县、市、省、全国范围等不同尺度水平，面向统计、分析、评价等不同应用目标。面向贫困识别与监测国土资源数据由研究区各级国土资源管理部门获取和更新，所提供的信息包括土地利用现状和规划数据、矿产资源数据等。

Ⅱ．勘测数据

勘测数据一般由测绘和勘察部门负责获取与更新，根据分工，主要分为以下3个级别：

国家级：1：25万、1：50万、1：100万比例尺地形图，低精度数字高程模型等；

省级：1：1万、1：5万、1：10万比例尺地形图，中高精度数字高程模型等；

市级：主要包括1：500、1：1000、1：2000、1：5000等比例尺的地形图、航空和卫星遥感数据和高精度数字高程模型等数据。

Ⅲ．调查统计数据

调查统计数据由统计部门负责获取和更新，包括自然资源（土地、林业、水、气候、草场矿产等资源）、人文资源、生态环境（地形条件、植被条件、土地退化情况、水环境质量、自然灾害状况）、社会经济（行政区基本概况、基础设施、收入、生产生活条件、教育文化、医疗卫生、社会保障等），从而为空间数据提供相关属性信息。

专题属性数据是根据研究需求收集的研究基础数据，包括实地调查数据和统计资料。其中实地调查数据是根据建档立卡系统设计的农户、行政村、示范县调查表，实地调查、收集整理的、贫困区域识别和贫困农户识别的相关信息；统计资料是根据识别需求收集的片区级、县级、村级和农户级统计资料，包括统计年鉴、经济、教育、医疗、卫生、基础设施等资料。这些数据以行政区域为单位按照维度划分，与空间数据有着紧密联系。

(2) 技术角度

Ⅰ．航空测量与卫星遥感

摄影测量是获取面向贫困识别与监测空间数据的重要方式之一，包括航空、航天与地面等多种数据获取方式。近年来，随着影像获取能力及水平大幅提升，国内外航空及航天卫星遥感技术发展突飞猛进，航空遥感已完成了从常规胶片摄影向数字航空摄影的转变，卫星遥感逐步从中低分辨率（优于10 m）、中高分辨率（优于2.5 m）向高分辨率（优于1 m）、多类型影像成果转变。可利用航空、航天等多平台多传感器获取不同分辨率的遥感影像，并广泛应用在基础测绘、资源环境监测、应急资料获取等国计民生的各个方面。本研究所需的影像数据主要用于研究区的基本地形地貌特征获取以及县级（地理环境等）、村级贫困识别监测所需二级指标（地形条件和区位条件等）的数据提取，用到的遥感影像包括Landsat TM 影像（分辨率30 m）、SPOT 影像（分辨率2.5 m）、Quickbird（分辨率0.61 m）。

Ⅱ．地面测量

地面测量是获取大比例尺面向贫困识别与监测空间基础数据的一种主要方式，是指采用测距仪、全站仪、GPS、地面遥感等测量设备进行实地测量，获取地物位置和相关属性信息（李宗华，2005）。

Ⅲ．地图数字化

纸质地图是以往地理空间数据的主要表达形式，所以地图数字化就成为面向贫困识别与监测空间数据的主要数据来源之一。地图数字化的两种主要途径是手扶跟踪数字化和扫描矢量化。

Ⅳ．调查

通过调查方法获取的数据主要涉及社会经济、生态环境等方面，主要以非地理空间数据格式存在。因此，把调查数据地理空间化是其有效利用的重要手段。以重庆市黔江区为例，其分布见表2-1。通过实地调查可以从多个部门获得多种格式、多种类型的数据，从不同单位收集的数据代表某一行业的专题信息，例如，从交通局收集的资料涵盖了黔江区主要的城镇、农村道路分布情况。

表 2-1 黔江区调查数据清单

单位	数据名称	数据类型(格式)
黔江区扶贫开发办公室	黔江区武陵山片区区域发展和扶贫攻坚重大项目规划表	文本(.doc)
	全市 2000 个整村脱贫村基本情况表	Excel(.xls)
	黔江区贫困村分布图	图片(JPG)
黔江区国土资源和房屋管理局	黔江区地形图	图片(JPG)
	黔江区地质灾害分区图	CAD(.dwg)
	黔江区地质灾害易发分区图	CAD(.dwg)
	黔江区煤矿矿业权设置图	MAPGIS(.map)
	黔江区矿业权设置图	MAPGIS 格式
	黔江区各乡镇土地利用辖区图	MAPGIS 格式
黔江区气象局	黔江区中尺度自动站雨量实测	Excel(.xls)
	黔江区中尺度自动站站点分布	文本格式
黔江区环境保护局	黔江区集中式饮用水源地及其保护区基本信息	Excel(.xls)
	黔江区农村环境综合整治项目调查表	文本
	黔江区大气监测点	Excel(.xls)
	重庆市黔江区农村环境质量试点监测村庄基本信息	文本
	重庆市集中式饮用水源地环境安全专项执法检查的报告	文本
黔江区交通局	黔江区农村公路现状图	图片(JPG)
	黔江区交通营运里程图	图片(JPG)
	黔江区"十一五"期末综合交通概况图	图片(JPG)
	黔江区对外综合运输大通道示意图	图片(JPG)
	黔江区 2020 年综合交通布局规划图	图片(JPG)
	黔江区"十二五"综合交通线路建设规划图	图片(JPG)
	黔江区"十二五"综合交通节点建设规划图	图片(JPG)
	黔江区"十二五"期末综合交通概况图	图片(JPG)
	黔江区综合交通运输"十二五"发展规划	文本
	黔江区"十二五"综合交通建设项目表	Excel(.xls)
	黔江区路网图	CAD(DWG)

续表

单位	数据名称	数据类型(格式)
黔江区教育委员会	黔江区学校分布图	图片(JPG)
	2012年主要办学条件差异分析	Excel(.xls)
	2012年校园点名单	Excel(.xls)
	十二五教育发展规划	文本
	十二五学校布局规划	文本
	2008~2012年学校增减情况	文本
	黔江区2010~2012年贫困学生库	Excel(.xls)
黔江区水务局	黔江区2012年中小河流站点	Excel(.xls)
	黔江区2012年河道水位站点	Excel(.xls)
	黔江区塘坝窖池基本信息	Excel(.xls)
	黔江区饮水工程安全分布图	图片(JPG)
	黔江区灌溉面积主要指标汇总(乡镇)	Excel(.xls)
	黔江区农村规模以下供水工程统计表	Excel(.xls)
	黔江区水库	Excel(.xls)
	黔江区水闸	Excel(.xls)
	黔江区塘坝	Excel(.xls)
	黔江区水文站点	Excel(.xls)
黔江区林业局	黔江区各类森林、林木面积蓄积统计表(乡镇)	Excel(.xls)
	黔江区森林资源二类调查报告	文本
	黔江区各类林业资源统计表	Excel(.xls)
黔江区计划委员会	黔江区人口普查数据(除街道外)	Excel(.xls)
黔江区卫生局	黔江区卫生系统编制实名制	Excel(.xls)
	黔江区医疗卫生机构设置规划	文本
	黔江区产业情况	Excel(.xls)
	黔江区十二五农业农村规划提纲	文本
	黔江区自然灾害及防灾减灾工作情况	文本

(3) 数据格式角度

从数据格式上看,面向贫困识别的空间数据主要分为矢量、栅格以及表格文本等专题属性数据。其含义及具体说明见表2-2。

表 2-2 贫困识别主要数据格式说明表

数据格式	格式含义	格式种类说明
矢量	矢量数据采用点、线、面来表示对象，一般由描述信息和位置信息组成	CAD 数据模型以二进制文件格式存储地理数据，并以点、线划和面域的形式表达，地图图层和注记是主要的属性表达方式，代表文件后缀为 .dwg、.dxl
		ArcGIS 的矢量数据模型主要有 Shapefile、Coverage、Geodatabase 三种。其中每一个 Shapefile 只能存储一种非拓扑基础要素类对象，空间信息和属性信息分离存储，包括 *.shp、*.shx、*.dbf 等文件格式。Coverage 将空间信息与属性信息结合起来，支持高级要素类对象，并存储要素间的拓扑关系，其交换文件格式为 .e00；而 Geodatabase 是基于对象数据模型，支持地理数据的统一存储。其扩展名包括 .mdb 和 .gdb
		MapINFO 主要有 TAB 和 MIF(MID) 两种数据格式，TAB 是唯一的数据存储格式，MIF(MID) 是外部数据交换文件，主要保存空间数据的图形信息
栅格	栅格数据采用格网的形式来表示地理数据。主要表现为影像数据	JPG 是最常用的图像存储格式，既可用于灰度图像又可用于彩色图像
		TIFF 可用于描述栅格图像数据，具有可扩展、易修改且不依赖于硬件和操作系统等优点，是一种基于标识的图像文件格式
		用栅格表示网格化的数据；以栅格存储数据，像素是组成栅格的基本单元，它的值能描述多种数据，图像存储颜色值，以及存储专题属性，比如植物类型，海拔高度等
其他数据	采用表格、文本描述等方式表达面向贫困识别与监测空间基础数据	通过调查收集的片区级、县级统计年鉴以及研究区农户入户调查数据，一般为 Excel 文件(*.xls) 格式

2.1.1.2 面向贫困识别与监测数据的特征

面向贫困识别与监测数据是对贫困地区地理现象和人文现象表达的基础，不仅具有空间数据的一般特征，又具有贫困识别的基本特征。

(1) 区域性

《中国农村扶贫开发纲要(2011—2020 年)》将集中连片特殊困难地区(连片特困区)作为扶贫攻坚主战场，其基本覆盖了全国绝大部分贫困地区和深度贫困群体；新纲要规定，区域发展带动扶贫开发，扶贫开发促进区域发展。因此，具有典型的区域特性。

(2) 多源性

面向贫困识别与监测空间数据的来源很广泛，有实地勘测得到的地形图，有通过采用航空、航天摄影得到的遥感影像数据，有社会调查获得的统计资料信息等。随着社会的进步和科技的发展，数据的获取方式越来越多样化，这样就构成了贫困识别的多源数据。

(3) 多尺度特征

根据研究对象和目的的不同，通常需要采用不同的尺度对地理现象进行表达（李宗华，2005）。尺度是空间数据的重要特征，面向贫困识别与监测数据通常采用比例尺的概念表示地形，多尺度特征体现在同一地物在这些不同比例尺地形图上的表达上面。除此之外，不同分辨率的遥感影像也表现多尺度的特征。

(4) 分布式特征

分布式特征是指面向贫困空间数据的存储、使用、更新、维护等操作在物理上分布在不同的区域，通过网络可以实现对数据的分布式操作。

(5) 海量数据特性

面向贫困识别与监测空间数据是整个贫困地区多源、多尺度的空间数据的总和，来源于不同的行业，采用不同的技术方法，同时也具有多种表达形式：矢量和栅格的地图数据、文本数据等，并可表现不同时期的数据。因此，面向贫困识别与监测空间数据的数据量非常大，具有海量数据特性。

2.1.2　面向贫困识别与监测的多尺度数据分析

2.1.2.1　面向贫困识别与监测空间数据的多尺度表达

贫困识别旨在建立县－乡－村－农户不同行政级别（尺度）层面上的瞄准区域与人口相结合的技术体系。因此，行政级别的不同决定了贫困识别数据的尺度。

人们在认识地理现象及其变化的过程中，空间尺度是一个很重要的概念。在通常的认知中，空间尺度是指研究区域的面积大小和最小信息单元的空间分辨率；在 GIS 中，"尺度"通常被"比例尺"所取代，研究的数据对象通常具有空间特征、时态特征和语义特征，三个特征都需要尺度来度量；不同尺度对应不同的空间范围或短时间幅度，也呈现不同的特征和变化规律；在多尺度空间数据的组织及其表达中，确保地理信息系统中空间数据在尺度变化前后的数据完整性和一致性十分重要（高惠君，2012）。因此，在贫困识别的实际需求中，从比例尺、分辨率和尺度三个角度来描述数据，以满足数据的多尺度表达和处理需求。

(1) 比例尺

比例尺表示图上一条线段的长度与地面相应线段的实际长度之比。一般讲，大比例尺地图，内容详细，几何精度高；小比例尺地图，内容概括性强；由于基础测绘的生产、管理与更新仍然是用比例尺来表达空间数据，因此，在贫困识别与监测的研究中仍主要采用基础比例尺的地理数据，如1∶5000、1∶10000、1∶5万和1∶25万。

(2) 分辨率

分辨率是指能详细区分对图像(影像或DEM)的最小单元的尺寸和大小。目前可以得到的卫星遥感影像的空间分辨率常用的有30m、10m、5m、2.5m以及更高的精度。面向贫困识别与监测DEM的格网分辨率一般为90 m×90 m和30 m×30 m。

(3) 尺度

尺度通常指的是研究对象特征与变化的时间或空间范围。它有两方面的含义：一是粒度或空间分辨率，表示测量的最小单位；二是范围，表示研究区域的大小。本书主要研究的是以行政管理单位为基础评价单元的行政尺度。片区、省、市、县、乡、村都是贫困识别监测的行政单元，其中，片区、县、村是贫困识别监测的基本行政单元。

2.1.2.2　面向贫困识别与监测多尺度空间数据的类型

根据面向贫困识别与监测空间数据尺度的表达形式，面向贫困识别与监测多尺度空间数据从比例尺、分辨率和区域角度来划分，收集的数据严格执行《国土基础信息数据分类与编码》(GB/T－13923—92)国家标准，其主要内容见表2-3。

表2-3　面向贫困识别与监测多尺度空间数据分类表

项目	尺度	比例尺／分辨率	内容
面向贫困识别与监测多尺度空间数据分类	国家	1∶100万	矢量：居民地、交通、水系、境界、地形、植被等 栅格：数字高程模型、数字正射影像图
	省级或片区	1∶25万	矢量：水系、居民地、铁路、公路、境界、地形、其他要素等 栅格：数字高程模型、数字正射影像图、TM影像
	市、县 乡镇、村	1∶5万 1∶1万	矢量：水系、境界、等高线、交通和居民地 栅格：数字高程模型／数字正射影像图、TM影像、LandSat卫星影像数据

从表中可以看出：不同的行政区域级别对应的比例尺不同，并且搜集的基础地理数据类别也是不一样的。

2.1.3　面向贫困识别与监测的数据关系分析

通过面向贫困识别与监测的多源、多尺度数据的来源及特征分析，其在贫困识别中可分为源数据、目标数据、地图数据和成果数据。源数据即多源数据。目标数据指经过提取或转换的供贫困识别测算算法直接使用的数据，主要为研究区专题属性数据，区域特征明显。地图数据是贫困识别选择行政区的矢量数据，尺度特性明显。成果数据指目标数据经过测算算法得出的结果以及测算结果在地图数据显示得到的专题图数据。具体数据分类内容见表2-4。

表2-4 数据功能分类表

数据类别	源数据	目标数据	地图数据	成果数据
数据内容	结合贫困识别需求，按照识别维度搜集的片区、县、村的矢量、栅格数据，以及统计年鉴、人户调查数据等Word文本资料或Excel文件数据	(1) 源数据预处理后的数据，包括贫困县识别中从遥感影像数据和其他数据中提取出的贫困县的平均海拔、平均坡度、地形起伏度、生物丰度指数、植被覆盖指数、土地退化指数、水网密度指数等 (2) 贫困县、贫困村识别指标体系归一化结果；贫困人口识别指标体系根据剥夺条件标准化处理结果	全国各行政级别(片区、省、市、县、乡、村)基础地理数据	贫困测算结果数据；贫困县测算得出的自然致贫、社会致贫以及经济消贫指数；贫困村贫困县测算得出的自然致贫、社会致贫、经济消贫指数和综合贫困指数；贫困人口识别测算得出的多维贫困指数、平均被剥夺份额、多维贫困发生率以及有测算结果生成的专题图
表达形式/存储方式	文件	数据库二维表	空间数据	数据库二维表，专题图数据

根据表2-4数据类别及在贫困识别中所起的作用，它们之间的关系如图2-1所示。

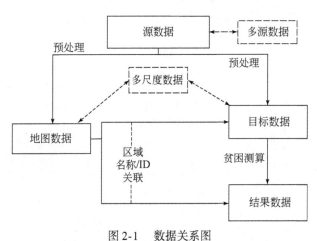

图2-1 数据关系图

通过图2-1可以看出：目标数据是通过源数据处理等到的，并且与地图数据关联，经过测算可得到结果数据。结果数据与地图数据是关联，专题图可通过二者的关联得到。

2.2 面向贫困识别与监测的多源多尺度空间数据的组织

2.2.1 组织方法提出

针对面向贫困识别与监测数据的空间数据与属性数据的关联问题以及贫困识别的特殊性问题,面向贫困识别与监测多源多尺度空间数据组织思路为,在数据库建库的思想基础上分别构建多源空间数据和多尺度空间数据组织方法。

1) 针对栅格数据多分辨率的特点,构建空间对象的影像金字塔,实现多源栅格影像的管理;针对矢量数据区域性明显的特点,采取分区 – 分类 – 分层的方法,实现多源矢量数据的组织;在此基础上通过将栅格影像的分块与矢量数据的分区建立空间位置上的对应关系实现多源数据的矢栅一体化组织,解决空间数据快速显示问题。

2) 在 R 树索引的基础上扩展节点的属性域,以片区 – 县 – 乡 – 村构建扩展 R 树的空间索引模型,实现多尺度空间数据的组织,解决了地理编码缺失的问题。

3) 用专题属性数据关联空间数据。对专题属性数据采取"区域分层 + 三级指标"的组织策略,并且通过"区域分层"与扩展 R 树建立区域上的关联,构建了专题属性数据与空间数据的一体化模型。解决了空间数据与属性数据的关联问题以及不同区域之间关联问题。总体的组织思路如图 2-2 所示。

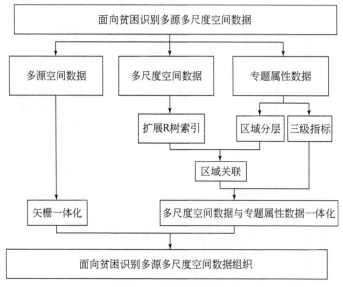

图 2-2 组织思路图

2.2.2 基于数据库方式的空间数据组织

由于基于文件的组织方式存在很多缺点,而随着数据库技术的发展,其在海量数据管理、客户–服务器体系结构、多用户的并发访问控制、严格的数据访问权限管理、完善的数据备份机制等方面有着巨大的优势;将空间数据与属性数据集成在大型关系数据库中管理是目前GIS发展的主要趋势(李德仁,1993)。扶贫信息化建设决定了将海量贫困数据利用数据库进行组织和管理的必要性。

2.2.2.1 基于数据库方式的矢量数据的组织

在数据库中,矢量数据一般按照分层的方法进行组织,也就是在垂直方向上将空间数据按类别划分为若干层,每一层存储为数据库当中的一个表,层中的每一个要素存储为数据库当中的一条或多条记录(龚健雅,2000)。空间数据与数据库对应关系见图2-3。

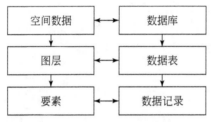

图2-3 数据库中的矢量数据组织方式

2.2.2.2 基于数据库方式的栅格数据的组织

基于数据库方式的栅格数据组织主要分为两种,基于面向对象数据库的遥感影像建库和基于中间件技术(空间数据引擎)建库。

(1) 基于面向对象数据库的遥感影像建库

基于数据库方式的栅格数据组织,尤其是建立遥感影像数据库,通常的方法是在关系数据库的基础上,引入对象的概念,对关系数据库的数据类型进行扩展,使之能存储影像数据。例如,Oracle GeoRaster就是在Oracle Spatial的基础上,采用面向对象关系技术,实现遥感影像数据的存储和管理的典型工具。

这种方法建库的基本思路是,在关系数据库的基础上,引入对象的概念,扩展关系数据库的数据类型,使其能够存储遥感影像。

(2) 基于中间件技术建库

基于中间件技术的遥感影像建库是在关系数据库的基础上,利用关系数据库提供的各种接口而开发的专用程序，将影像数据分解成关系数据库的一个或多个数据表，实现对遥感影像的存储和管理；应用程序通过 ArcSDE 把栅格数据存储到关系数据库中，ArcSDE 采用 Geodatabase 的概念来组织空间数据（李宗华，2005）。

从数据模型上看，在 ArcSDE 中，遥感影像数据分为影像数据和元数据；影像数据存放在二进制对象数据表中，元数据存放在一组元数据表中，如 Version，Spatial refrences 表等。

从存储方式上看，遥感影像在 ArcSDE 中被分成 7 个表存储在数据库中，分别是：Business(业务表，完成客户端与栅格数据的交换)、AUX(栅格附录信息表)、RAS(栅格表，记录栅格的描述性信息)、BND(波段表)、BLK(栅格分块表)、F(封装边界要素表) 和 S(封装边界索引表)（张利，2005）。以武陵山片区影像图为例，其组成与关系如图 2-4 所示。

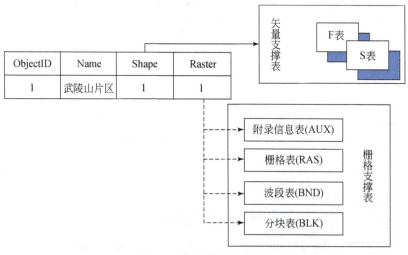

图 2-4　影像数据存储形式

2.2.3　面向贫困识别与监测多源数据组织

面向贫困识别与监测多源空间数据组织的核心思想是数据的一体化存储。即将矢量数据及其属性数据根据空间对象的地理位置与构建的栅格影像金字塔的影像块关联起来。

2.2.3.1　面向贫困识别与监测数据的多源空间数据的预处理

面向贫困识别与监测多源空间数据有异构、海量等特点，由于各种空间数据在生产过程中存在尺度、目的等许多方面的不同，当以不同描述方式和不同详尽程度表达同一对象时，使得不同数据源在表达上出现不一致。因此，针对上述数据存在的种种问题，需要做适当的预处理，以满足实际需要。

(1) 面向贫困识别与监测矢量数据几何一致性处理

由于面向贫困识别与监测多源空间数据在收集时由坐标系、地图投影、数据模型等因素导致数据的不一致性，为了方便后期数据的使用与管理需要对其做一致性处理以实现地理坐标的统一；再加上数据在更新和应用中由于参考的坐标系不同，所以需要进行空间基准转换来实现地理坐标的统一以满足一致性需求；对于面向贫困识别与监测矢量数据，由于比例尺和投影的限定要求，还要进行数学基础变换，换算制图坐标，来统一图面坐标(朱蕊，2012)。因此，面向贫困识别与监测矢量数据的几何一致性处理主要方法有空间基准转换、数学基础变换和几何位置的配准与校正。

面向贫困识别与监测矢量数据的几何一致性处理包含以下3个基本步骤，具体方法如图2-5所示。

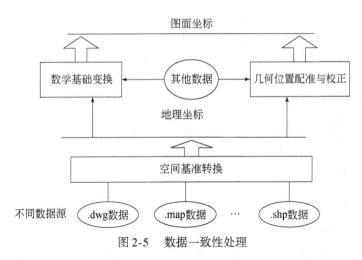

图 2-5　数据一致性处理

1) 空间基准转换：将不同数据源在同一基准下通过空间坐标转换模型实现大地坐标与空间直角坐标之间、高斯平面直角坐标的相互变换。

2) 数学基础变换：即地图投影变换，在空间数据的一致性处理中主要解决的是多源数据的地图投影的不一致问题；通过解析变换法、数值变换法等变换方法使它们变换为同一个投影，从而达到平面位置一致。

3) 几何位置的配准与纠正：通过几何位置的配准与纠正模型，使原始数据与目标数据建立对应关系，用这种关系将原始数据的元素变换到目标数据中，最终形成符合表达的新数据(朱蕊，2012)。

(2) 面向贫困识别与监测影像数据预处理

面向贫困识别与监测的影响数据以遥感影像为主,遥感影像预处理主要考虑影像的校正、配准以及镶嵌、裁剪;由于影像成像过程中受到地形起伏以及大气吸收与散射、传感器定标、地形等因素的影响,对搜集的影像要进行几何校正或者大气校正,以保证数据的正常使用(张利,2005)。除此之外,为了保证两景影像对应像元的位置一致,还需对影像进行配准。

(3) 面向贫困识别与监测文本数据预处理

在面向贫困识别与监测数据的收集过程中,由于技术原因,早期的数据和资料都会以文档或表格形式存在,因此要对这些数据进行预处理,以满足数据组织和存储的需要。对于纸质地图需要将其数字化为电子图件,对于一些文本资料则需要提取与识别有用的关键字段,然后手工录入 Excel 表中,经过与数据库字段的匹配之后,将其导入关系数据库中。

2.2.3.2 面向贫困识别与监测数据多源空间数据的矢栅一体化组织

目前关于多源空间信息关联的都是面向对象的、面向服务的或者面向本体的一体化集成而面向地理位置的研究较少。贫困识别是基于区域性的,空间地理位置更能表达区域。因此,结合目前的研究现状提出了基于空间地理位置的多源数据组织方法。

面向贫困识别与监测多源空间数据的一体化组织模型的形式定义为:从栅格影像数据的对象 RS(ID, Source) 和矢量数据对象 VS(OID, Geometry, AttrData),构建成同一空间对象的三元组 GeoObject(ID, RS, VS)。

首先,对栅格数据进行分块,构建栅格影像的金字塔,确定金字塔分块之间的位置关系,并编码,以确定地理位置关联的唯一标识;

其次,建立金字塔与矢量数据的对应关系。根据影像金字塔的分块构建对应的分块的矢量数据集,并对对应的数据集分区 – 分类 – 分层。

矢栅一体化模型示例图如图 2-6 所示。

图 2-6 中,上方为多源栅格影像金字塔的表示,从顶层到底层,栅格影像数据的分辨率依次变大,每层都包含分辨率相近的多源栅格影像;右侧每个矢量数据集只能关联左侧金字塔中某一层的 1 个栅格影像分块。矢量数据集和影像块对应的是同一个空间对象,由于在数据库中影像块和数据集都是以二维表存储的(朱王璋,2013),因此,通过矢量数据二维表的坐标信息和金字塔块编码信息建立转换关系,实现矢栅一体化。

利用这种方法,一方面能够实现面向贫困识别与监测多源栅格和矢量数据基于地理位置上的一体化管理,另一方面,通过栅格和矢量的一体化编码能够快速

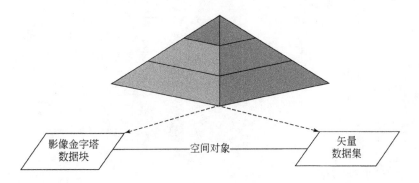

图 2-6　矢栅一体化模型

查询相关地理位置的多源地理空间信息。

（1）面向贫困识别与监测的栅格数据组织

结合矢栅一体化组织思想，面向贫困识别与监测栅格数据的组织策略为：金字塔层——分块编码。

栅格数据的金字塔层构建主要是为了管理相同空间分辨率的数据。这样通过构建栅格数据的影像金字塔，形成不同分辨率的影像图层（吴信才，2009）。构建栅格影像的金字塔的步骤为：

① 以最高分辨率的影像作为金字塔的第 0 层，即最底层，向上依次减小；
② 根据需求确定金字塔的层数；
③ 根据层数将多源、多分辨率的影像数据映射到对应的金字塔层级上。

根据面向贫困识别与监测的研究尺度需求，构建的研究区的影像数据金字塔共分三层（图 2-7）。即片区（省）、市（县）、乡（村）。

金字塔构建完毕之后，还需确定分块之间的位置关系，并进行编码从而建立基于地理位置关联的唯一标识。通常情况下对影像数据往往是浏览感兴趣的区域，而没有必要把整幅的图像呈现（魏振华，2014）。同时，基于内存容量等硬件条件的限制，不可能将其全部装入内存，因此，要对栅格数据进行分块。

面向贫困识别与监测的栅格数据采用规则格网的分块方法，将研究的目标数据从上到下、从左至右分成大小相等不重叠的图块，这样有利于空间索引的查询和检索。编码采用块式编码（原点坐标，块的大小，记录单元代码）（图 2-7）。块

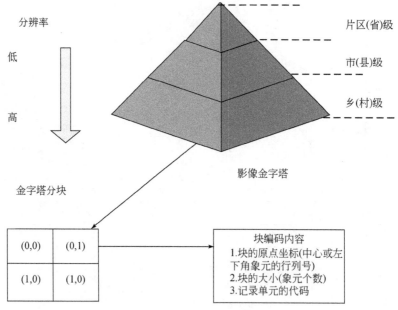

图 2-7　栅格数据组织

式编码是将行程编码扩大到二维的情况；一个多边形所能包含的正方形越大，多边形的边界越简单，块式编码的效果就越好，探测多边形的延伸特征较容易。由于要根据金字塔分块建立栅格数据与矢量数据的关联，金字塔的分块对应的某个区域的矢量数据集，因此，采用这种方法便于通过分块锁定空间对象，进而与矢量数据关联。

（2）面向贫困识别与监测的矢量数据组织

一般情况下，矢量数据分区、分类、分层的策略如下。

Ⅰ. 分区组织

传统意义上的分区是针对三维空间对象自身连续或者不连续特征以及分布的不均匀特性，不是按完全规则的分区；分区的主要依据是空间对象的是否连续性特征、与数据库管理系统最佳性能相匹配的表空间接纳的对象个数，根据给定的软硬件系统环境，设置各种分区参数（魏振华，2014）。

Ⅱ. 分类组织

分类是按照空间对象的专题语义对其进行分类组织，充分发挥同类专题对象之间的关联关系在查找和分析应用中的优势作用，将同类空间对象在物理存储上也聚合在临近的存储空间，从而可以大大提高频繁检索的效率（魏振华，2014）。

Ⅲ. 分层组织

分层是根据地图的某些特征，把空间数据分为若干专题层，将不同类不同级的图元要素分层存放,每一层存放一种专题或一类信息。并根据用户的需求或按照一定的标准把一定空间范围内具有相同属性要素的同类地理空间实体组合在一起成为图层(魏振华,2014)。

为了提高空间数据的存取与检索速度,对海量面向贫困识别与监测的矢量数据采用如图2-8所示的分区-分类-分层的策略,即先分区,然后依次分类、分层。在遵循传统意义上的分区、分类分层策略的基础上,结合矢栅一体化和贫困识别区域性的特征,分区组织还可根据空间索引机制合理地进行空间划分,尽量减少目标外接矩形范围之间的重叠,以便更好地调用与编辑空间数据;分类组织可依据对象的专题语义划分,将对象分成若干要素类型,以要素集合的形式存储于空间数据库中;分层组织要考虑在应用系统开发时,可根据需要,添加显示相应的要素层,同时空间数据库管理系统能够根据应用系统的显示范围提取相应的数据,从而提高系统显示速度(魏振华,2014)。

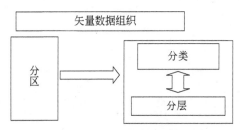

图2-8 面向贫困识别与监测数据组织

针对面向贫困识别与监测的海量矢量数据,首先按照行政区域(14个连片特困区)进行空间划分,然后根据每个片区的贫困专题数据内容进行分类,按类设层,并按照比例尺的大小将各层分别定义为点层、线层和面层(表2-5)。具体的分层方案如表2-6所示。其中每类作为一个图层,分类从性质、用途来划分。性质用来划分要素类型,说明要素是什么。不同的用途决定了地图表示内容的不同。因此,不同的内容必须用不同的图层表示;以1:1万的基础地理数据为例,根据用途分为两大类:显示图层和分析图层(吴信才,2009)。具体的组织策略见表2-6。

分区方案:分区方案是根据行政区级别划分,包括片区、县。这样在以不同行政级别划分的目的是便于与金字塔分块所对应的行政区域关联。片区级——按照"新纲要"第十条规定的关于集中连片特困区的划分方案,即六盘山区、秦巴山区、武陵山区、乌蒙山区、滇桂黔石漠化区、滇西边境山区、大兴安岭南麓山区、燕山-太行山区、吕梁山区、大别山区、罗霄山区以及已明确实施特殊政策的西藏地区、四省藏区、新疆南疆三地州等十四个连片特困地区。县级——以每个片区下面的贫困县为单元划分。

分类方案:按照与贫困识别相关的要素内容分为七类(范本贤,2011),见

表 2-5。

表 2-5 分类标准表

名称	图层类型	内容描述
定位基础	线	主要包括经纬网、北回归线、内图廓等
	多边形	主要包括外图廓、比例尺等
	点	主要包括经纬度注记等
水系	线	河流、渠道等
	多边形	双线河、海岸线、湖泊等
	点	井、泉、水系名称注记
居民地	线	居民地范围线
	点	点状符号居民地名称
	多边形	居民地范围
交通线	线	主要铁路、公路等
境界线	线	国界，省、市、县、乡、村等界线
地貌	线	等高线、等深线等
	点	山峰、高程点等符号及名称注记、高程数据
其他	点或线或面	贫困专题辅助显示信息，如：学校、医院等

表 2-6 面向贫困识别与监测的图层划分方案

项目	图层	要素	几何特征
研究区	地形层	等高线注记、地貌特征点、高程注记点	点
	居民点层	各片区、省、市县级居民点符号	点
	行政中心层	国家、省、市、县级行政中心	点
	饮用水层	片区各贫困县饮用水源地	点
	学校层	片区各贫困县高中、初中、小学	点
	医疗机构层	片区各贫困县乡镇卫生院	点
	境界线	国界、片区界、省界、县界、村界	线
	交通线	全国重要铁路、国道、省道以及其他道路	线
	水系层	单线河、双线河	线
	控制线层	图廓线、经纬网、方里网	线
	行政区域层	片区、省、市、县、乡、村	面
	湖泊层	湖泊面域	面
	双线河层	双线河面域	面

结合上述分层组织策略以及空间索引(扩展 R 树索引为例),其在数据库中的分层、分级存储结构见图 2-9,从上到下依次为空间数据库、空间数据集、图层、要素,总共 4 级。每一层均有相应的元数据对该层的数据内容、表示方式、质量、数据来源及其他相关的背景信息的描述。

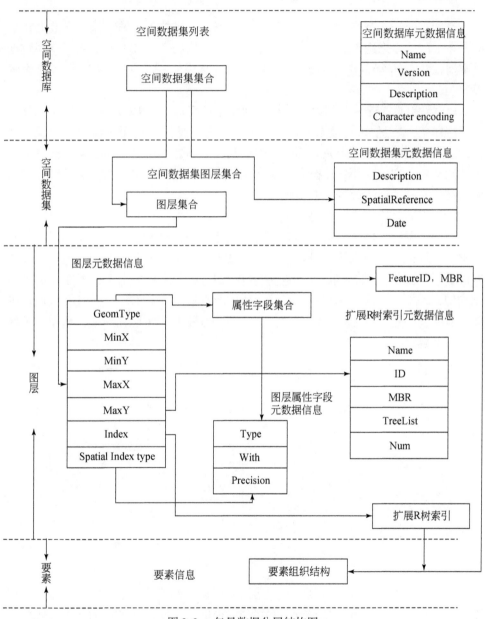

图 2-9 矢量数据分层结构图

2.2.4 面向贫困识别与监测数据的多尺度空间数据组织

2.2.4.1 扩展 R 树的提出

空间索引是提高空间查询和各种分析效率的关键技术,并按照空间数据在空间分布上的特性来组织和存储索引数据的索引结构(何江,2008)。由于空间数据具有属性和空间分布密切的特征,因此采用空间索引会大大提高数据的检索效率。

R 树索引算法是一种层次数据结构的动态索引算法(图 2-10),采用最小外接矩形(MBR)来近似表达复杂的空间对象,该索引灵活,适用于面向贫困识别与监测空间数据的特征;但是,面向贫困识别与监测的多尺度空间数据数据量大,无法预知整个空间大小;R 树索引本身存在区域重叠,因此,必须在原有的 R 树索引结构基础上做出改变(赵伶俐,2010)。

由于面向贫困识别与监测多尺度空间数据区域性特征明显,因此多尺度空间数据组织可围绕区域来考虑。相对于其他以区域构建 R 树模型或组织多尺度空间数据,贫困识别中引入了"片区"。但是,由于同一个省的可能属于两个片区(图 2-11),因此要考虑如何避免区域重叠。由此提出扩展 R 树索引,即在新的索引结构中,增加一个属性标识项,以扩大树的节点的属性索引域,并且在区域范围的设置中,跳过"省"这一行政级别,以"县"为最小单元划分片区,从而避免区域重叠问题。

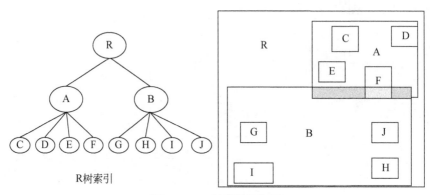

图 2-10 R 树索引结构图

由于面向贫困识别与监测的专题属性数据是根据区域分类,并且是按维度组织;空间数据组织的方法是进行空间划分,根据每个划分的区域的贫困专题数据

第2章 面向贫困识别的多源多尺度数据组织

图 2-11　区域重叠图

内容进行分类、分层。二者都是基于区域组织。因此，可根据区域建立关系。空间对象在 R 树索引中为 MBR(最小外接矩形)，专题属性数据也是在区域基础上分类的，因此，可根据区域与 MBR 建立联系。另外，在贫困识别过程中要快速选择贫困区域并且查询相关属性数据，即实现两种数据的联合查询。因此，扩展 R 树索引模型的建立是基于上述因素考虑的。

2.2.4.2　扩展 R 树的结构

扩展 R 树索引模型是一个基于区域划分的索引树，通过记录每个区域的最小外接矩形 MBR，来建立区域名称与 R 树索引之间的联系。专题属性数据根据行政区域的级别而分层，因此二者结合起来构成了扩展 R 树索引模型。模型示意图见图 2-12。

图 2-12 中扩展 R 树模型共五层，即全国 – 片区 – 县 – 乡 – 村。扩展 R 树索引的建立抛去了省、市，是为了避免可能的重叠，从而避免可能由空间维数或数据量的增加或树的深度的增加导致数据遍历时间增加、查询效率下降。

传统 R 树的叶节点结构如下。

叶子节点：(COUNT, LEVEL, < OI1, MBR1 >, … < OIM, MBRM >)；
中间节点：(COUNT, LEVEL, < CP1, MBR1 >, … < OIM, MBRM >)。

其中，数据项为(OIi, MBR)，中间节点索引项为(CPi, MBR)，在关系型空间数据库中，空间数据与属性数据是一一对应，且以不同列存储；要想与其他专题属性数据建立关联则必须在数据项和索引项增加一个字段与其相对应。鉴于此，数据项和索引项应变为：(extendedField, OIi, MBR), (extendedField, CPi, MBR)。其中，extendedField 为扩展字段。

基于上述考虑，扩展 R 树索引树是一种以区域名称和区域编号以及区域最小

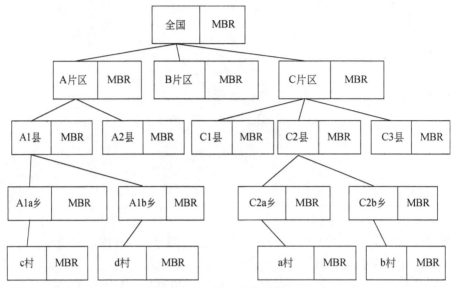

图 2-12　扩展 R 树索引模型图

外接矩形为主要内容的索引结构,具有树的一般特征。

扩展 R 树索引树的基本特征如下。

(1) 根节点为最高层次区域,即最大范围的区域,下层节点区域组成上层节点区域;

(2) 每个节点的子节点数 n,满足 $N \geq n \geq 0$,其中 N 为节点中包含子节点的最大数目(赵伶俐,2010)。

扩展 R 树索引树的结构包括根节点、叶子节点以及索引树节点链表。索引树的结构如图 2-13 所示。

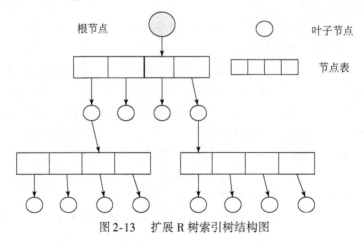

图 2-13　扩展 R 树索引树结构图

从图 2-13 中可以看出，扩展 R 树索引树节点和扩展 R 树索引树子节点表组成了索引树的数据结构的主要内容，扩展 R 树索引树节点包含扩展 R 树索引树节点表，并且扩展 R 树索引树的节点表包含了很多叶子节点(赵伶俐，2010)。

扩展 R 树索引树的数据结构如下。

扩展 R 树索引树的叶子节点的数据结构由 5 部分构成，分别为区域名称(name)、区域编号(id)、最小外接矩形(BBR)、子节点表的地址(TreeList)、子节点表中节点的数目(num)。结构图见图 2-14。

图 2-14　节点数据结构图

2.2.4.3　扩展 R 树的设计与分析

(1) 扩展 R 树索引数据类型

由扩展 R 树的索引树结构图可以看出，子节点、子节点表是树的重要组成部分。因此，扩展 R 树的数据类型也包含子节点类(ExtendRTreeNode)和子节点表类(ExtendRTreeList)。除此之外，还有扩展 R 树类(ExtendRTree)。它们之间的关系见图 2-15。ExtendRTreeNode 类与 ExtendRTreeList 类和 ExtendRTree 类为聚合关系(aggregation)，ExtendRTreeList 类与 ExtendRTreeNode 类为组成关系(composition)。

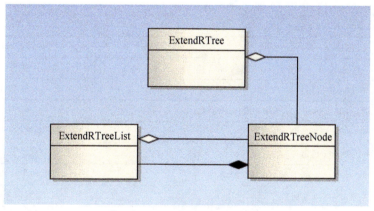

图 2-15　扩展 R 树索引类关系图

子节点类主要是对扩展 R 树节点的详细描述，包括数据成员和操作部分。数据成员是扩展 R 树节点的主要内容，包括区域名称、区域编号等成员。操作是针对节点的一些函数。

子节点表类相邻两层节点的承接部分，由扩展 R 树的节点组成，是节点的数组。

扩展 R 树类主要由树节点和节点表组成。通过节点与节点表之间的链接，构成扩展 R 树。其中也定义了一些操作。

这三个类是扩展 R 树数据类型的重要组成部分，根据它们之间的关系及数据结构，对各类的数据成员与操作函数进行定义，见表 2-7 ~ 表 2-9。

Ⅰ. 扩展 R 树节点类：Class ExtendRTreeNode

表 2-7　扩展 R 树节点类内容

项目	节点类内容	节点类说明
类成员	id	区域编号
	name	区域名称
	MBR	最小外接矩形
	TreeList	索引树子节点表
	num	子节点数目
操作函数	ExtendRTreeNode(string id, string name, double[ ] mbr);	生成新树的节点
	ExtendRTreeNode( );	构造函数
	SetID(string id);	设置区域编号
	GetID( );	获得区域编号
	SetName(string name);	设置区域名称
	GetName( );	获得区域名称
	SetMbr(MBR mbr);	设置区域范围
	GetMbr( );	获得区域范围
	SetTreeList(ExtendRTreeNode node);	设置子节点列表
	GetTreeList( );	获得子节点列表
	AddChildTreeNode(ExtendRTreeNode node);	添加子树节点
	ClearTreeListNodes( );	清空子节点列表
	GetTreeListNum( );	获得子节点个数
	IsEqual(ExtendRTreeNode otherNode);	判断两个树节点是否相等
	IsHasId(string id);	是否包含区域编号
	IsHasMbr(double mbr);	是否包含最小外接矩形

Ⅱ. 扩展 R 树类：Class ExtendRTree

表 2-8　扩展 R 树类内容

项目	树类内容	节点类说明
类成员	（ExtendRTreeNode）head	扩展 R 树头指针
操作函数	ExtendRTree( )；	构造函数
	CreateTree( )；	根据图层生成新的 R 树
	SetHead( )；	设置根节点
	GetHead( )；	获得根节点
	AddTreeNode(ExtendRTreeNode node)；	添加节点
	DeleteTreeNode(ExtendRTreeNode node)；	删除节点
	UpdateNodeName(ExtendRTreeNode node, string name)；	修改节点(node)的区域名称
	UpdateNodeMbr(ExtendRTreeNode node, MBR mbr)；	修改节点的(node)的最小外接矩形
	FindMbrById(string id)；	查找与 ID 相关的最小外接矩形
	FindParentNodeByMbr(string id)；	根据子节点的 MBR 查找父节点
	FindParentNodeById(string id)；	根据子节点的 ID 查找父节点
	FindNodeByMbr(MBR mbr)；	查找与 MBR 相关的节点
	FindNodeById(string id)；	查找与 ID 相关的节点

Ⅲ. R 树子节点表类：Class ExtendRTreeList

表 2-9　扩展 R 树子节点表类

项目	树类内容	节点类说明
类成员	(ExtendRTreeNode)[ ] NodeList	扩展 R 树头指针
操作函数	ExtendRTreeList( );	构造函数(生成新的子节点列表)
	GetListCount( );	获得子节点列表长度
	GetNode_List(int i);	获得第 i 个节点的列表长度
	GetCount( );	获得子节点列表的节点数
	SetNodeList(ExtendRTreeNod[ ] list);	设置子节点列表
	GetNodeList( );	获得子节点列表
	FindPosition(ExtendRTreeNode node);	查找索引树节点中在节点列表的位置
	InsertNode(ExtendRTreeNode node, int i);	在 i 处插入节点
	DeleteNode(int i);	删除节点列表中 i 处的节点
	AddNode(ExtendRTreeNode node);	添加节点
	UpdateNodeName(string name, int i);	更改 i 处节点的名称
	UpdateNodeId(string id, int i);	更改 i 处节点的 ID
	FindNodeById(string id);	根据 ID 查找节点列表中相关的节点
	FindNodeByName(string name);	根据名称查找节点列表中相关的节点
	FindParentNode(ExtendRTreeNode node);	寻找父节点

(2) 扩展 R 树的查询

扩展 R 树在增加新的扩展属性字段后,其对应的查询算法也将随之改变,以适应新的查询要求。新的查询算法的关键支出在于增加了对属性范围信息的判断条件。

扩展 R 树的查询流程见图 2-16,步骤如下。

1) 从根节点开始,计算查找的属性数据范围是否和目录矩形范围有交集。其中目录矩形为扩展 R 树的节点队列;

2) 遍历扩展 R 树,寻找符合一定空间关系的节点。若节点对应的索引项的属性范围和需要查找的属性范围有交集,进入该节点为根节点子树,然后比较子树根节点的各索引项的目录矩形,若不在范围内,排除查找范围。然后依次类推,最后得出最终的查找结果。

从上述查询步骤可以看出，由于增加了属性数据的范围的限定条件，对于属性的判断减少了对空间数据的查询，同时对于空间数据的判断也减少了对属性数据的查询，因此，通过减少对空间数据和属性数据查询的次数，提高了查询的速度。

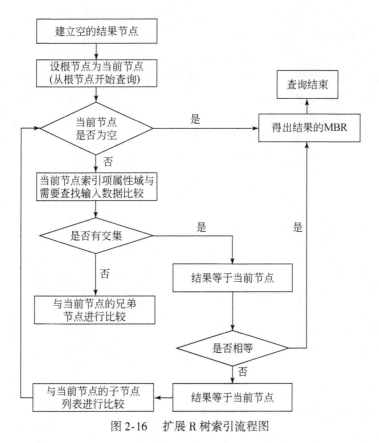

图 2-16　扩展 R 树索引流程图

2.2.4.4　基于扩展 R 树的空间数据与专题属性数据一体化组织

面向贫困识别与监测数据由海量多尺度空间数据和专题属性数据组成，由于其不同的特点，若要快速查询、调用，需要建立一定的关系。一般情况下，空间数据与其对应的属性数据是通过地理编码或唯一标识建立关联的，但是如果空间数据对象找不到对应的唯一标识的属性记录，也就无法与属性数据建立关联（赵伶俐，2010）。除此之外，在贫困识别中，识别关系的建立、数据的查询、结果的显示都与专题属性数据密不可分。鉴于上述考虑，根据贫困识别的流程、面向贫困识别与监测空间数据的多尺度特征以及专题属性数据的基本特征，建立空间索引，使得面向贫困识别与监测的多尺度数据与属性数据关联起来，实现一体化组织。

(1) 面向贫困识别与监测专题属性数据组织

面向贫困识别的专题属性数据组织方法如下。

首先，根据区域的行政级别把相同的级别的行政区存储到一张表中，每张表包含该行政区的名称、编码以及比其高的行政区的编码，行政区级别从高到低依次为：片区 – 省 – 市 – 县 – 乡 – 村；

其次，按照识别的(县、村、户)类型为单位将数据分类——建立相应的指标体系，每个指标体系下面分为三个级别的指标(一级、二级、三级)；

最后，以每个识别种类的下面的二级指标存储单位(维度表)存储在数据库中，每张数据表中都有对应的识别种类的唯一标识码，如户码为户的唯一标识(贫困户识别中最小行政区域为村)；维度表通过唯一标识与区域建立关联。具体组织方法流程见图2-17。以县表为例：图中维度代表县级二级指标的维度信息。

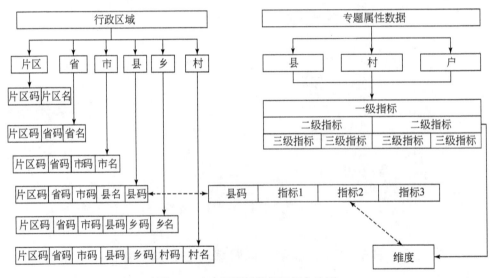

图2-17 专题属性数据组织方法图

面向贫困识别与监测专题数据根据数据的分类是依据搜集数据的行政级别、所属行业类别以及数据的表达含义等规则，并且制定了不同行政单位下的指标体系，指标体系分为一级指标、二级指标和三级指标。指标的级别的划分是根据事物的总体特征的涵盖范围。以行政村下面的公务服务情况(一级指标)为例，其二级指标和三级指标的分类见表2-10。不同行政级别下面的指标体系划分将在第4章中详细介绍。

表2-10 指标分级表

一级指标	二级指标	三级指标
公共服务情况	社会保障	参加新型农村合作医疗人数
		参加城乡居民基本养老保险人数
		获得医疗救助人次
	卫生和计划生育	行政村卫生室个数
		行政村执业（助理）医师
		行政村公共卫生厕所个数
		行政村生产生活垃圾集中堆放点个数
	文化建设	行政村文化（图书）室个数
		通广播电视户数

(2) 多尺度数据空间数据与专题属性数据一体化模型

多尺度空间数据与专题属性数据一体化模型是建立扩展R树索引与专题属性数据组织之间的关系。一体化模型的建立主要解决了以下两个问题。

Ⅰ. 通过扩展R树访问"省"和"市"

考虑到贫困识别单元的特殊性，在扩展R树索引中忽略了省、市两级，而在属性数据管理中存在省级和市级。因此，省市两级空间数据与专题属性数据的关系通过一体化模型实现，即通过扩展R树索引模型建立片区或县两级空间数据与专题属性的关联，通过专题属性数据中片区或县与省、市之间的联系，建立它们的对应关系。在扩展R树中为了避免空间区域重叠，由片区直接进入县，避开了省、市两级。上面专题属性数据中，建立了各级行政区域之间的关系，因此可以通过专题属性区域索引中的省、市与其他行政级别的联系建立与扩展R树索引之间的联系。

图2-18显示的是县与省之间的关联关系。图中左边为专题属性之间的关联关系，其建立的是片区与省属性数据之间的关系；右边为扩展R树的前三层，第二层与第三层建立的是片区与县空间数据之间的关系；因此，通过建立片区属性数据与空间数据之间的关系，即可通过调用扩展R树索引节点的查询函数，建立县与省的关系。

Ⅱ. 跨层次查询

贫困识别旨在建立"国家–片区–省–市–县–乡–村–户"的体系。扩展R树与专题属性数据一体化模型能够实现由"片区–户"的查询。贫困识别中贫困

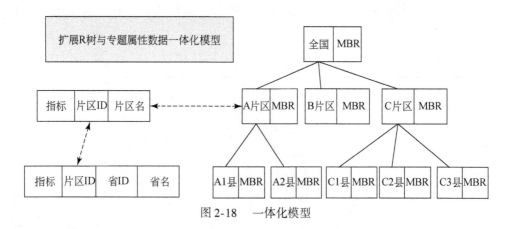

图 2-18　一体化模型

户数据由行政村管理，因此建立"片区 – 户"，即通过两个步骤："片区 – 村"和"村 – 户"。

"片区 – 村"可通过扩展 R 树自上而下搜索完成。由于扩展 R 树增加了一个扩展字段，在通过每个层级的查询中，不仅有区域的 MBR 信息，也有区域名称的信息。访问每个区域后，生成包含该区域所属下个层级的所有节点信息的节点表，最后通过节点表的搜索找到相关数据。由于贫困户的基本信息的确定记录了所属行政村，即建立了村与户的关联，从而实现"片区 – 户"的查询。

空间数据与专题属性数据之间关系的建立，一方面为数据的一体化奠定了理论基础，同时也为空间数据与属性数据的联合查询提供了条件。

2.3　面向贫困识别与监测的多源多尺度空间数据库设计

2.3.1　基本方法流程

面向贫困识别与监测的空间数据信息量大、数据种类多，并且多源、多尺度数据的组织思想都是基于数据库的。因此，基于上述考虑，建立空间数据库将面向贫困是别的多源、多尺度以及专题属性数据一体化存储起来，并在此基础之上实现面向贫困识别与监测数据的各种应用。

面向贫困识别与监测空间数据库的设计是通过概念模型、逻辑模型和物理模型的设计将不同来源数据统一分类、统一编码、统一表达，并结合空间数据引擎（ArcSDE）来实现的。其设计与构建的总体框架见图 2-19。

按照规范化的设计方法来设计空间数据库，主要分为下列 6 个步骤：需求分

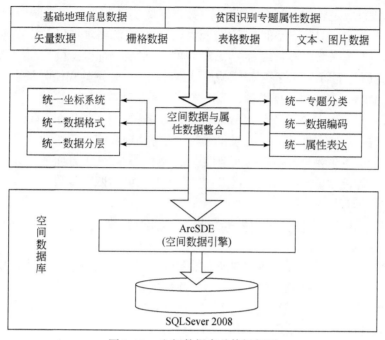

图 2-19 空间数据库总体框架图

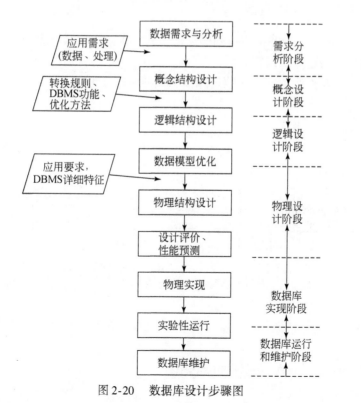

图 2-20 数据库设计步骤图

析、概念设计、逻辑设计、物理设计、数据库的实现和维护六个阶段，见图2-20。需求分析主要对收集空间数据库设计涉及的信息和需求加以分析；概念结构设计是通过对用户需求进行综合、归纳与抽象，形成局部概念模式与全局概念模式（局部视图与全局视图）；逻辑结构设计是要把E-R图的实体与联系类型转化成选定的DBMS支持的数据类型，除此之外，还要对模式进行评价，形成优化模式；物理结构设计主要任务是对数据在物理设备的存储结构与存取方法进行设计，具体包括：如文件结构、内存和磁盘空间等物理实施细节；数据库的实现、运行与维护阶段主要是数据库的安全性、完整性、一致性等方面的设计，以及运行过程中的评价、调整与修改。这里主要介绍第二到第四个步骤。

2.3.2 多源多尺度空间数据库概念模型设计

概念模型设计是地理实体和现象的抽象概念集，是逻辑模型设计的基础。从计算机角度看，它是抽象的最高层。数据库的概念模型设计方法有很多，主要有E-R模型设计、UML模型设计，除此之外，还有面向实体模型。面向贫困识别与监测的数据库的设计采用E-R模型设计方式。

2.3.2.1 E-R模型

E-R模型是一种非常简单的概念模型，它重点关注实体及其相互关系，并通过实体属性表达实质内容。

利用E-R方法建立空间数据库概念模型可以分为以下6个步骤，如图2-21所示。

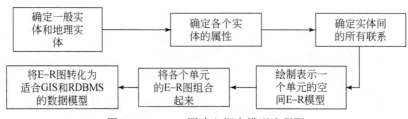

图2-21 E-R图建立概念模型流程图

1) 根据需求分析，提取和抽象出空间数据库中所有的实体，包括一般实体和空间实体；
2) 确定提取实体的属性。要求尽可能地减少数据冗余，利于数据存取和操作，从而能正确地表达实体；
3) 根据实体特征定义实体间的联系；

4）根据提取的实体、属性以及确定的实体间的关系，绘制 E-R 图；

5）根据数据的关联程度将实体划分成小单元，分别绘制 E-R 图，并将这些单元组合起来；

6）将 E-R 图转化成适合 GIS 和数据库管理系统的数据模型，即空间数据模型。

2.3.2.2　面向贫困识别与监测空间数据库 E-R 模型

面向贫困识别与监测空间数据库 E-R 模型设计采用自顶向下的设计方法：即首先定义全局的概念结构框架，然后逐步细化为完整的概念结构。

贫困识别是以行政区域为基本的识别单元，县、村、户为识别的基本单位，片区、省、市、乡（镇）为识别的行政辅助单元。根据以上分析，面向贫困识别与监测空间数据库全局概念模型的 E-R 图见图 2-22。

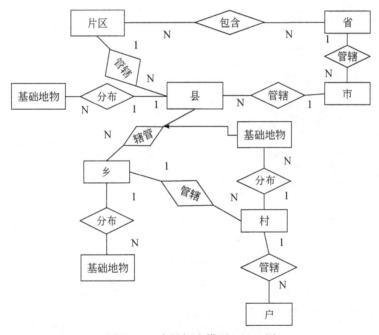

图 2-22　全局概念模型 E-R 图

图 2-22 中基础地物为所属行政区域内的河流、交通、居民地等。

根据全局概念模型 E-R 图所显示的实体及联系，其主要实体属性（专题属性数据）见图 2-23 ~ 图 2-25。

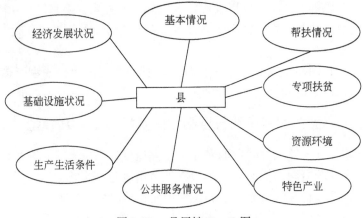

图 2-23　县属性 E–R 图

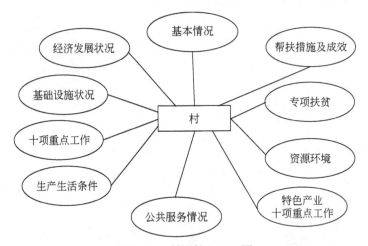

图 2-24　村属性 E–R 图

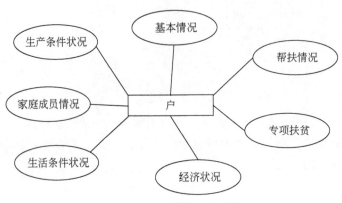

图 2-25　户属性 E–R 图

2.3.3 多源多尺度空间数据库逻辑模型设计

逻辑模型通常是表达模型中对象的意义和关系,它是在概念数据模型的基础上对实体定义、标准化和规格化,即具体地表达数据项并记录之间的关系;结构化的模型是层次结构,面向操作的模型是关系结构;关系数据模型是用二维表来表达实体之间的关系,并用关系操作提取实体之间的关系(仇东宁,2009)。这种逻辑模型简单,适合表达不太复杂的实体之间的关系。面向贫困识别与监测是基于区域的,空间实体之间关系简单,因此,比较适合这种模型。面向贫困识别与监测多源多尺度空间数据库逻辑模型的设计主要从数据分类、编码与数据表结构设计两方面展开。

2.3.3.1 数据分类与编码

面向贫困识别与监测空间数据库的数据分类要兼顾国家基础地理空间数据分类和与贫困识别相关的各行业的数据定义和分类标准,以便进行数据运算、查询、共享和决策需求。

(1) 矢栅一体化数据编码

根据矢栅一体化模型,矢栅一体化编码的目的是栅格和矢量数据关联,从而便于二者之间的查询,同时也将于专题数据关联考虑在内。表结构如表 2-11 所示。

表 2-11 矢栅一体化编码表

BID	Raster	Vector	Region
1			
2	…	…	…
3			

其中,BID 为栅格影像金字塔分块编码,Raster 为所对应的栅格数据集,Vector 为矢量数据集,Region 为该分块所对应区域的名称。

(2) 栅格数据编码

栅格数据是先分块,图像先被分为(序号,编码);然后分级,目的是反映在不同尺度下的详尽程度。以一个波段的灰度图为例,栅格数据在数据库中的表结构见表 2-12。

表 2-12　图像分级数据存储表结构

序号	级别号	块在整幅图中的行号	块在整幅图中的列号	块数据(BLOB)
…	1	…	…	…
	2			
	3			

(3) 矢量数据编码

面向贫困识别与监测空间数据库的数据编码是为了数据的组织管理，其制定遵循以下原则：

① 唯一性，即保证一个对象仅被赋予一个编码；
② 可扩展性，即编码能够满足修改编码的需求，以适应新的编码；
③ 稳定性，确定之后，尽可能保持编码的稳定；
④ 遵循已有标准和规范，即服从国家和行业标准。

根据上述标准，再结合矢量数据分区、分层、分类的组织方法，面向贫困识别与监测的基础地理数据图层编码标准的设定如下所示：

① 区域名称 + 比例尺 + 要素特征 + 下划线 + 要素名称；
② 区域名称：区域全称的简写，例如，QJQ 代表黔江区；
③ 比例尺：用数字表示，例如，25 代表 1∶25 万的比例尺；
④ 要素特征：T、L、P 分别代表点状地物、线状地物和面状地物；
⑤ 要素名称：具体的地物的英文表示，若一个单词，用其首尾字母大写表示；多个单词取第一个单词的前两个字母和剩余单词的首个字母，并用大写表示。例如，RD 表示公路，CIB 表示市界。

以 1∶25 万南阳市部分基础地理数据为例，其图层名称编码见表 2-13。

表 2-13　南阳市部分矢量图层编码

区域	图层编码	图层名称	长度	类型
南阳市	NYS25P_LK	南阳市湖泊	20	面
	NYS25L_COB	南阳市县界	20	线
	NYS25L_RL	南阳市铁路	20	线
	NYS25L_RR	南阳市河流	20	线
	NYS25T_ADC	南阳市行政中心	20	点
内乡县	NXX25T_VIB	内乡县村界	20	县
	NXX25T_PRS	内乡县小学	20	点

(4) 专题属性数据编码

Ⅰ. 区域编码

区域编码包括各个行政区的编码,每个级别的行政区都有唯一的编号,编号用国家统计局公布的2012年的行政区划代码表示;14个连片特困区编号,用阿拉伯数字1~14表示其对应的编号为:乌蒙山区01、六盘山区02、新疆南疆三地州03、吕梁山区04、四省藏区05、大别山区06、大兴安岭南麓山区07、武陵山区08、滇西边境山区09、滇桂黔石漠化区10、燕山-太行山区11、秦巴山区12、罗霄山区13、西藏地区14。

Ⅱ. 字段编码

专题属性数据主要由各专题下面的指标构成,对于一般性指标没有编码,这里主要指多值指标(指标下面有多个值提供选择),例如,民族、健康状况等。

下面是专题属性数据中多值指标的编码规则。

民族:采用GB-3304—1991《中国各民族名称的罗马字母拼写法和代码》。

婚姻状况:采用GB/T-2261.2—2003《个人基本信息与分类代码第2部分:婚姻状况代码》,见表2-14。

表2-14 婚姻状况

值	值含义
10	未婚
20	已婚
21	初婚
22	再婚
23	复婚
30	丧偶
40	离婚

文化程度:采用GB/T-4658—2006《中华人民共和国文化程度代码》,见表2-15。

表2-15 文化程度

值	值含义
10	研究生学历
20/30	大学本科/专科教育
40	中等职业教育
60	普通高级中学教育

续表

值	值含义
70	初级中学教育
80	小学教育
90	其他

健康状况：采用 GB/T 2261.3—2003《个人基本信息与分类代码第 3 部分：健康状况代码》。具体内容为：健康或良好 1、一般或较弱 2、有慢性病 3、残疾 6。

通电情况：通电 1，不通电 0。

燃料类型：柴草 1、干畜粪 2、煤炭 3、清洁能源 4。

务工状况：普通劳动力 1、技能劳动力 2、丧失劳动力 3、无劳动力 4。

2.3.3.2 数据表结构设计

数据表结构的设计主要是专题属性数据表结构的设计。根据第 3 章专题属性数据组织方法，数据表结构设计分行政区域表结构设计和贫困识别专题属性表结构设计，见表 2-16 ~ 表 2-21。

（1）行政区域表结构设计

Ⅰ. 片区表：Adm_Region

片区表结构设计如表 2-16 所示。

表 2-16 片区表

字段名	字段含义	数据类型	主键	长度
ID	ID	bigint	√	8
RegionCode	片区编号	varchar		20
RegionName	片区名称	nvarchar		100

Ⅱ. 省表：Adm_Province

省表结构设计如表 2-17 所示。

表 2-17 省表

字段名	字段含义	数据类型	主键	长度
ID	ID	bigint	√	8
RegionCode	片区编号	varchar		20
ProvinceCode	省编号	varchar		20
ProvinceName	省名称	nvarchar		100

Ⅲ. 市表：Adm_ City

市表结构设计如表 2-18 所示。

表 2-18　市表

字段名	字段含义	数据类型	主键	长度
ID	ID	bigint	√	8
RegionCode	片区编号	varchar		20
ProvinceCode	省编号	varchar		20
CityCode	市编号	varchar		20
CityName	市名称	nvarchar		100

Ⅳ. 县表：Adm_ County

片区表结构设计如表 2-19 所示。

表 2-19　县表

字段名	字段含义	数据类型	主键	长度
ID	ID	bigint	√	8
RegionCode	片区编号	varchar		20
ProvinceCode	省编号	varchar		20
CityCode	市编号	varchar		20
CountyCode	县编号	varchar		20
CountyName	县名称	nvarchar		100

Ⅴ. 乡镇表：Adm_ Town

乡镇表结构设计如表 2-20 所示。

表 2-20　乡镇表

字段名	字段含义	数据类型	主键	长度
ID	ID	bigint	√	8
RegionCode	片区编号	varchar		20
ProvinceCode	省编号	varchar		20
CityCode	市编号	varchar		20
CountyCode	县编号	varchar		20
TownCode	乡镇编号	varchar		20
TownName	乡镇名称	nvarchar		100

Ⅵ. 行政村表：Adm_ Village

行政村表结构设计如表 2-21 所示。

表 2-21　行政村表

字段名	字段含义	数据类型	主键	长度
ID	ID	bigint	√	8
RegionCode	片区编号	varchar		20
ProvinceCode	省编号	varchar		20
CityCode	市编号	varchar		20
CountyCode	县编号	varchar		20
TownCode	乡镇编号	varchar		20
VillageCode	村编号	varchar		20
VillageName	村名称	nvarchar		100

（2）专题属性数据表结构设计

根据贫困识别的基本单位，专题属性数据的表结构设计分为县、村、户三部分。每个级别按照其下面的二级指标定义表名，三级指标为对应表的字段名称。根据上述要求，设计县、村、户对应的专题属性数据的数据表数目为 21，20，7。由于数据表多，只对户的专题属性数据表结构设计进行介绍。户的专题属性数据在数据库中共有七张表，见表 2-22 ～ 表 2-28。

Ⅰ. 家庭基本情况表：T_ FamilyBasic

表 2-22　家庭基本情况表

字段名	字段含义	数据类型	主键	长度
ID	ID	varchar	√	30
HostID	户码	tinyint		3
RecognitionStandard	识别标准	tinyint		3
IsHelpPoor	是否扶贫户	tinyint		3
IsMinimumLiving	是否低保户	tinyint		3
IsFiveGuarantees	是否五保户	tinyint		3
RIllness	因病	tinyint		3
RSchool	因学	tinyint		3
RDisaster	因灾	tinyint		3
RSoil	缺土地	tinyint		3
RTechnology	缺技术	tinyint		3

续表

字段名	字段含义	数据类型	主键	长度
RLabor	缺劳动力	tinyint		3
RMoney	缺钱	tinyint		3
RTraffic	交通条件落后	tinyint		3
ROneself	自身发展动力不足	tinyint		3
ROther	其他	varchar		

Ⅱ. 家庭经济情况表：T_ FamilyEconomic

表 2-23　家庭经济情况表

字段名	字段含义	数据类型	主键	长度
ID	ID	bigint	√	8
HostID	户码	varchar		30
IsProfessionCooperation	是否参加农民专业合作社	tinyint		3
Outstanding	未偿还借(贷)款	decimal		18
NetIncome	家庭年人均纯收入	decimal		18
LaborIncome	全家务工收入	decimal		18
BusinessIncome	全家生产经营性收入	decimal		18
AllSubsidy	各类补贴	decimal		18
BirthControlSub	领取计划生育金	decimal		18
MinimumLivingSub	领取低保金	decimal		18
OldInsuranceSub	领取养老保险金	decimal		18
RefundMedicalSub	新农合报销医疗费	decimal		18
MedicalHelpSub	医疗救助金	decimal		18
EcologySub	生态补偿金	decimal		18

Ⅲ. 帮扶情况表：T_ FamilyHelper

表 2-24　帮扶情况表

字段名	字段含义	数据类型	主键	长度
ID	ID	bigint	√	8
HostID	户码	varchar		30
HelperName	姓名	nvarchar		50
HelperUnit	帮扶单位名称	nvarchar		50

续表

字段名	字段含义	数据类型	主键	长度
UnitProperty	单位隶属关系	tinyint		3
HelperTel	联系电话	varchar		50

Ⅳ．生活条件状况表：T_FamilyLiving

表 2-25　生活条件状况表

字段名	字段含义	数据类型	主键	长度
ID	ID	bigint	√	8
HostID	户码	varchar		30
IsDrinkDifficulty	饮水是否困难	tinyint		3
IsDrinkSafety	饮水是否安全	tinyint		3
IsElectric	是否通生活用电	tinyint		3
IsRadioTV	是否通广播电视	tinyint		3
DistanceMRoad	距离村主干路	decimal		18
RoadType	入户路类型	tinyint		3
HouseArea	住房面积	decimal		18
IsHouseDanger	主要住房是否危房	tinyint		3
IsNeatWC	有无卫生厕所	tinyint		3
FuelType	主要燃料类型	tinyint		3

Ⅴ．家庭主要信息表：T_FamilyMain

表 2-26　家庭主要信息表

字段名	字段含义	数据类型	主键	长度
ID	ID	bigint	√	8
HostID	户码	varchar		30
RegionName	片区	nvarchar		50
ProvinceName	省（区、市）	nvarchar		50
CityName	市（地、州、盟）	nvarchar		50
CountyName	县（市、区、旗）	nvarchar		50
TownName	乡（镇）	nvarchar		50
VillageName	村	nvarchar		50
GroupName	组（社）	nvarchar		50

续表

字段名	字段含义	数据类型	主键	长度
HosterName	户主姓名	nvarchar		50
PhoneNum	联系电话	varchar		50
BankName	开户银行	nvarchar		50
BankNO	开户银行	varchar		50
FilingYear	建档年份	int		10

Ⅵ. 生产条件状况表：T_ FamilyProduction

表 2-27　生产条件状况表

字段名	字段含义	数据类型	主键	长度
ID	ID	bigint	√	8
HostID	户码	varchar		30
AgriculturalArea	耕地面积	decimal		18
IrrigationArea	有效灌溉面积	decimal		18
AllForestArea	林地面积	decimal		18
ReturnForestArea	退耕还林面积	decimal		18
FruitArea	林果面积	decimal		18
GrasslandArea	牧草地面积	decimal		18
SurfaceArea	水面面积	decimal		18

Ⅶ. 家庭成员表：T_ FamilyMember

表 2-28　家庭成员表

字段名	字段含义	数据类型	主键	长度
ID	ID	bigint	√	8
HostID	户码	varchar		30
MemberName	姓名	nvarchar		50
Sex	性别	tinyint		3
CardID	公民身份号码或残疾证号码	varchar		30
Relation	与户主关系	tinyint		3
Nation	民族	tinyint		3
EduYear	文化程度	tinyint		3
IsStudent	在校生状况	tinyint		3

续表

字段名	字段含义	数据类型	主键	长度
HealthStat	健康状况	tinyint		3
LaborStat	劳动能力	tinyint		3
WorkStat	务工状况	tinyint		3
WorkTime	务工时间	tinyint		3
IsNewMedical	是否已参加新型农村合作医疗	tinyint		3
IsInsure	是否已参加新型农村社会养老保险	tinyint		3

2.3.4 多源多尺度空间数据库物理模型设计

空间数据库物理模型的设计主要是根据数据库的逻辑结构来选定 RDBMS，并设计和实施数据库的存储结构；空间特征、非结构化特征和海量数据关系特征是空间数据具有的独特特征，这就要求有与之相适应的存储策略。

（1）存储策略

面向贫困识别与监测空间数据库采用对象－关系的数据管理模式，基于关系数据库 SQLServer 2008 和空间数据引擎 ArcSDE 进行存储。其存储策略见图 2-26。

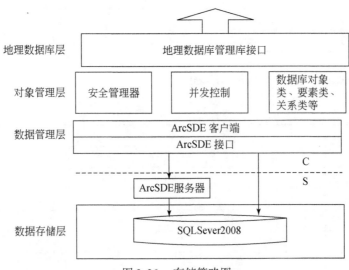

图 2-26　存储策略图

从图 2-26 中可以看出，存储策略可以分为四层，即地理数据库层、对象管理层、数据管理层和数据存储层；地理数据库层提供数据管理的接口，对象管理层主要实现对象分类、关系等语义表达；数据管理层是核心部分，主要通过空间数据引擎负责处理关系数据模型与空间实体关系模型之间的映射，并且通过客户端和服务器端的请求实现数据的调用功能；数据存储层则是将数据的物理部分存储在数据库中。

（2）数据存储结构及数据库命名

数据存储结构即物理结构，包括物理文件命名、大小和位置等。面向贫困识别与监测空间数据库的逻辑结构划分为四个级别：总库－分库－逻辑层－物理层。

总库即面向贫困识别与监测空间数据库，包括所有数据；

分库有五个，分别为基础地理数据库（包括栅格数据库、矢量数据库）、建档立卡数据库、贫困识别数据库和元数据库；

逻辑层对应的是空间数据要素部分，每个逻辑层对应数据集或栅格目录中的 FeatureClass 或 Raster；

物理层则对应于物理上的表，包括点、线、面、注记等要素以及栅格数据和属性数据。

面向贫困识别与监测空间数据库采用以"DB_ +数据库标识"开头的纯英文命名方式。

总库：DB_ PKSB；

分库：基础地理数据库 DB_ BGD（栅格数据库：DB_ Raster，矢量数据库：DB_ Vector）、建档立卡数据库 DB_ BuildCard、贫困识别数据库 DB_ PervertyIdentify 和元数据库 DB_ Metadata；

2.4 面向贫困识别与监测的多源多尺度空间数据组织方法应用与分析

本书的研究与实现依托"十二五"国家科技支撑项目"扶贫空间信息系统关键技术及其应用"课题3：《基于空间信息技术的贫困精准识别》展开。本章对前几章面向贫困识别与监测多源多尺度空间数据组织方法进行系统实验及测试，主要是贫困识别在系统中的分析应用。

2.4.1 多维贫困识别

多维贫困识别就是选择并确定扶贫瞄准对象，从多个维度判断瞄准对象是否是真正的贫困聚集区域和贫困人口的过程。从贫困识别的类型可分为区域识别和人口识别。基于此，本节将从识别的流程介绍多维贫困识别。

贫困识别的基本流程如图 2-27 所示，贫困识别的过程包括以下几个步骤：

第一，选择研究区。一方面，可以根据行政区导航条选择感兴趣的研究区域；另一方面，可以通过联合查询快速锁定制定区域；

第二，构建指标体系。参考相关研究文献、扶贫业务需求和扶贫规划纲要任务，构建瞄准贫困县、贫困村和贫困人口的贫困识别的指标体系；

第三，选择与识别类型相对应的多维贫困测算模型，设定维度或指标权重，得出结果。

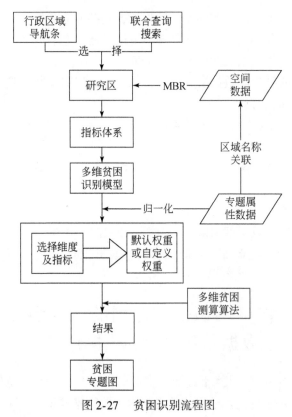

图 2-27　贫困识别流程图

2.4.2　功能应用与系统分析

通过对多维贫困识别流程的可知，在研究区选择、指标体系设定和专题图生成等过程中有很重要的体现。鉴于此，本节主要从两方面介绍面向贫困识别与监测多源多尺度数据组织方法的应用。一方面，通过空间数据与属性数据的联合查询，介绍空间数据与属性的一体化组织；另一方面，通过介绍专题属性数据管理系统的功能特点,介绍组织方法在贫困识别中的体现。

2.4.2.1 空间数据与属性数据联合查询

由 2.2 节可知:扩展 R 树索引以区域名称、区域编号和最小外接矩形为主要内容。通过这些内容不仅能够建立贫困识别专题属性数据和空间数据之间的关系,实现从一种数据到另一种数据的查询,也能够快速锁定空间区域,来存储与显示区域相关信息。

联合查询的实质就是建立空间数据与专题属性数据之间的联系,一方面通过扩展 R 树索引建立其与空间数据之间的关系,另一方面通过区域名称建立与专题属性数据之间的关系。从而也从逻辑层面反映了专题属性数据与空间数据的一体化组织策略,见图 2-28。

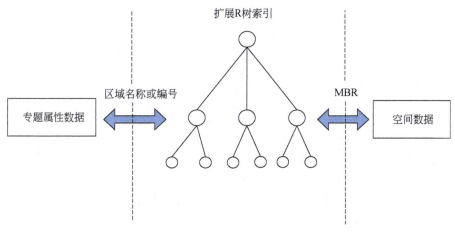

图 2-28 联合查询数据关系示意图

联合查询即从空间数据到专题属性数据的查询,实现该查询可通过两种方式:区域名称和区域编号,即通过搜索区域名称或编号建立与扩展 R 树索引的联系,查询到相关信息,见图 2-29。其查询步骤如下。

首先,查询空间对象的 MBR 或区域编号,在扩展 R 树索引中搜索到与该对象相关的对象或范围信息;

其次,根据查询到的节点的区域编号或区域名称以及对象的其他信息,建立与专题属性数据的关联,得到相关专题属性信息。得到的专题属性信息一方面可以直接显示,也可以进行贫困识别。

除此之外,联合查询也能实现地图的快速显示,它避免了一个图层存在但却查不到相应记录的情况。可以通过输入的区域名称,在扩展 R 树索引找到相对应的节点,然后根据节点的 MBR 信息,直接在图上标识出地名。其示意图见图 2-30。

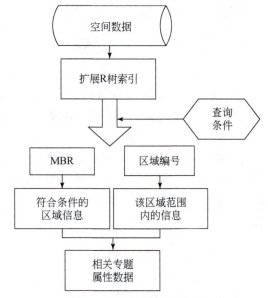

图 2-29　联合查询流程图

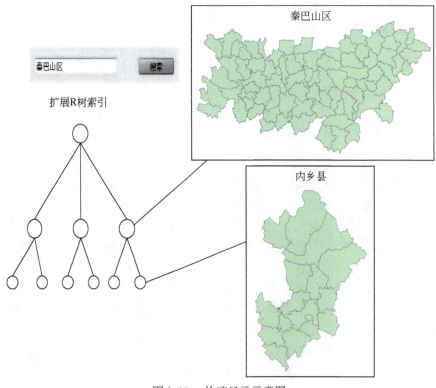

图 2-30　快速显示示意图

图 2-30 中是对秦巴山区进行搜索，在文本框内输入"秦巴山区"之后，即可通过扩展 R 树索引自上而下进行搜索，找到目标区域（右上方对应的是扩展 R 树第二层，秦巴山区）即可进行贫困县识别，相关的专题属性数据也在系统中显示出来，以秦巴山区基础设施为例，其专题属性数据见图 2-31。也可继续向下搜索进入下级行政区域（右下方对应的是扩展 R 树第三层，内乡县），进行贫困村和贫困人口识别。

县名	片区	通公路行政村个数	通电行政村个数	饮水入户行政村个数	通宽带行政村个数	有农家乐的行政村个数
嵩县	秦巴山区	299	318	31	265	278
汝阳县	秦巴山区	214	216	75	206	197
洛宁县	秦巴山区	388	388	183	125	166
鲁山县	秦巴山区	555	555	399	548	237
卢氏县	秦巴山区	352	352	326	310	19
南召县	秦巴山区	340	340	72	340	340
镇平县	秦巴山区	410	410	18	390	320
内乡县	秦巴山区	288	288	79	185	150
淅川县	秦巴山区	520	520	156	157	517
郧县	秦巴山区	347	347	312	250	74
郧西县	秦巴山区	338	338	331	142	28
竹山县	秦巴山区	254	254	54	233	102
竹溪县	秦巴山区	302	274	210	247	65
房县	秦巴山区	280	305	197	91	92
丹江口市	秦巴山区	203	203	100	10	203
保康县	秦巴山区	261	261	261	240	261
城口县	秦巴山区	42	188	124	50	81

图 2-31　秦巴山区基础设施专题属性数据

2.4.2.2　专题属性数据管理系统分析

面向贫困识别与监测专题属性数据的管理是在"扶贫空间信息系统关键技术及其应用"项目和国务院扶贫办（国务院扶贫开发办公室）的依托下建立的建档立卡信息管理系统。本节主要通过功能特点的介绍分析专题数据，数据组织在贫困识别中的应用。

由于面向贫困识别与监测的专题属性数据数据量大，因此专门设计一个独立的系统对其进行管理。系统的主要功能特点如下。

（1）多用户分级管理。用户根据行政区域的级别划分，由高到低共分为国务院扶贫办、省、市、县、乡、村六级用户。本级别用户对级别用户信息管理，高级别用户能查看、编辑低级别用户信息，能浏览该查看低行政级别的基本统计信息。例如，县级用户可查看村或户的统计报表。以国家扶贫重点县南阳市镇平县为例，其县、表、户信息的管理界面见图 2-32～图 2-34。

（2）分维度管理信息。贫困识别类型包括贫困县、贫困村和贫困人口的识

图 2-32　县信息管理界面

图 2-33　村信息管理界面

别，因此，专题属性数据是由县、村、户这三类基础信息组成的。每类信息都与数据库中专题属性数据表结构设计保持一致，即按照维度来管理。图 2-31 中，显示栏上方为贫困村维度，下方为所选维度下的具体信息，每列为一个指标。分维度管理优点是方便贫困识别指标体系中维度指标的数据提取。贫困识

第2章 面向贫困识别的多源多尺度数据组织

图2-34 户信息管理界面

别指标体系中的指标是从专题属性数据众多维度、指标中筛选、总结出来的，例如，贫困户专题属性数据有七个维度、80多个指标，而贫困人口识别包括四个维度＋九个指标，见图2-35。因此，通过SQL语句可以分维度地快速提取出贫困识别指标体系对应数据的原始数据，从而进行贫困测算，准确识别。

图2-35 贫困人口识指标体系

（3）区域分层索引。专题属性数据管理系统与"基于空间信息技术的贫困精准识别系统"一致，行政区域的树结构都是按照"片区－省－市－县－乡－村"来设计的。一方面，能够快速锁定某一识别种类的专题数据分类的数据列表，准确查到该级别下维度的详细信息；另一方面，通过与扩展R树的"区域名称"建立关联，便于对各级别下的贫困功能的操作以及空间数据与属性数据的快速查询。以秦巴山区为例,单击"秦巴山区",可进行片区级层面的贫困识别,图 2-36 为秦巴山区的贫困度测算;向下点击进入"内乡县"可进入县级层面的贫困识别,图 2-37 和图 2-38 分别显示的是内乡县贫困人口识别和贫困村识别。

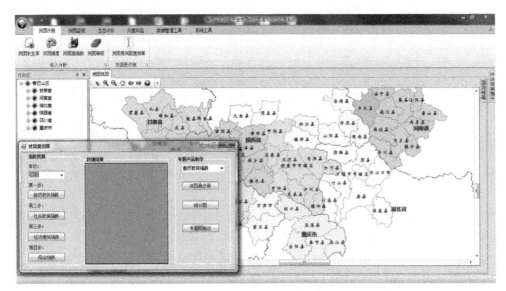

图 2-36　秦巴山区贫困度测算

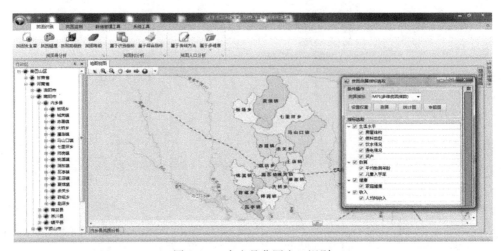

图 2-37　内乡县贫困人口识别

第 2 章 面向贫困识别的多源多尺度数据组织

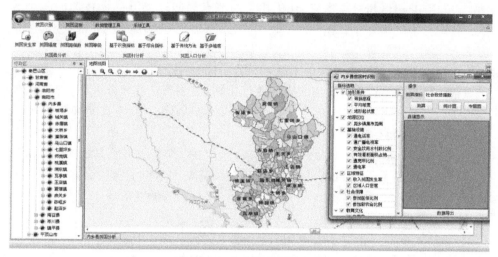

图 2-38 内乡县贫困村识别

2.4.3 扩展 R 树算法实验分析

上面提到的空间数据与属性数据的联合查询都是基于扩展 R 树索引进行的，根据扩展 R 树的查询过程，对查询主要定义的函数的时间复杂度和空间复杂度分析，并根据与传统 R 树对比验证扩展 R 树算法的有效性。

2.4.3.1 扩展 R 树的时间复杂度与空间复杂度分析

设扩展 R 树的层数为 k，节点总数为 n，树节点的最大的子节点数目为 m，每个扩展 R 树节点所占的内存空间为 1 个单位。

CreateTree：根据图层生成新的 R 树。扩展 R 树的总的节点数目为 n，需要占用 n 个节点的内存空间，因此，时间复杂度为 $O(n)$；空间复杂度为 $\Theta(n)$；

FindParentNodeById：根据子节点的 ID 查找父节点。从扩展 R 树的根节点开始查找，扩展 R 树的节点在节点表中是按顺序排列的，可按照二分法查找，每层节点访问次数为 $\log_2 m$，每个层次索引树的节点访问次数为 $k*\log_2 m$；这个过程需要保存当前节点和其父节点的信息，需要最多两个节点的辅助空间；因此，函数时间复杂度为 $O(\log_2 m)$，空间复杂度为 $\Theta(2)$；

FindParentNodeByMbr：根据子节点的 MBR 查找父节点。条件同上，每层节点被访问的次数为 m，总次数为 $k \times m$，并且需要保存当前节点和其父节点的信息，需要的最多两个节点的辅助空间；其时间复杂度为 $O(m)$，空间复杂度为 $\Theta(2)$；

FindNodesByMbr：查找与 MBR 相关的节点。通过遍历扩展 R 树的每个节点，查询与条件相关每个节点的信息，因此，其时间复杂度为 $O(n)$，空间复杂度为 $\Theta(n)$；

FindNodesById：查找与 ID 相关的节点。通过在扩展 R 树中的搜索，找出与节点范围相交的节点集合。查询的结果是不同层的树节点的集合。对于节点的集合可进行二分查找，需要最多 k 个节点的辅助空间，因此其时间复杂度为 $O(\log_2 m)$，空间复杂度为 $\Theta(k)$；

AddTreeNode：在扩展 R 树中找到加入节点的父节点，并将其加入到相应位置。该过程调用了函数 FimdParentNodeById，其访问节点的次数为 $k \times \log_2 m + \log_2 m$，最多需要 2 个节点的辅助空间。因此，时间复杂度为 $O(m)$，空间复杂度为 $\Theta(2)$；

FindMbrById：查找与 ID 相关的最小外接矩形。由于节点的编号列表是顺序表，同样也可以使用二分查找，访问扩展 R 树的次数为 $k \times \log_2 m$，整个过程需要保存当前节点和其父节点的信息，需要两个 2 节点的空间；因此，时间复杂度为 $O(\log_2 m)$，空间复杂度为 $\Theta(2)$。

同理：设 R 树的层数为 k_1，节点总数为 n_1，树节点的最大的子节点数目为 m_1，每个扩展 R 树节点所占的内存空间为 1 个单位。扩展 R 树是基于 R 树建立的，其先关函数的原理与 R 树一致。由于 R 树的层数、节点数目以及区域重叠度的不同导致其相关函数的时间复杂度和空间复杂度变化。

经过上述分析，查询函数的时间复杂度和空间复杂度分析见表 2-29。

表 2-29 （扩展 R 树 / R 树）查询函数的时间复杂度和空间复杂度分析

函数名	访问树节点的次数	时间复杂度	访问节点占用空间	空间复杂度
CreateTree	n / n_1	$O(n) / O(n_1)$	n / n_1	$\Theta(n) / \Theta(n_1)$
FindPareNodeById	$k \times \log_2 m /$ $k_1 \times \log_2 m_1$	$O(\log_2 m) /$ $O(\log_2 m_1)$	2 / 2	$\Theta(2) / \Theta(2)$
FindPareNodeByMbr	$k \times m / k_1 \times m_1$	$O(m) / O(m_1)$	2 / 2	$\Theta(2) / \Theta(2)$
FindNodesById	$k \times \log_2 m /$ $(k_1 + 1) \times \log_2 m_1$	$O(\log_2 m) /$ $O(\log_2 m_1)$	k / k_1	$\Theta(k) / \Theta(k_1)$
AddTreeNode	$k \times \log_2 m + \log_2 m /$ $(k_1 + 1) \times \log_2 m_1$	$O(m) / O(m_1)$	2 / 2	$\Theta(2) / \Theta(2)$

续表

函数名	访问树节点的次数	时间复杂度	访问节点占用空间	空间复杂度
FindNodesByMbr	$n\ /\ n_1$	$O(n)\ /\ O(n_1)$	$n\ /\ n_1$	$\Theta(n)\ /\ \Theta(n_1)$
FindMbrById	$k \times \log_2 m\ /$ $k_1 \times \log_2 m_1$	$O(\log_2 m)\ /$ $O(\log_2 m_1)$	2 / 2	$\Theta(2)\ /\ \Theta(2)$

2.4.3.2 实验分析

本书通过扩展R树与传统R树的对比分析、建立不同层级的扩展R树的分析来完成实验验证分析。

(1) R树与扩展R树的对比分析

传统R树存在区域重叠,因此选取"片区－省－市－县－乡"建立R树索引;同时选取"片区－县－乡－村"建立扩展R树索引,并且保证两种索引选取的区域数目相同。因此,本书分别选取2664、1029、827个区域从建立时间(s)、内存占用空间(k)、平均查询时间(s)三个方面对比分析。见表2-30~表2-32。

扩展R树实现的是从片区到户的六级应用示范体系。在扩展R树的构建中排除了省市,但是构建了片区与省市的关联,因此,可以实现片区到省(市)的交叉查询;而在传统R树则需解决片区与省的区域重叠问题。结合上述分析,分别对"片区－省"、"片区－市"两种查询的查询时间做了对比,见表2-33。从表中可以看出,扩展R树的查询时间比较短,大大提高了查询效率。

从实验结果可以看出:在条件相同的情况下,扩展R树索引在建立时间、内存占用、平均查询时间都优于传统R树索引,其中平均查询时间的优越性极为明显。因此,扩展R树在避免区域重叠的情况下查询效率得到明显提升。

表2-30 建立时间对比

区域数	索引	
	R树索引	扩展R树索引
2664	0.175	0.183
1029	0.092	0.081
827	0.075	0.069

表 2-31　内存占用对比

区域数	索引	
	R 树索引	扩展 R 树索引
2664	195	183
1029	92	81
827	75	69

表 2-32　平均查询时间对比

区域数	索引	
	R 树索引	扩展 R 树索引
2664	0.0105	0.0081
1029	0.0065	0.0050
827	0.0049	0.0037

表 2-33　不同层级查询的时间对比

层数	索引	
	R 树索引	扩展 R 树索引
片区 - 省	0.0073	0.0041
片区 - 市	0.0085	0.0051

(2) 不同层次扩展 R 树的分析

实验选取 2014 年秦巴片区及其扶贫重点县为例，并根据收集的数据建立扩展 R 树索引，用两组数目分别进行分析。第一组数据为片区、县、乡三层共 1860 个区域；第二组数据为片区、县、乡、村四层共 15 207 个区域。从表 2-34 中可以看出，在区域增多（第二组区域数目为第一组的近 10 倍）的情况下，建立扩展 R 树的时间仅仅是第一组的 5 倍，并且访问节点的平均时间并未明显增加，查询速度快；效率较高，计算需要占用的辅助空间小。

表 2-34　扩展 R 树实验对比分析

组数	扩展 R 树层数	区域数目	扩展 R 树子节点最大数目	查询节点需要最大的辅助空间	建立扩展 R 树的时间/s	查询节点信息平均访问时间/s
第一组	3	1 860	256	3	0.12	0.0015
第二组	4	15 207	256	4	0.62	0.0019

2.5 本章小结

随着空间技术在数据组织方面的应用逐渐广泛以及国家对扶贫事业的大力重视，结合目前的各种需求，本书通过对面向贫困识别与监测数据的分析，研究多源多尺度空间数据组织方法，整合面向贫困识别与监测的多源异构数据。结合空间数据引擎，建立多源多尺度空间数据库，实现了空间数据与专题属性数据的一体化存储。由于空间数据与专题属性数据特征的不同，结合其特点，并针对 R 树索引中存在的数据重叠问题，将节点中的数据结构增加一个区域名称字段，提出了扩展 R 树的索引方法。通过扩展 R 树索引，建立两种数据的快速查询，并通过基于空间技术的精准识别系统对方法进行了验证。

本研究以研究面向贫困识别与监测多源多尺度空间数据组织方法为目标，结合贫困识别理论、空间数据库技术和空间索引技术探究了组织策略与方法应用，取得了以下成果。

（1）贫困识别数据分析。结合面向贫困识别与监测的数据来源，分别分析了空间数据以及专题属性数据特征，并对贫困识别过程前后相关的数据之间的关系进行了研究。

（2）多源多尺度空间数据组织方法研究。通过比较基于文件和数据库组织方法的优劣，确定了基于中间件的数据库组织方式。结合贫困识别中栅格、矢量和专题属性数据的具体作用，提出了"金字塔 – 分块编码"的栅格数据组织方法、基于分区 – 分层 – 分类的组织方法，并在两种方法的基础上，构建了基于空间区域地理位置的矢栅一体化模型。在 R 树基础上得出的扩展 R 树索引方法表达多尺度数据。除此之外，根据扩展 R 树索引以及专题属性数据区域特性明显的特点提出了多尺度空间数据和专题属性数据一体化的组织策略。

（3）多源多尺度空间数据库设计。分析了面向贫困识别与监测空间实体及关系、属性，设计了全局和局部的 E – R 图，设计了概念模型。通过数据的分类及表结构的设计完成了逻辑模型的设计。通过基于 SQLSever2008 和 ArcSDE 的地理数据库层、对象管理层、数据管理层和数据存储层四层存储策略，完成了物理模型设计。

主要创新点如下。

结合栅格与矢量数据的组织特点，提出了基于空间区域对象的矢栅一体化组织策略；结合贫困识别区域性强的特点，在 R 树基础上做出改进，提出了基于 R 树的扩展 R 树索引方法，有效组织多尺度空间数据。针对面向贫困识别与监测专题属性数据按维度组织策略，并结合扩展 R 树索引，以区域名称与专题属性数据关联，实现空间数据与属性数据一体化组织。

第3章 县级多维贫困度量及空间分布特征研究

传统贫困多指经济上的贫困，随着经济的发展，贫困已经演变成一个多维复杂的现象。收入贫困只是最基础的贫困形式，贫困还包括人类教育贫困、健康贫困、知识贫困和生态贫困等。国内外研究者对贫困的认识都达成了"贫困具有动态性、多维性、地域性以及复杂性"的共识；贫困既包括人口贫困，也包括区域贫困。为了顺利实现"新纲要"对未来10年中国扶贫开发的主要内容及要求，缩小城乡差距，统筹区域可持续发展。从多尺度多维度来分析贫困，即从人口贫困到区域贫困的贫困机制分析，显得格外重要。此外，借助于GIS的空间分析能力，充分考虑地理要素对贫困人口分布影响的条件下，实现对贫困区域人口与环境的致贫机制研究。通过各个区域贫困的特点，为资源的优化配置提供参考，保证其在人地关系和谐的前提下，实现贫困个体数最小化。

3.1 县级人口多维贫困度量及空间分布特征研究

阿玛蒂亚·森（2002）把贫困的实质定义为"能力和权力的剥夺"。贫困不只是收入的贫困，而且是一个多维的现象。从发展的角度来看，贫困的原因是个体或家庭的基本可行能力不足。基本可行能力包括公平地获得就业、教育、健康、社会保障、安全饮水、卫生设施等维持人类正常生活的基本需要。例如，贫困人口除了具有一定的经济收入以满足最基本的吃穿住行外，还应该获得基本的住房安全、饮水安全、家庭健康、通电设施及义务教育等保障，为了实现全面发展，要求在经济、社会、生态和环境多个维度上建立相应的扶贫机制。

2011年公布的简称"新纲要"明确提出："我国未来十年扶贫开发工作的总体目标是：到2020年，稳定实现扶贫对象不愁吃、不愁穿，保障其义务教育、基本医疗和住房"，把教育、医疗和住房纳入多维贫困分析是非常必要的。因此，无论是从联合国发展目标，还是我国2020年全面建成小康社会的目标，都要求从多维度综合脱贫。

因此，面向"新纲要"精准扶贫开发战略的要求，利用GIS空间分析方法，结合RS数字影像处理技术，以广西河池市11个贫困县(区、县，简称县)贫困农户建档立卡数据为测算样本，尝试以农户为测算单元建立权利贫困视角下的住房、教育、健康、生活水平4个维度的多维贫困测算模型，并结合研究区地形地貌特征及社会经济发展特征分析各县贫困程度及致贫因素，为后续的扶贫资源优化配置和差异化扶贫政策决策提供瞄准贫困对象的前瞻性依据。

3.1.1 研究区概况与数据

3.1.1.1 研究区概况

河池市隶属于广西壮族自治区，作为国家14个重点扶贫片区中滇桂黔石漠化片区的一部分，是一个集"老、少、边、山、穷、库"于一体的欠发达地区，位于广西西北边陲、云贵高原南麓，地处东经106°34′~109°09′、北纬23°41′~25°37′。东西长为228km，南北宽为260 km，总面积为3.35万km^2，总人口约为450万，居民以壮族为主。少数民族人口约占总人口的83.67%。河池市以山区为主，地势西北高东南低，山脉多分布于边缘地带，市内地形多样，岩溶广布，石漠化土地面积达0.7226万km^2，是我国严重的石漠化区和喀斯特地形破碎区。人口-资源-环境之间的矛盾突出。

河池市下辖金城、宜州、罗城、巴马等11个县，其中7个县属于全国扶贫开发工作重点县，其他4个县为自治区级贫困县；少数民族自治县5个；一级革命根据地县4个(图3-1)。

3.1.1.2 数据来源与预处理

研究采用社会经济数据和基础地理数据，前者来自河池市扶贫开发办公室2013年贫困农户建档立卡数据和实地调查数据，其中涵盖了农户的家庭成员、住房状况、生产条件、生活条件等多方面信息，共计1578个村约110万人；基础地理数据是研究区1:25万基础地理数据、全国90mDEM数据和研究区2014-2015年landsat8数字影像数据。数据使用前先进行预处理，对社会经济数据进行处理，形成数据矩阵；对地理空间数据进行裁剪、配准、校正等处理。

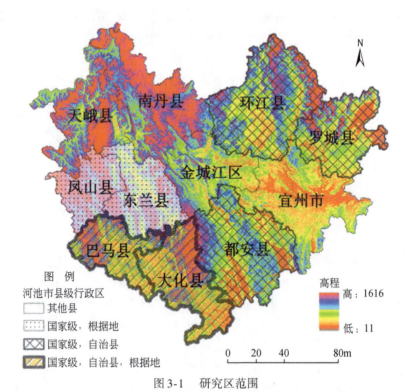

图 3-1　研究区范围

注：图例中，"国家级"指该县属于国家级贫困县；"根据地"指该县属于一级革命根据地；
"自治县"指少数民族自治县；"其他县"指没有分类的县

3.1.2　研究方法

针对研究区复杂的贫困特征，本研究在 Sen 的权利贫困理论基础上，以国内外多维贫困指标测算体系为基础，结合研究区实际情况构建权利贫困视角下的多维贫困测算模型，创建多维贫困度量指标体系，以贫困农户为计算单元，以县为输出单元，利用"A – F"双临界值法与维度"加总 – 分解"对农户贫困特征及其致贫原因进行研究。利用空间地统计方法分析研究区的贫困空间集聚特征，利用泰尔系数对比不同分类体系下的贫困特征差异，客观揭示不同自然与社会经济条件下的农户贫困特征。

3.1.2.1　研究区多维贫困测算

（1）多维贫困测算指标体系

面向"新纲要"精准扶贫监测指标需求，以入户调查数据为基础，依据指标的科学性、典型性、可获取性、政策相关性、可操作性等原则，参考各类研究学者提出的指标体系，从权利贫困的视角下契合"新纲要"中"两不愁、三保障"（不愁吃、不愁穿，保障其教育、住房与医疗）的精准扶贫目标，建立了如表3-1所示的河池市县级多维贫困测算指标体系，共四个维度、十项基础指标，将抽象的多维贫困测算转变为可以进行具体测算的指标体系。由于不同维度和多项指标的权重问题没有统一的划分标准，本研究沿用联合国《人类发展计划》的等分权重法，即各维度权重相等，各维度中的基础指标等分维度的权重。

表3-1 多维贫困测算指标体系

维度	指标	剥夺临界值 Z	权重
住房	是否危房	砖木及钢筋混凝土结构不属危房，赋值为0，否则为1	1/4
健康	家庭健康	农户家庭成员中若有一个成员重病，赋值为1，否则为0	1/4
教育	成年人是否文盲	农户家庭成员中有一个成年人文盲，赋值为1，否则为0	1/8
教育	6–16岁学龄儿童入学率	农户家庭成员中有儿童失学，赋值为1，否则为0	1/8
生活条件	饮水安全	浅井水、深井水、自来水为安全水，赋值0，否则为1	1/24
生活条件	饮水困难	若农户饮水困难，赋值为1，否则为0	1/24
生活条件	卫生设施	农户有厕所为非贫困，赋值为0，否则为1	1/24
生活条件	通电情况	若农户通电，赋值为0，否则为1	1/24
生活条件	是否通广播	若农户通广播，赋值为0，否则为1	1/24
生活条件	燃料类型	若农户使用"柴草、秸秆"等非清洁燃料的赋值为1，否则为0	1/24

（2）多维贫困测算方法

本书基于UNDP的A–F双临界值法（剥夺临界值和贫困临界值）进行多维贫困测算。利用剥夺临界值确定农户的各项指标是否被剥夺，利用贫困临界值确定农户是否为多维贫困户。根据维度加和、分解，识别出农户被剥夺的可行能力，测算多维贫困发生率（H），平均剥夺份额（A），多维贫困指数（MPI），各项指标贡献度（C）。测算步骤见流程图3-2所示的多维贫困测算流程图，具体释义见表3-2。

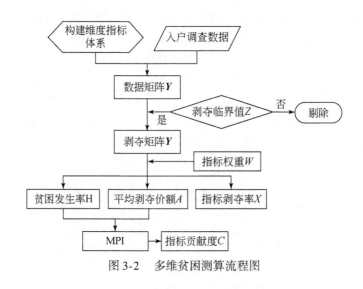

图 3-2 多维贫困测算流程图

表 3-2 具体变量释义表

变量名	释义
数据矩阵 Y	$Y(n \times d)$ 用来存储农户个体的指标信息。n 表示测算个体数量，d 表示指标数量
剥夺矩阵 g^0	$g^0(n \times d)$ 用来存储农户个体被剥夺的情况。如果农户在某一指标下是被剥夺的，赋值 1，否则赋值 0
剥夺临界值 Z	判断在某指标下农户是否贫困的指标临界值，判定为贫困户则称该指标被剥夺
贫困临界值 K	判断农户是否为多维贫困，农户被剥夺指标数量大于等于 K 则该农户为多维贫困
多维贫困发生率 H	多维贫困人口占研究区总人口的比例，计算公式为 $H = \dfrac{q}{n}$，其中，q 表示多维贫困人口，n 表示研究区域总人口
平均剥夺份额 A	多维贫困人口平均被剥夺指标数量(含权重) $A = \dfrac{\sum_{i=1}^{n} C_i(k)}{q}$，其中，$C_i(k)$ 表示在贫困临界值为 K 的情况下个体 i 被剥夺的指标数量；q 表示贫困人口
多维贫困指数 MPI	描述某区域贫困程度的综合指标，计算公式为 $\text{MPI} = H \times A$。
指标贡献度 C	表示某指标对 MPI 的贡献程度，计算公式为 $C = \dfrac{w_i \text{CH}}{\text{MPI}} \times 100$，其中 CH 表示指标 i 被剥夺的人口率，W_i 表示指标 i 的权重值
指标剥夺率 X	某一指标被剥夺人数占总人口百分比

3.1.2.2　研究区贫困聚集特征分析

空间自相关是对于一个变量而言的,指一个变量处在不同空间位置上的相关性,表示空间单元属性值聚集程度。常用的自相关指标有全局 Moran'I 指数和局部 G 系数。张松林(2007)通过大量的模拟计算发现全局 Moran'I 指数对聚集区中心的识别较准确,而局部 G 系数则对聚集区域探测较准确。为了准确反映贫困的空间聚集状况,本书采用结合两种指标的方式对研究区贫困空间分布特征进行研究。

Moran'I 指数计算公式:

$$I_i = \frac{\left(X_i - \frac{1}{n}\sum_{i=1}^{n}X_i\right)}{\frac{\sum_{j=1,j\neq i}^{n}\left(X_j - \frac{1}{n}\sum_{i=1}^{n}X_i\right)^2}{n-1}}\sum_{j}C_{ij}\left(X_j - \frac{1}{n}\sum_{i=1}^{n}X_i\right) \tag{3-1}$$

X_i 代表空间单元 i 的属性值,即某区县贫困指标测算值,C_{ij} 为空间单元 i 和 j 之间的影响程度,n 代表研究区域行政单元的个数。如果 I_i 为正数,表示该空间单元的属相值与相邻单元的属性值相似;若为负数,则表示两相邻单元属性值不相似。

对 Moran'I 指数进行标准化计算,检验是否存在空间相关关系,公式为:

$$Z(I_i) = \frac{I_i - E(I_i)}{\sqrt{VAR(I_i)}} \tag{3-2}$$

$E(I_i)$、$VAR(I_i)$ 分别表示理论期望值和理论方差值,由 Z 值的 P 值检验自相关的显著性,对零假设 H_0(不存在空间自相关)。比较 P 值与显著性水平 α 的值:若 P 值小于给定的 α,则拒绝零假设;否则接受零假设。一般取 $\alpha = 0.05$。

局部 G 系数是基于距离权重矩阵的局部空间自相关指标,能探测出高值聚集和低值聚集,计算公式为

$$G_i^* = \frac{\sum_{j}^{n}W_{ij}x_j}{\sum_{i}^{n}x_j} \tag{3-3}$$

标准化公式为

$$Z(G_i^*) = \frac{G_i^* - E(G_i^*)}{\sqrt{VAR(G_i^*)}} \tag{3-4}$$

W_{ij} 是 i、j 单元之间的距离权重,显著的正 $Z(G^*i)$ 表示单元 i 的相邻单元观测值高,为高值聚集区;显著的负 $Z(G^*i)$ 表示单元 i 的相邻单元观测值低,为低值聚集区。

3.1.2.3 研究区多维贫困差异分析

根据河池市现状，将 11 个县分类，进行类间、类内差异分析，研究相同区域不同类型对贫困的影响。与基尼系数、变异系数等差异分析法相比，Theil-T 系数模型可将研究区域的总差异分解为区域间差异和区域内差异，能更好地揭示不同类型县际的差距或不平等度。故本书利用 Theil-T 系数的可分解性，分别测算不同贫困指标下的总差异($T_总$)、区域间差异($T_间$)、区域内差异($T_内$)。

$$区域总差异：T_总 = T_间 + T_内 \qquad (3-5)$$

$$区域间差异：T_间 = \sum_{i=1}^{n} Y_i \log \frac{Y_i}{P_i} \qquad (3-6)$$

$$区域内差异：T_内 = \sum_{i=1}^{n} Y_i \left(\sum_{j} Y_{ij} \log \frac{Y_{ij}}{p_{ij}} \right) \qquad (3-7)$$

式中，n 表示分类后的类数，Y_i 表示某指标第 i 类各县加和占研究区该指标加和值的份额，P_i 表示某类多维贫困人口占研究区多维贫困总人口份额。Y_{ij} 和 P_{ij} 分别表示某指标第 i 类县中第 j 县占该类县份额和该县多维贫困人口占该类县多维贫困总人口份额。泰尔 T 系数越大，表示贫困特征差异越大；越小，表示贫困特征差异越小。

3.1.3 研究区测算结果分析

根据上述方法，得到河池市综合贫困指数（H、A、MPI），在此基础上进行多维贫困特征分析，利用统计分析、空间集聚分析、差异分析等方法揭示研究区贫困结构分异特征。

3.1.3.1 研究区多维贫困整体特征分析

K 代表贫困临界值，用来判定农户是否多维贫困，不同 K 值，农户贫困差异很大，各项指标的剥夺率也会呈现不同的变化趋势，本书有 10 项基础指标，故 K 可取 1 到 10。测算出不同 K 值下研究区 H、MPI、A 值的变化情况并进行贫困特征分析，选出合理的 K 值，再根据各项指标贡献度对农户致贫因素进行分析。

（1）多维贫困特征分析

如表 3-3 所示，从左到右依次为 MPI、A、H，分别表示测算对象的贫困程度、贫困深度和贫困强度，后面各项为基础指标对整体贫困的贡献度。由表可知，随着 K 的增加，H 和 MPI 呈现减小趋势。当 $K=8$ 时，H 和 MPI 为 0，表明研究区不存在超过 8 项基础指标都被剥夺的极端贫困县。

表 3-3 研究区不同 K 值各项贫困基础表征指标及贡献度测算结果

多维贫困基础表征指标				指标贡献度									
K	MPI	A	H	6-16岁学龄儿童入学	成人文盲	家庭健康	是否危房	饮水安全	饮水困难	卫生设施	燃料类型	是否通电	是否通广播
1	0.29	0.26	0.99	0.03	0.09	0.29	0.25	0.05	0.05	0.07	0.14	0.01	0.03
2	0.29	0.34	0.85	0.03	0.08	0.3	0.26	0.05	0.08	0.08	0.12	0.01	0.03
3	0.25	0.39	0.64	0.03	0.08	0.28	0.28	0.06	0.05	0.08	0.11	0.01	0.03
4	0.19	0.45	0.42	0.03	0.08	0.26	0.3	0.06	0.06	0.08	0.09	0.01	0.03
5	0.13	0.52	0.25	0.03	0.08	0.25	0.32	0.06	0.05	0.07	0.08	0.02	0.04
6	0.07	0.6	0.12	0.03	0.08	0.24	0.33	0.06	0.05	0.07	0.07	0.03	0.05
7	0.03	0.7	0.04	0.03	0.1	0.25	0.31	0.06	0.04	0.06	0.06	0.03	0.05
8	0	0.81	0	0.05	0.13	0.27	0.29	0.05	0.05	0.05	0.05	0.03	0.04
9	0	0.82	0	0.06	0.12	0.25	0.25	0.04	0.04	0.04	0.04	0.04	0.04
10	0	0.18	0	0.02	0.02	0.05	0.05	0	0	0	0	0	0

由表3-3可知，不同 K 值下6-16岁学龄儿童入学、饮水安全、饮水困难、卫生设施、通电和通广播的指标贡献度变化较小，表明 K 取不同值时农户的这几项指标被剥夺份额稳定。成年人文盲指标贡献度在 $K\in[1,6]$ 时较小，$K>6$ 时有增大趋势，表明受成年人文盲指标影响的农户同时受其他至少5项指标影响，由于该类农户数量少，且低维贫困农户数量大，因而 K 取值小时，该指标贡献度低；燃料类型指标贡献度与成年人文盲相反，表明受燃料类型指标影响的农户数量多。住房和健康两项基础指标的贡献度都很大，但在不同 K 值下变化不大，始终维持在30%左右，表明 K 取低值时（即低维贫困），住房和健康两项基础指标的农户数量所占比例较大；K 取高值时（即高维贫困），住房和健康两项基础指标农户所占比例较小，说明处于高维贫困状态的农户，各项指标都很贫困。

综上，K 较小时，贫困指标覆盖维度不全面；K 较大时，多维贫困农户数量过少，不能体现研究区贫困特征的整体状况。故本书沿用 UNDP 设定的标准，把30%左右指标被剥夺的农户定义为贫困户。因此，下面对 $K=10/3\approx4$ 时所测结果进行分析。

（2）多维贫困程度分析

根据"维度加和"得到 MPI、A、H，分别表示研究区域多维贫困强度、贫困程度、贫困发生面。MPI 为综合性指标，MPI 较大时，该区域贫困程度较高；较小时，贫困程度较低；A 表示平均每户被剥夺指标个数；H 表示多维贫困人口占总人口的比例。

如图3-3所示,为 $K=4$ 时研究区各县 H、A、MPI 值,在县级尺度上,MPI 从大到小排名为:凤山＞东兰＞环江＞罗城＞巴马＞都安＞大化＞南丹＞天峨＞宜州＞金城。研究区各县 H 的均值为 0.42,最小值约为 0.26,最大值约为 0.60,三个数值相差明显,表明多维贫困人口所占比例差异很大。研究区各县 A 值分布在 0.40 左右,均值为 0.45,变化差异相对较小,表明各县之间贫困人口指标剥夺程度相差较小;此外,高 H 值往往伴随着高 MPI 值,表明贫困程度较严重的县中贫困人口所占比重也高。

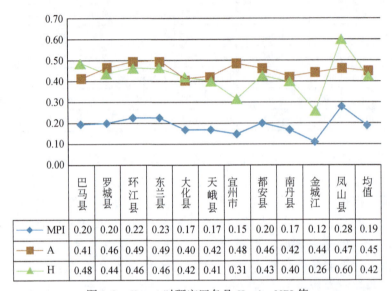

图 3-3　$K=4$ 时研究区各县 H、A、MPI 值

根据 MPI 值的大小,借助 $A-F$ 的等间隔分类法将研究区贫困县分为三类,如图 3-4 所示。从整体上看,MPI 呈现"周边高中间低"趋势,以金城为中心,周边地区贫困较严重,中心地区贫困程度较轻;其中凤山、东兰和环江属于高度贫困县,金城、宜州属于轻度贫困县。南北看,贫困状况北部比南部严重。东西看,西部比东部严重。此外,少数民族自治县:环江、都安、罗城、大化、巴马都属于中高度贫困县。

(3) 多维贫困致贫因素分析

各县间的综合贫困指数 MPI 不同,县内致贫因素也可能不同。通过"维度分解",得到各指标对县单元综合贫困的贡献度 C,计算各项指标贡献度的均值,由大到小依次划分为主要致贫因素、一般致贫因素、次要致贫因素,得到表 3-4。图 3-5 为各县指标贡献度大小分布图。

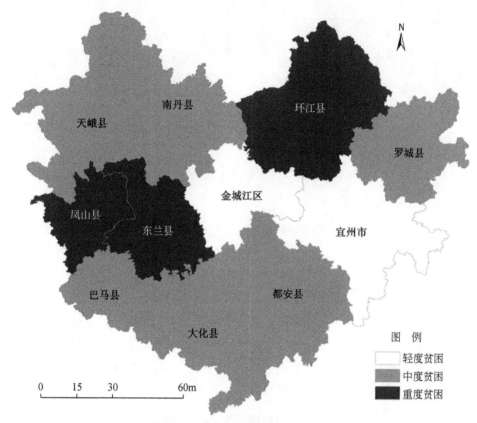

图 3-4　$K = 4$ 时研究区 MPI 分布

表 3-4　指标贡献度均值统计表

指标	主要致贫因素				一般致贫因素			次要致贫因素		
	是否危房	家庭健康	成人文盲	燃料类型	6-16岁龄儿童	卫生设施	饮水安全	饮水困难	是否通广播	是否通电
均值	0.408	0.360	0.059	0.021	0.019	0.018	0.014	0.013	0.008	0.003

如表 3-4、图 3-5 所示，危房、家庭健康、成年人文盲三项指标的贡献度明显较高，划分为主要致贫因素，危房指标贡献度多在 [0.3~0.4] 内，家庭健康指标贡献度多在 [0.2~0.3] 内，成年人文盲指标贡献度多在 [0.05~0.15] 内，整体指标贡献度大小为：危房 > 家庭健康 > 成人文盲；燃料类型、6-16 岁学龄儿童、卫生设施、饮水安全、饮水困难五项指标贡献度多在 [0.05~0.1] 内，无显著差异，划分为一般致贫因素；通广播和通电两项指标多在 [0~0.05] 内，划分为次要致贫因素。

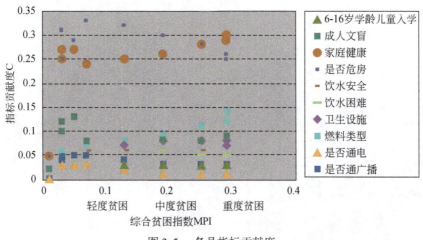

图 3-5　各县指标贡献度

3.1.3.2　研究区多维贫困空间聚集状况分析

为了研究河池市各县贫困状况空间分布格局，本书利用上述全局 Moran's I 系数和局部 G 系数对各项指标进行空间自相关测算。由于通电和通广播两项指标贡献率在各县贡献度基本为零，即在各县均匀分布，不存在空间聚集效应，故不对这两项指标进行测算，其他指标测算结果如表 3-5。

表 3-5　贫困指标 Moran's I 指数

贫困指标	H	A	MPI	学龄儿童	成人文盲	家庭健康	是否危房	饮水安全	饮水困难	卫生设施	燃料类型
Moran's I	0.14	0.06	0.1	0.08	0.32	0.04	0.1	0.14	0.39	0.08	0.14
Z	2.26	3.22	3.3	2.55	8.05	1.46	2.86	3.65	9.71	2.36	3.95
$P(\alpha)$	0.05	0.01	0.01	0.10	0.01	0.01	0.01	0.01	0.01	0.05	0.05

表 3-5 中 $P(\alpha)$ 是标准化 Z 值计算得到的 P 值所通过的显著性水平检验，如 $P(\alpha)=0.05$，表示 P 值通过 $\alpha=0.05$ 的检验。从表中看出，除儿童入学率显著性较弱外，其余贫困指标均表现出较强的显著性。该指标显著性较弱的原因应在于我国政府实施的 9 年制义务教育在研究区各县均为统一标准，因此各县差异较小，空间集聚效应较弱。

全局 Moran's I 指数揭示了贫困指标整体空间集聚程度，而局部 G 系数则表现出空间集聚效应具体位置的分布。图 3-6 为各指标局部 G 系数测算结果，依据显著性水平将测算结果分为五类。

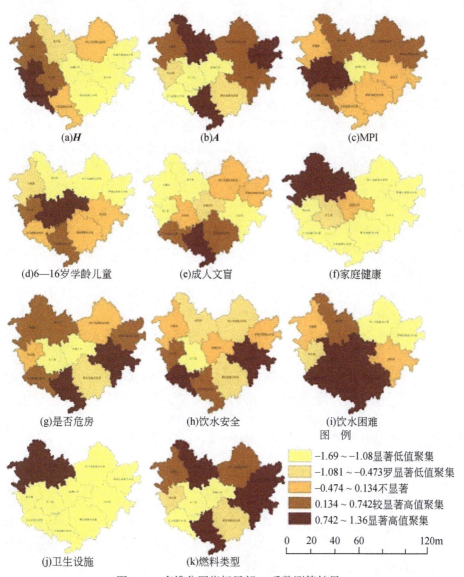

图 3-6　多维贫困指标局部 G 系数测算结果

从图中可以得出以下结论。

（1）图 3-6(a)、(b)、(c) 为 H、A、MPI 的局部 G 系数测算结果，在研究区中部、东南部三项指标均无显著的空间聚集，在西部则呈现显著的空间异质性，其中 H 与 MPI 在西部凤山、东兰、巴马存在显著高值聚集，A 与 MPI 则在中部和东南部存在较显著低值聚集，此外 A 值在南丹、罗城、大化存在显著高值聚集。

表明河池市中、东南部呈中等贫困程度且各县单元间差异较小，西部凤山、北部南丹贫困程度较严重，中部及东南部地区贫困程度较轻。

（2）图3-6(d)、(e)为教育维度上基础指标贡献度的局部G系数测算结果，其中学龄儿童指标贡献度在中部金城和东兰存在显著高值聚集，在边缘地区县呈现低值聚集；成年人文盲指标贡献度在南部大化呈现高值聚集，在其他区县均为低值聚集，其中宜州为显著低值聚集。

（3）图3-6(f)、(g)为主要致贫因素的局部G系数测算结果，其中家庭健康指标贡献度在西北的天峨、南丹存在显著高值聚集，在其他区域为不显著低值聚集；住房指标贡献度在东部宜州和南部大化存在高值聚集，在中部及周边地区为低值聚集尤其是中部的金城和东兰为显著低值聚集。

（4）图3-6(h)、(i)、(j)、(k)为生活条件维度上各项基础指标贡献度的局部G系数测算结果，其中饮水安全指标在东部宜州、西南部巴马存在显著高值聚集；饮水困难指标在中部和南部存在大面积显著高值聚集，在东北部环江、罗城存在显著低值聚集；卫生设施指标在西北部的南丹、天峨存在显著高值聚集，其他区县均为显著低值聚集；燃料类型指标贡献度分散性较强，在东部的罗城、宜州，南部的大化和北部的南丹都存在显著高值聚集现象，尤其是北部地区燃料类型指标贡献度的分布范围很广，中部及西南大部燃料类型指标贡献度呈现低值聚集。

以上分析表明：就贫困程度而言，研究区西部呈现显著聚集效应，中东部呈现显著空间异质分布，表现为中东部的金城、宜州为较显著低值聚集，西部东兰、凤山、巴马为显著高值聚集；就致贫因素而言，研究区南部的大化、巴马，北部南丹呈现显著高值聚集。

3.1.3.3 研究区多维社会经济贫困特征分类分析

目前，国家为了提高扶贫工作效率，通常会根据县级行政单元的贫困特征、各县优势等进行分类扶持，以期达到精准扶贫目的。根据国家统计资料及广西2012年统计年鉴，结合前面的介绍，将各县分成：是否国家级贫困县、是否少数民族自治县、是否一级革命老区县三类进行不同分类体系下的泰尔系数测算，反映各项基础指标在类间及同类内的贫困差异特征。由于通电和通广播指标贡献度在各县基本为零，即这两项指标在各区县均匀分布，各县间不存在较大差异，故不对这两项指标进行测算。三种分类体系下的泰尔系数计算结果如表3-6，用折线图分别对比各指标类间差异和类内差异，如图3-7所示。

表 3-6　三种分类的泰尔系数

分类指标	是否国家级贫困县			是否少数民族自治县			是否一级革命老区县		
	$T_总$	$T_间$	$T_内$	$T_总$	$T_间$	$T_内$	$T_总$	$T_间$	$T_内$
H	0.726	0.071	0.655	0.649	0.032	0.617	0.543	0.017	0.526
A	0.857	0.091	0.766	0.323	0.022	0.301	0.653	0.019	0.634
MPI	0.715	0.068	0.646	0.630	0.029	0.602	0.544	0.014	0.53
6-16岁学龄儿童	0.922	0.046	0.876	0.761	0.038	0.722	0.642	0.015	0.626
成年人文盲	0.943	0.151	0.992	0.988	0.034	0.983	0.927	0.035	0.912
家庭健康	3.196	0.301	2.895	2.313	0.12	2.194	2.412	0.012	2.400
是否危房	4.404	0.163	4.241	2.752	0.478	2.273	2.448	0.165	2.283
饮水安全	0.861	0.066	0.795	0.735	0.021	0.714	0.635	0.013	0.622
饮水困难	0.928	0.096	0.832	0.922	0.023	0.899	0.670	0.024	0.647
卫生设施	1.004	0.152	0.852	1.038	0.023	1.015	0.794	0.035	0.759
燃料类型	1.198	0.130	1.068	0.991	0.042	0.949	0.856	0.041	0.815

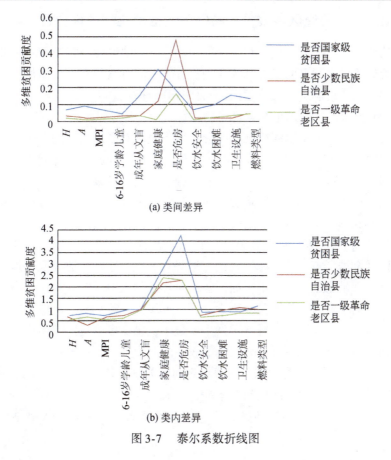

(a) 类间差异

(b) 类内差异

图 3-7　泰尔系数折线图

由表3-6和图3-7对比分析可得以下结论。

（1）根据是否国家级贫困县类别分析，类间差异除危房指标外均大于其他分类；类内差异除饮水困难、卫生设施外，其他指标均与其他两项分类基本相同。说明不同级别贫困县之间多维贫困差异较大，同种级别县内部差异较小。

（2）根据是否少数民族自治县类别分析，少数民族自治县和非少数民族自治县类间除成年人文盲、饮水困难、卫生设施外，其他指标均显著大于按照是否重点革命老区县分类的计算结果；类内差异除饮水困难、卫生设施外，均与其他两项指标基本相同。表明少数民族自治县与非少数民族自治县类间多维贫困特征差异大，类内多维贫困特征差异小。

（3）危房和成年人文盲指标表现出了较大的类间差异，饮水困难、卫生设施指标在不同分类体系中同时存在较大的类间和类内差异。表明三种分类体系下不同类型县间、县内饮水困难和卫生设施都存在较大差异。

（4）对比同种分类体系下各县类间、类内的 H、A、MPI，发现危房、家庭健康、成年人文盲指标所占比值较大，是各县主要致贫因素。

3.1.3.4　研究区多维贫困特征与地形地貌相关性分析

河池市作为滇桂黔石漠化片区中的一部分，其地形地貌特征及石漠化程度对当地社会经济发展起着明显的制约作用。分析不同自然环境下贫困的表现特征，有助于因地制宜地制定相关治理措施与扶贫开发模式。

（1）研究区不同地形地貌条件下的多维贫困特征

结合河池市多维贫困测算结果，分析地形地貌对多维贫困的影响。将河池市数字高程模型（DEM）按90m和1000m两种空间尺度做坡度差值运算，运算结果按自然间隔法进行分类，来表现地形破碎程度。同一区域，差值越大，局部地形变化越大，反之，越小。分别将贫困与高程和地表破碎进行对比分析，结果如图3-8～图3-10所示。

如图3-8，从左到右依次为 MPI、H、A 与高程叠加图，图3-8（a）中可以看出轻度贫困县金城、宜州地处海拔较低、地势较平坦的地区；地处西北地区海拔较高的南丹、天峨属于中度贫困，而地势相对较缓的凤山、东兰却属于高度贫困，说明综合贫困程度与海拔相关性不大；图3-8（b）图反映出，金城、宜州地处海拔较低、地势平坦地区，多维贫困发生率最小，凤山多维贫困发生率最大，县内山脉纵横海拔较高，说明被剥夺指标数较少的农户多分布在地势较平坦地区；图3-8（c）图反映了平均剥夺份额 A 与海拔之间的关系，其中东兰、环江、宜州平均剥夺份额最多，所处地区海拔相对平缓；金城、都安、罗城分布在中部和东北部海拔较低、地势相对平坦的地区，平均剥夺份额居中；南丹、天峨地处海拔最高、地势最复杂的地区，而平均剥夺份额却最低，说明平均剥夺份额和海拔成负相关，即海拔越高，平均剥夺份额越低，说明地处高海拔的地区的农户致贫因素多集中在其中某项或某几项基础指标上。

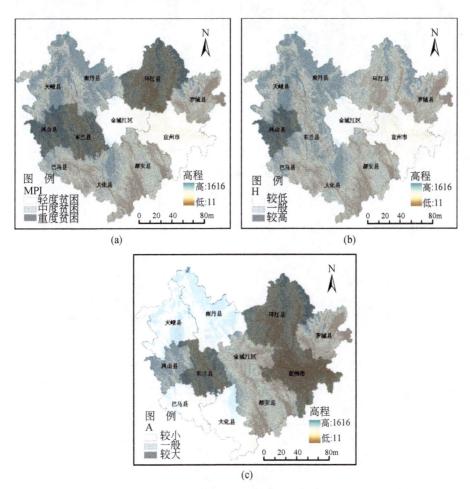

图3-8　MPI、H、A与高程叠加图

由图3-9可知，河池市中东部地区地势相对平坦，破碎程度最低，属于轻度破碎；西南部及南部破碎情况较严重，属于中度破碎；西北部地区海拔最高，地势陡峭，属于高度破碎。整体上研究区地表破碎度和高程大致呈正相关关系，海拔高地表破碎严重，海拔低地表破碎较轻。

在地表破碎基础上分析MPI、A、H的分布状况，如图3-10所示。从左到右依次为MPI、A、H在地表破碎基础上的空间分布图。图3-10（a）中，地表破碎对南丹、天峨、凤山、东兰及都安、大化的MPI值影响都在中度以上，对东北部地

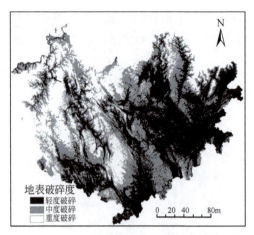
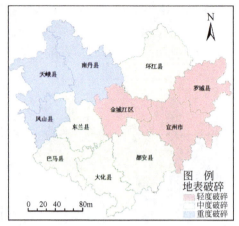

图 3-9　地表破碎遥感分级图与 ArcGIS 颜色渲染分级图

(a)MPI与地表破碎

(b)A与地表破碎

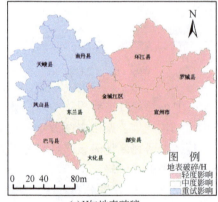

(c)H与地表破碎

图 3-10　地表破碎基础上 MPI，A，H 空间分布图

区 MPI 值影响较小，这与图 3-9 反映的地表破碎严重性相对应。整体上 MPI 值的大小和地表破碎度相一致，呈现正相关关系，即地表破碎度越高，贫困程度越深。图 3-10(b) 中，平均剥夺份额在西部及南部普遍较高，中东部较底，西北部的南丹、天峨、凤山属于平均剥夺份额值最大的地方，这与该地区较严重破碎度相对应，说明研究区各农户被剥夺指标数的大小与地表破碎度呈正相关关系。图 3-10(c) 中，西部大部分地区多维贫困发生率较高，且西部地区整体破碎度也较东部地区严重，说明地表破碎严重的地区很容易发生农户多个指标被剥夺的现象。其中巴马多维贫困发生率较小，而此县地表破碎较严重，说明巴马县贫困受地表破碎影响较小而受其他致贫因素影响较大。

整体上，河池市多维贫困指数 MPI、A、H 随地表破碎程度加深而增大，地表破碎对三项指标影响较大的县多分布在西北地区，中部多为一般影响，这与前面多维贫困空间聚集特征相一致。

（2）研究区多维贫困特征与石漠化相关性分析

石漠化是喀斯特地貌脆弱的生态环境和人类不合理活动共同造成的，石漠化地区人口、资源、环境之间的矛盾突出，生态恶化与贫困严重制约研究区经济的可持续发展。用 ENVI 软件，将河池市 2014 – 2015 年 landsat8 遥感影像数据，4、3、2 波段进行假彩色合成，利用监督分类精度较高的优点，选取训练区将石漠化分为轻度、中度和重度三级，最后将分类后的图像导入 ArcGIS 软件对不同等级进行颜色填充，结果如图 3-11 所示。

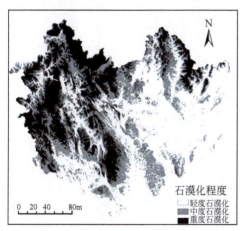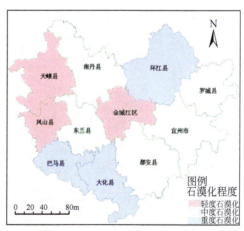

图 3-11　石漠化遥感分级图与 ArcGIS 颜色渲染分级图

图 3-11 反映出石漠化在河池市境内分布广泛，具有典型的区域分异特征。七个国家级贫困县中有六个县分布在中度及重度石漠化地区。与图 3-12 对比分析，对于 MPI 指标：石漠化影响最小的是金城，其次是天峨和凤山，对其他县 MPI 指

标的影响均为中度及以上，说明从综合贫困状况来看，研究区大部分贫困农户都受当地石漠化影响；对于 A 指标：在石漠化基础上，平均剥夺份额值最大分布在东北部的环江，西南部的巴马、大化，而这些县石漠化都较严重，说明受石漠化影响，这些地区农户被剥夺的指标数均较多，这与石漠化较轻的天峨、凤山、金城情况相反；对于 H 指标：巴马、大化、环江、宜州等高度石漠化县的 H 较高，天峨、凤山、金城等轻度石漠化县的 H 较低，说明多维贫困农户与当地石漠化程度有很大相关性，即高度石漠化地区的多维贫困发生率高，轻度石漠化地区的多维贫困发生率低，两者呈正相关关系。

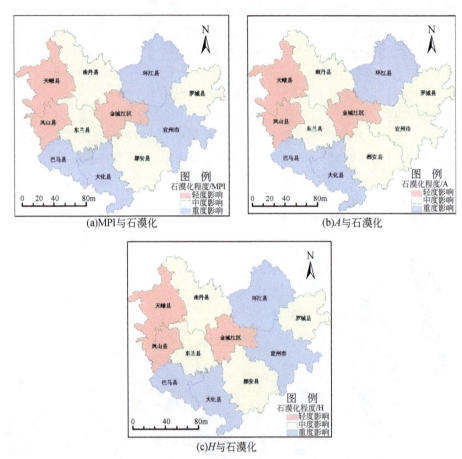

图 3-12 石漠化分级基础上 MPI，A，H 空间分布图

总体上，H、A、MPI 三项综合贫困指数随石漠化程度增大而增大，说明贫困县的地理分布与石漠化有很大的相关性，即喀斯特山区石漠化与贫困县有很大的地理耦合性。究其原因，石漠化与贫困之间存在内在的互动效应。由于研究区喀

斯特地貌脆弱的生态环境和不合理的人为活动，导致了目前石漠化的表现形式，而人们不合理的活动又是由贫困造成的。贫困导致人们不合理的行为，这种行为又造成环境的恶化，使可利用资源减少，进一步加剧了贫困。因此扶贫开发时需要有针对性地根据各地的自然环境与社会经济发展状况，瞄准其主要致贫原因，实施差异化精准扶贫措施。

3.1.4 小结

农村贫困人口问题一直是人文地理学的重要研究方向之一，本书面向新纲要"精准扶贫"的国家战略需求，基于微观层面上的研究区贫困农户建档立卡数据，设计了权利贫困视角下的多维贫困测算模型，利用 GIS 与计量地理相结合的方法，剖析了研究区农户贫困特征及其不同自然与社会经济条件下的空间分布特征。研究结果显示：①河池市各县至少存在四个方面的贫困，整体看多维贫困综合指数 MPI 呈现"周边高中间低"趋势，其中凤山、东兰、环江 MPI 最大，金城最小；南北看，北部贫困程度大于南部；东西看，西部贫困程度大于东部。②研究区主要致贫因素为住房、健康、成年人文化程度低，根据影响程度从大到小依次为：住房 > 健康 > 成年人文化程度低；一般致贫因素为燃料类型、儿童入学率、卫生设施、饮水安全、饮水困难；次要致贫因素为通广播、通电情况，且两项基础指标的贡献度接近于零。③除儿童入学率显著性较弱外，其余贫困指标均表现出较强的显著性，就贫困程度而言，研究区西部呈现显著聚集效应，而研究区中东部则呈现显著空间异质分布，表现为中东部金城、宜州为显著低值聚集，西部东兰、凤山、巴马为显著高值聚集；就致贫因素而言，研究区南部大化、巴马，北部南丹呈现显著高值聚集。④三种分类体系下，依据贫困县级别分类，结果显示多维贫困指标类间差异较大，类内差异较小；依据是否少数民族自治县分类，结果显示，少数民族自治县比非少数民族自治县多维贫困指标差异大，而同类之间的差异则较小；革命老区县比非革命老区县多维贫困状况更严重。三种分类体系下，饮水困难、卫生设施基础指标在类间和类内都存在较大差异。

研究区多维贫困指数 MPI、A、H 随地表破碎度增大而增大，地表破碎对三项指标影响较大的县多分布在西北地区，中部多为一般影响；MPI、A、H 三项综合贫困指数随石漠化程度增大而增大，说明石漠化地区与贫困县在地理分布上有很大的相关性，即喀斯特山区石漠化与贫困县有很大的地理耦合性，这与前面多维贫困空间聚集特征相一致。

3.2 基于 PI-LSM 模型的县级贫困识别与测量

随着贫困研究的进一步深入，研究发现自然环境等非人为因素对反贫困的影响越来越严重,贫困的地域性特点显著。贫困区域的可持续发展状况成为贫困研究的热点。国内贫困已不再是新中国成立时期普遍意义上的经济欠发达模式,而是由资源环境条件和社会经济发展共同作用的结果。因此,本书从可持续发展的角度,基于自然致贫因素、社会致贫因素、经济消贫因素设计县级尺度的贫困识别与测量指标体系,并通过综合指数法对研究区片区贫困状况进行测量,并基于LSM模型分析各个片区县的致贫机制。

3.2.1 研究区概况

本书研究对象为大兴安岭片区、燕山片区、吕梁片区、秦巴片区、武陵片区以及乌蒙片区六片区管辖内的片区贫困县(图3-13)。通过建立的贫困县测算指标体系计算各个片区县综合指数;基于LSM模型分析每个片区县的致贫类型、主要致贫因素;在空间分析的帮助下研究各种贫困县的空间分布情况。

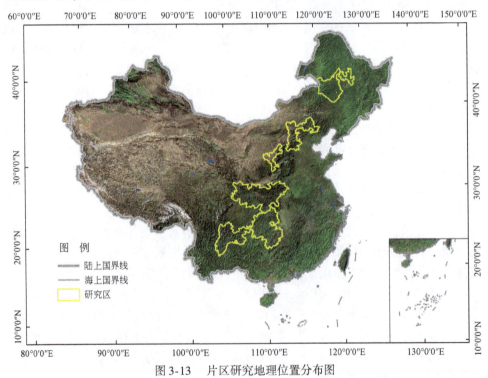

图3-13 片区研究地理位置分布图

其中,大兴安岭片区包括内蒙古、吉林、黑龙江等省区的19个县,其中,15个是牧业、半牧业县。气候寒冷、地广人稀,土地面积约11万 km^2,是重要的生态功能区。2010年,该区总人口706.7万人,占全国总人口的0.5%。

燕山片区位于华北平原北部，包括河北、山西、内蒙古等省区33个县，其中，有6个是牧业、半牧业县。土地面积约9.3万 km^2。这一地区地貌破碎，生态环境脆弱，是京津风沙源和水源地，自然条件较差，交通不便，农牧交错分布，社会经济发展十分落后。2010年，该区总人口1097.5万人，占全国人口的0.8%。

吕梁片区包括山西、陕西等20个县。土地面积约3.6万 km^2。这一地区地形起伏较大，土壤贫瘠，干旱和水土流失严重，是重要的生态功能区。2010年，该区总人口402.8万人，占全国人口的0.3%。

秦巴片区包括河南、湖北、重庆、四川、陕西以及甘肃等省区的75个县。土地面积约为22万 km^2。平均气温12~15℃，气温随海拔而变化，形成山地垂直温度带，水资源丰富，年降水量700~1400mm，地处我国自然环境的十字交叉带，具有复杂的生态环境特点，保护生物多样性与发展地区经济的矛盾比较突出，是重要的生态功能区，该地区也是革命老区县比较集中的地区。2010年，该地区总人口3565万人，占全国人口2.7%。

武陵片区包括湖北、湖南、重庆、贵州4省的64个县。该区是我国跨省交界面积最大、人口最多的少数民族聚居区。一般海拔高度1000m以上，地貌呈岩溶发育状态，是我国地质灾害高发区。2010年，地区总人口3418.9万，占全国人口2.5%。

乌蒙片区包括四川、贵州、云南等省区的38个县，其中，有15个是牧业、半牧业县。气候和自然环境恶劣多变，山高路险，交通不便，土地贫瘠，自然灾害频繁，该区生活环境恶劣，地方病高发。2010年，该区总人口2287万人，占全国人口的1.7%。

3.2.2　PI-LSM模型设计

3.2.2.1　县级贫困测量指标体系与权重模型的构建

县级贫困识别与测量指标体系与人口贫困指标体系不同，人口测算指标体系关注的是个人的可行为能力是否被剥夺，而贫困县测量的指标体系更多的是关注区域的可持续发展能力。赵跃龙(1996)的研究首次证实了贫困与地理环境之间存在关系；李双成(2005)通过回归分析等发现贫困与自然环境、社会、经济发展之间的关系；曾永明(2010)通过这些指标计算了县级尺度上的自然致贫指数、社会致贫指数以及经济消贫指数；曲玮(2011)在贫困与地理环境的研究中，肯定了地理环境对贫困具有强烈的影响。总结以往对区域贫困的研究可以发现：全面深刻的区域贫困测量分析需从自然环境、社会、经济三个方面入手。自然环境方面主要涉及地形条件、区位优势以及生态环境；社会方面主要涉及人口特征、基础设施、文化教育、卫生医疗以及社会保障等；经济方面主要涉及区域的经济发展情况以及扶贫绩效等。参考联合国可持续发展指标体系、美国政府的可持续发展指标体系、国家统计局和中国 21 世纪议程管理中心提出的发展指标体系，以及其他学者提出的指标体系，基于贫困测算指标选取的科学性、动态性、政策相关性、典型性、可获取性和可操作性等原则，建立了如表 3-7 所示的贫困县测算指标体系。该指标体系主要体现的是县级尺度上县域的发展状况。

表 3-7 贫困县测算指标体系

致贫类型	维度	评价指标及单位
自然环境	地形条件	平均海拔高度/m
		平均坡度/度
		地形起伏度/m
	区位优势	距最近地级以上市区的距离/km
		行政区域内路网密度/km^{-1}
	生态环境	生物丰度指数
		植被覆盖指数
		土地退化指数
		水网密度指数
社会	人口特征	人口密度/人·km^2
		少数民族人口比例
	基础设施	通电行政村比例
		安全饮用水行政村比例
		通水泥/沥青公路行政村比例
		通广播电视行政村比例
		通宽带行政村比例
	文化教育	幼儿园或学前班覆盖率
		高中阶段毛入学率
		参加培训比例
		文化/体育活动广场覆盖率
	卫生医疗	卫生室覆盖率
		每千人拥有卫生床位数
	社会保障	每千人拥有社会福利院床位数
		参加新型农村合作医疗保险比例
		参加新型农村社会养老保险比例

续表

致贫类型	维度	评价指标及单位
经济	经济发展	地方财政一般预算收入/万元
		地区生产总值/万元
		农民人均纯收入/元
	扶贫绩效	有经营农家乐的行政村比例
		有农民专业合作经济组织的行政村比例
		有贫困村互助资金组织的行政村比例

3.2.2.2 数据标准化处理

在数据处理前需要对数据进行标准化处理。其标准化问题主要是针对构建的区域贫困测算指标体系中所有指标体系原始数据的计量单位不统一,因此要对其进行归一化处理,从而解决各项不同指标值的同质化问题。考虑到评价指标性质的不同,为使得最终分值高的地方越贫困,因而对数值越低越贫困的做负向指标处理,反之,做正向指标处理。对于正向指标记 M_j 为其理想值;对于负向指标记 m_j 为其理想值,理想值通过指标数据 x_{ij} 获得,通过函数变换,定义 x_{ij}^* 为 x_{ij} 对理想值的接近度。常用的函数变换的方式有以下几种。

(1) 线性变换(0-1标准化)

也称离差标准化,是对原始数据的线性变换,使结果落到[0,1]区间,转换函数如下:

$$x^* = \begin{cases} \dfrac{x - \min}{\max - \min} & \text{正向指标} \\ \dfrac{\max - x}{\max - \min} & \text{负向指标} \end{cases} \tag{3-8}$$

式中 max 为样本数据的最大值,min 为样本数据的最小值。这种方法有一个缺陷就是当有新数据加入时,可能导致 max 和 min 的变化,需要重新定义。

(2) Z-score 标准化

也称标准差标准化,经过处理的数据符合标准正态分布,即均值为0,标准差为1,其转换函数为

$$x^* = \begin{cases} \dfrac{x - \mu}{\sigma} & \text{正向指标} \\ \dfrac{\mu - x}{\sigma} & \text{负向指标} \end{cases} \tag{3-9}$$

(3) 极差标准化

经过处理的数据取值在 $-1 \sim 1$,其转换函数如下:

$$x^* = \begin{cases} \dfrac{x}{\max} & \text{正向指标} \\ \dfrac{\min}{x} & \text{负向指标} \end{cases} \quad (3\text{-}10)$$

本书主要通过线性变换对研究区县级贫困监测数据进行数据标准化处理。

3.2.2.3 权重模型确定

权重模型采用组合权重,即主观权重与客观权重的组合。这里主要通过博弈论思想,即极小化可能的权重跟各基本权重之间的各自偏差,得到一组优化权重值,从而得到最优组合。客观权重采用熵值法(EVM),它是一种典型的客观赋权法,该法通过调查数据计算,根据指标的统计性质确定指标的重要程度,但它不能依理论上各指标的重要程度赋予不同的权重值。主观权重采用层次分析法(AHP),它依赖专家经验和已有知识来确定指标的重要程度,主观性强。

(1) 熵值法(EVM)

熵值法是指"熵"应用在系统论中的信息管理方法。熵值越大说明系统越混乱,携带的信息越少,熵值越小系统越有序,携带的信息越多。通过计算熵值来判断某个指标的离散程度,指标的离散程度越大,该指标对综合评价的影响越大。熵值法求客观权重首先需对数据进行标准化处理,即统一量纲。其次根据下面公式求取各个指标的客观权重值。

计算第 j 项指标下第 i 用户指标值的比重 y_{ij}:

$$y_{ij} = \frac{x'_{ij}}{\sum_{i=1}^{m} x'_{ij}} \quad (3\text{-}11)$$

由此,可以建立数据的比重矩阵 $Y = \{y_{ij}\}_{m*n}$。

计算第 j 项指标的信息熵值的公式为。

$$e_j = -K \sum_{i=1}^{m} y_{ij} \ln y_{ij} \quad (3\text{-}12)$$

式中,K 为常数,$K = \dfrac{1}{\ln m}$

故,其信息效用值为

$$d_j = 1 - e_j \quad (3\text{-}13)$$

第 j 项指标的权重为

$$\omega_j = \frac{d_j}{\sum_{i=1}^{m} d_j} \tag{3-14}$$

（2）层次分析法（AHP）

层次分析法是由美国运筹学家提出的一种定性与定量相结合的决策分析方法，是决策思维过程的模型化、数量化。通过层次分析法，决策者能够将复杂问题按照人类的逻辑思维方式分解为若干层次或者若干因素，通过各因素之间的比较与计算，可以得出不同方案重要性程度权重，为最佳方案的选择提供依据。其基本步骤如下：

明确问题，建立层次结构模型，构造判断矩阵：$B = \{b_{ij}\}_{n*n}$。其中，b_{ij}表示元素b_i对b_j的相对重要性的判断值。b_{ij}一般取1，3，5，7，9等5个等级标度，其意义为1表示元素b_i与b_j同等重要；3表示元素b_i较b_j重要一点；5表示元素b_i较b_j重要得多；7表示元素b_i较b_j更重要；9表示元素b_i较b_j极端重要。而2，4，6，8表示相邻判断的中值，当5个等级不够用时，可以使用这5个数。

层次单排序。层次单排序的目的是对于上层次中的某元素，确定本层次与之有联系的各元素重要性次序的权重值。它是本层次所有元素对上一层某元素而言的重要性排序的基础。层次单排序的任务可以归结为计算判断矩阵的特征根和特征向量问题，对于判断矩阵B，特征根与特征向量应满足：

$$BW = \lambda_{max} W \tag{3-15}$$

式中，λ_{max}应为B的最大特征根，W为对应于λ_{max}的正规化特征向量，W的分量W_i就是对应元素单排序的权重值。

通过前面的分析，当判断矩阵B具有完全一致性时，$\lambda_{max} = n$。但是，在一般情况下是不可能的，为了检验判断矩阵的一致性，需要计算它的一致性指标：

$$CI = \frac{\lambda_{max-m}}{n-1} \tag{3-16}$$

式中，当$CI = 0$时，判断矩阵具有完全一致性；反之，CI越大，则判断矩阵的一致性就越差。

为了检验判断矩阵是否具有令人满意的一致性，需要将CI与平均随机一致性指标RI进行比较。一般而言，1或2阶判断矩阵总是具有完全一致性的。对于2阶以上的判断矩阵，其一致性指标CI与同阶的平均随机一致性指标RI之比，称为判断矩阵的随机一致性比例，记为CR。一般地，当$CR = \frac{CI}{RI} < 0.10$时，就认为判断矩阵具有令人满意的一致性。

得到满意的判断矩阵之后，通过计算特征值与特征向量计算指标的主观权重值。

(3) 基于博弈论的组合权重

博弈论权重模型本质上可以归结为多人优化问题,其基本思想是在不同权重之间寻找一致或妥协,即极小化可能的权重跟各基本权重之间的各自偏差,得到一组优化权重值。本书基于博弈论思想求取 AHP 法和 EVM 法确定的主客观权重的最优权重值。其具体公式如下。

由层次分析法确定的指标主观权重向量为

$$\omega = (\sigma_1, \omega_2, \cdots, \omega_n) \tag{3-17}$$

利用熵值法确定的客观权重向量为

$$u = (u_1, u_2, \cdots, u_m) \tag{3-18}$$

优化模型的矩阵形式如下:

$$\begin{bmatrix} w \cdot w^T & w \cdot \mu^T \\ \mu \cdot w^T & \mu \cdot \mu^T \end{bmatrix} \begin{bmatrix} \lambda_w \\ \lambda_\mu \end{bmatrix} = \begin{bmatrix} w \cdot w^T \\ \mu \cdot \mu^T \end{bmatrix} \tag{3-19}$$

式中,α_w 表示 AHP 的权重值;α_μ 表示 EVM 的权重值。

故组合权重值 $w = \alpha_w \cdot \omega + \alpha_\mu \cdot u$。

3.2.2.4 基于 PI-LSM 模型的县域贫困测算

(1) 贫困指数(PI)

贫困指数(PI,PovertyIndex)是可以定量评价地区的贫困程度的综合性指标,该指标能够反映出不同的区域的贫困程度状况。本书的 PI 指数是通过综合指数法,对所构建的县级贫困识别与测量指标体系中的指标值进行加权求和得到。该指标体系由自然致贫因素、社会致贫因素以及经济消贫因素 3 个子系统组成,各子系统内部分别设置了若干评价指标。该综合指数法的计算公式如下:

$$PI = \frac{\omega_N N + \omega_S S + \omega_E E}{\omega_N + \omega_S + \omega_E} \tag{3-20}$$

式中,PI 表示区域的贫困指数;N、S、E 分别代表自然致贫指数、社会致贫指数以及经济消贫指数。其中,N、S、E 的计算方法与 PI 的计算方法类似,只用式(3-18)中的因变量换为 N、S、E 就行。

各维度贡献度计算公式:

$$N_{III} = \frac{\omega_N N}{PI} \tag{3-21}$$

(2) 最小方差模型(LSM)

美国地理学家曾利用方差的计算进行农业分区工作,发现一组数据的方差首先由大变小,而后由小变大。其最小的那个方差称为最小方差,是实际分布于理论分布之间偏差最小的数,因而能反映一个地区的实际情况。该方法首先被应用于农业中通过确定这个地区有哪几种主要作物,同时也就可以知道这个地区是几类作物区。同理，通过综合指数指标的贡献度可以确定出每个指标对总指数的贡献度，通过最小方差模型可以确定出该区域有哪几个指标是主要的贫困贡献者，也可以知道每个地区的主要致贫因素的贡献类型，从而分析地区的贫困差异原因。其公式如下：

$$S^2 = \frac{1}{n}\sum_{i=1}^{n}(x_i - \bar{x}) \qquad (3\text{-}22)$$

式中，S^2 代表方差；x_i 代表样本数据；$\bar{x}$ 代表样本的平均值；n 为样本数。

具体计算流程见图 3-14。

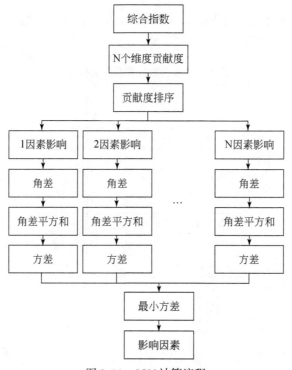

图 3-14 *LSM* 计算流程

① 通过上面的方法计算得到的综合指数，计算得到每个维度的对综合指数的贡献度，并依据贡献度的大小对各个维度进行从大到小的排序。

② ① 中计算得到的排序后的维度贡献度，即该地区的贫困因素实际分布情况；分别与每个理论分布模型(如单一分布型、双因素分布型等)进行做差计算并取其绝对值，得到的值称为角差。

③ 将所有角差的平方加和，可以进一步得到实际分布值与该类型理论分布值的方差。

④比较每类理论分布的方差的大小,其中最小的方差即该区域的最小方差,表示其实际分布与理论分布偏差最小。

⑤通过最小方差可以确定该区域为哪种类型区域(几个因素影响),还可以确定该区域哪些维度是主要的致贫因素。

3.2.3 研究成果分析

3.2.3.1 县域综合贫困程度及其分布分析

根据上面提到的权重计算方法,得到6个片区县指标体系及其权重情况,具体指标及其权重见表3-8。

表3-8 片区县指标体系及其权重值

致贫类型	维度	维度权重	评价指标及单位	主观权重	客观权重	综合权重
自然环境	地形条件	0.3	平均海拔高度/m	0.4	0.48	0.5505
			平均坡度/(°)	0.3	0.24	0.1871
			地形起伏度/m	0.3	0.28	0.2824
	区位优势	0.4	距最近地级以上市区的距离/km	0.5	0.72	0.64
			行政区域内路网密度/km^1	0.5	0.28	0.36
	生态环境	0.3	生物丰度指数	0.34	0.36	0.3469
			植被覆盖指数	0.28	0.25	0.2696
			土地退化指数	0.23	0.21	0.2231
			水网密度指数	0.15	0.18	0.1604
社会	人口特征	0.05	人口密度/人*km^2	0.65	0.10	0.2984
			少数民族人口比例	0.35	0.90	0.7016
	基础设施	0.3	通电行政村比例	0.25	0.507	0.4762
			安全饮用水行政村比例	0.3	0.053	0.0826
			通水泥/沥青公路行政村比例	0.3	0.116	0.1380
			通广播电视行政村比例	0.1	0.267	0.2470
			通宽带行政村比例	0.05	0.566	0.5042
			幼儿园或学前班覆盖率	0.22	0.229	0.2280

续表

致贫类型	维度	维度权重	评价指标及单位	主观权重	客观权重	综合权重
社会	文化教育	0.25	高中阶段毛入学率	0.34	0.541	0.5181
			参加培训比例	0.31	0.006	0.0406
			文化/体育活动广场覆盖率	0.13	0.224	0.2133
	卫生医疗	0.3	卫生室覆盖率	0.5	0.994	0.75
			每千人拥有卫生床位数	0.5	0.006	0.25
			每千人拥有社会福利院床位数	0.4	0.016	0.0759
	社会保障	0.1	参加新型农村合作医疗保险比例	0.3	0.873	0.7836
			参加新型农村社会养老保险比例	0.3	0.111	0.1405
经济	经济发展	0.7	地方财政一般预算收入/万元	0.3	0.145	0.0798
			地区生产总值/万元	0.3	0.310	0.3142
			农民人均纯收入/元	0.4	0.545	0.6060
			有经营农家乐的行政村比例	0.3	0.072	0.1055
	扶贫绩效	0.3	有农民专业合作经济组织的行政村比例	0.3	0.885	0.7989
			有贫困村互助资金组织的行政村比例	0.4	0.042	0.0947

基于上面综合指数的计算方法，得到每个子系统的得分，根据目前学者的研究命名这几个子系统为自然致贫指数、社会致贫指数以及经济消贫指数。最终，聚合得到表征区域综合贫困程度的 PI 指数。其中，自然致贫指数是根据其具有的地理环境条件表示其可能的贫困程度的数量值。同理，社会致贫指数是从片区县所处的社会环境、公共服务发展来表示其可能的贫困程度的数量值；经济消贫指数是从片区县经济发展情况、扶贫绩效等方面表示该片区可以起到的消灭贫困的能力程度。其具体结果见表3-9。

表3-9　6个片区县综合指数值

片区名	PI指数	自然致贫指数	社会致贫指数	经济消贫指数
大兴安岭	0.437	0.328	0.358	0.627
燕山	0.483	0.441	0.336	0.674
吕梁	0.509	0.444	0.380	0.701

续表

片区名	PI 指数	自然致贫指数	社会致贫指数	经济消贫指数
秦巴	0.520	0.545	0.395	0.621
乌蒙	0.594	0.587	0.500	0.694
武陵	0.533	0.471	0.464	0.665

从表 3-9 中可以看出，综合指数排名：乌蒙片区 > 武陵片区 > 秦巴片区 > 吕梁片区 > 燕山片区 > 大兴安岭片区。发现越往南偏移，片区人口基数越大，贫困程度也越深。其中，秦巴片区以及乌蒙片区的自然致贫指数最高，武陵片区的次之，燕山片区和吕梁片区处于一个阶级，大兴安岭片区的最低。社会致贫指数方面，偏南的乌蒙以及武陵片区的最高，其他片区较其有一定优势。在经济消贫方面，吕梁片区的得分最高，说明其经济缓解贫困状况的能力最弱，其次是乌蒙、燕山、武陵片区，秦巴片区以及大兴安岭片区的经济消贫能力最强，故指数最低。

由于从片区角度不易观察到片区县的具体贫困分布情况，因此，将所求的片区县综合指数按等间距的方式划分为 4 等（低贫困区、较低贫困区、中贫困区以及高贫困区）。这里，等级划分的依据主要是借鉴贫困人口等级划分，更能突出贫困的聚集情况。其表征贫困的综合指数空间分布见图 3-15。

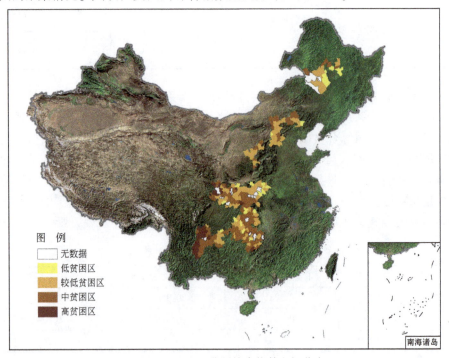

图 3-15　片区县贫困综合指数空间分布

从图 3-15 中可以看出 PI 指数分布存在指数"由北到南,由东到西,逐渐增大"的趋势。大兴安岭片区片区县普遍 PI 指数较低(0.437);燕山片区以及吕梁片区次之(0.49 左右);秦巴片区贫困差异较大,且西部贫困 PI 指数明显高于东部,导致其片区的 PI 指数过高;武陵片区整个片区都处于中度贫困区域,且各个片区县之间的差异不大;乌蒙片区是 6 个片区中贫困程度最深(PI = 0.594)的区域,且西部大部分片区县处在高度贫困状态。具体片区 PI 数据见表 3-9。其自然致贫指数、社会致贫指数、经济消贫指数空间分布情况分别见图 3-16 ~ 图 3-18。后面将对其具体分析。

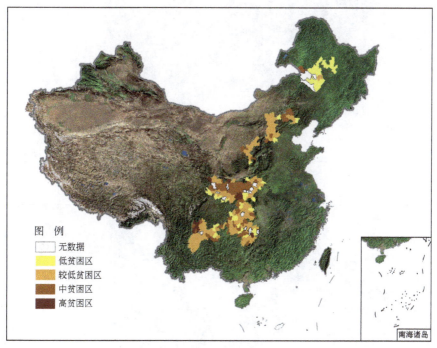

图 3-16　自然致贫指数空间分布

(1) 自然致贫方面

6 个片区自然致贫存在两个高自然致贫区,分别分布在乌蒙片区以及秦巴片区。乌蒙片区受到地理环境的约束,整体自然致贫程度深;秦巴片区中南部受秦岭山脉的影响,导致其自然致贫的程度要高于秦巴片区的其他地区;武陵片区靠近秦巴片区的片区县受自然环境的影响大,自然致贫程度高;整个武陵片区自然致贫呈现西北 - 东南阶梯递减趋势;吕梁片区以及燕山片区整体的自然致贫指数变化不大,分布较均匀;大兴安岭片区由于其处东北平原,交通条件便利,故在六片区中其自然致贫的程度最低。

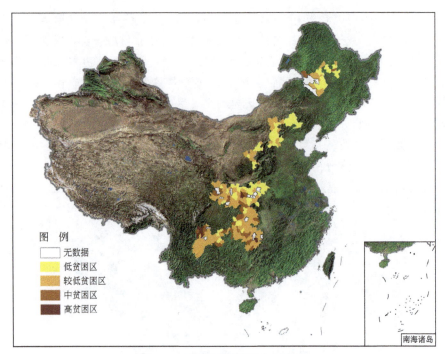

图 3-17 社会致贫指数空间分布

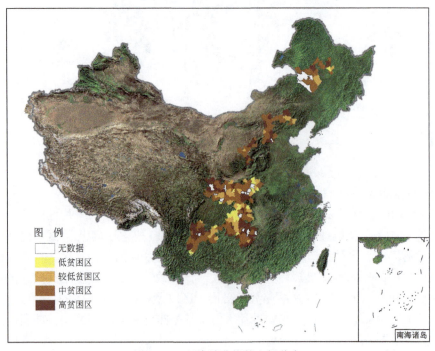

图 3-18 经济消贫指数空间分布

(2) 社会致贫方面

受历史、民族、地域等原因，导致地域长期的社会发展不均衡。由于社会福利、基础设施、文化教育等发展存在差异，所以使得6个片区各个片区县的社会致贫指数不同。从空间上看，社会致贫指数存在从北到南递减的趋势，并且高差较大的地区社会致贫指数往往较高。此外，乌蒙片区西北部由于受青藏高原和云贵高原双重地势的影响，使得该区域大部分片区县都属于高度社会致贫区。除此之外的大部分片区县社会致贫指数较均匀，程度也较低。

(3) 经济消贫方面

经济的发展能够缓解贫困，但是，当经济发展达到一定程度以后，贫困的社会因素占据了主导优势。6个片区贫困县之间的经济发展差异很大：乌蒙片区北部、武陵片区东部、秦巴片区西北以及东南部、吕梁片区北部、燕山片区以及大兴安岭片区北部地区的经济消贫指数较高，即该区域的经济发展对贫困的缓解作用相对于其他地区要弱很多，表现在要么经济发展能力差，要么扶贫绩效不佳。从整体上看，六片区内部经济消贫能力差异较大，在空间分布上没有明显的规律可循。

在贫困综合指数空间聚集状态方面，本书也通过空间自相关方法对片区县的贫困综合指数空间聚集进行了分析。利用 Moran's I 指数评价片区县的综合指数、自然致贫指数、社会致贫指数、经济消贫指数以及各维度的空间聚集状况，通过公式(3-2)对其进行空间自相关检验。零假设为区域贫困不存在空间自相关现象，取显著性水平为0.05，通过统计量 Z 来进行检验。当 $Z > 1.96$ 且统计显著时，表示区域贫困存在正的空间自相关现象，即空间集聚；当 $Z < -1.96$ 且统计显著时，表示区域贫困存在负的空间自相关现象，即空间分散；若 $Z = 0$，则代表区域贫困的空间分布是独立且随机的。计算结果见表3-10。

表3-10　片区县贫困综合指数空间自相关检验

测算指标	Global Moran's I	Z 值
综合指数	0.43	11.76
自然致贫指数	0.61	16.46
社会致贫指数	0.37	10.07
经济消贫指数	0.27	7.45

由全局自相关的计算结果表明：片区县贫困综合指数存在高度的空间自相关现象，并且大兴安岭片区存在低高度空间自相关，乌蒙片区以及秦巴西北部片区县存在高高度空间自相关，即大兴安岭片区大部分片区县综合指数低、乌蒙片区

以及秦巴片区西北部片区县综合指数最高，二者都存在聚集趋势。同理，秦巴片区以及乌蒙片区的自然致贫指数的空间自相关程度较高，大兴安岭片区片区县低值空间自相关较高，聚集趋势明显；社会致贫指数以及经济消贫指数的聚集程度没有自然致贫有明显的聚集趋势，说明了目前的区域贫困状况受自然环境的约束较大，地区发展很难突破这层先天的不足，阻碍了其发展，从而导致地方出现持续的贫困状况。

Local Moran's I 统计值根据其与周围临近区域的值关系，将其结果值化为 4 种类型，见图 3-19 所示的图例。

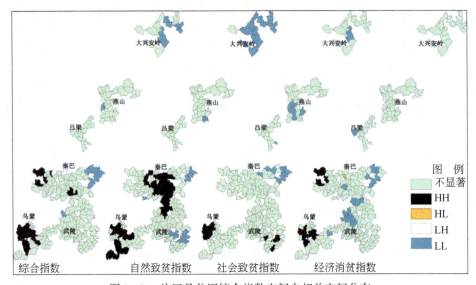

图 3-19 片区县贫困综合指数空间自相关空间分布

（1）HH 类：表示区域自身贫困与周围相邻地区贫困程度都较为严重，二者空间差异较小，呈现显著的空间正相关。图中乌蒙片区的综合指数都表征了乌蒙山区区域贫困程度普遍较深，部分地区存在经济消贫作用。此外，秦巴山区中部以及武陵片区北部自然致贫指数呈现空间聚集状态。

（2）HL 类：表示区域自身贫困较为严重，而相邻地区贫困程度较低，二者空间差异较大，呈现显著的空间负相关。在经济消贫指数空间自相关分析中，秦巴北部少数县域存在这种聚集模式。

（3）LL 类：表示区域自身贫困与周围相邻地区贫困程度都较轻，二者空间差异较小，呈现显著的空间正相关。例如，图 3-19 中的大兴安岭片区、燕山片区、秦巴片区以及武陵片区东部。

3.2.3.2 县域贫困类型及其分布分析

通过以上分析可以清楚地知道各片区县的贫困排名，也能分析出各个片区县的贫困聚集程度，相关性程度。但是，为政策提供导向，必须搞清楚各个片区县的贫困驱动类型(贫困类型，贫困特点)。借助上面提供的 LSM 模型，计算各个维度对综合指数贡献度的最小方差。本书将六片区 249 县划分为不同的贫困驱动类型，在计算结果中，按照维度贡献度的大小进行排名，其中第一致贫因素为经济发展维度的片区县占整个研究区片区县的 91.5%，为扶贫绩效维度的片区县占整个研究区片区县的 4.7%，为其他维度(区域优势、生态环境、基础设施)的片区县合计占 3.8%。第二致贫因素为扶贫绩效的片区县占 49.6%，为区位优势的片区县占 14.8%，为生态环境占了 20.3%，为其余维度的片区县占了 14.8%。第三致贫因素中经济消贫方面的维度的片区县占整个研究区的比例为 26.3%，其对消贫的作用已经越来越不明显。其具体统计分布情况见图 3-20。从图中同样可以发现，经济发展随着致贫因素程度的降低，其影响也随着降低。即经济发展起初对贫困有主要影响，但是，扶贫工作的进一步实施，经济发展对贫困的影响逐渐转向由文化教育、医疗卫生以及社会保障等社会福利、公共服务缺失的影响。因此，目前扶贫的工作重心还是停留在经济的发展上，不过随着扶贫进度的深入，经济消贫的作用越来越低，自然环境因素以及社会致贫因素的作用会越来越明显，这也是未来扶贫工作要加强的地方。

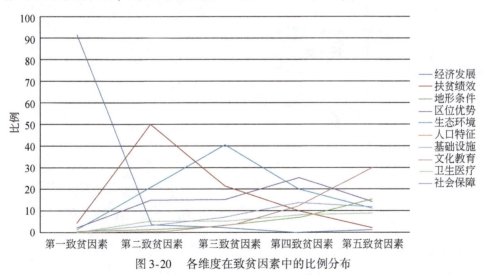

图 3-20　各维度在致贫因素中的比例分布

在对每个片区县维度的致贫影响程度排名之后，驱动类型的分析成为片区县贫困特点分析的主题。每个片区县由于发展不平衡，致贫因素也不相同。在对六片区致贫驱动极值分析中发现：片区县间驱动类型符合正态分布，大部分片区县都存在 5～6 个致贫因素，属于一般致贫型；少部分片区县存在 3～4 个致贫因素，其主导致贫机制很明显；少部分县域存在 7 个以上致贫因素，属于多因素致贫型区域。因此，本书基于以上分析将 LSM 计算结果分为三类，分别是主导致贫型、一般致贫型、多因素共同致贫型。其驱动类型空间分布见图 3-21。

从图 3-21 中可以看出一般致贫型空间分布片区县较多，即这些片区县同时具有 5～6 个致贫因素；其次，图中多因素共同致贫型的片区县也均匀地分布于各个片区中，其致贫因素一般都在 7 个以上，贫困特点为致贫原因多，但不强烈；最后，主导致贫型片区县分布较聚集，多分布在贫困综合指数较低的片区，例如，大兴安岭片区。其特点是致贫因素小于 3 个，致贫原因非常明晰。

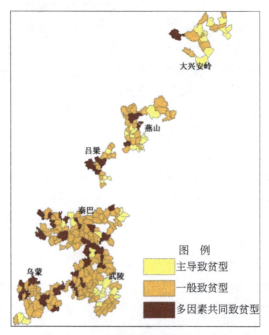

图 3-21　区县贫困驱动类型空间分布

3.3　多尺度贫困关系分析与政策建议

3.3.1　多尺度贫困关系分析

上述研究主要集中在实现尺度内的贫困识别与测量技术方法，并且把武陵山区重庆市黔江区作为实证研究，分析其多维贫困人口、贫困村、贫困县的贫困特征以及空间分布特点。本书本章节继续以黔江区为例研究尺度之间贫困的特征关系，以此分析研究区的致贫机制。由于贫困村作为国家扶贫开发政策实施的最小单元，贫困人口的扶贫资金分配、村级发展规划等都体现在贫困村这一尺度上。同时，贫困村的发展规划又得遵循县级尺度的整体规划纲领。因此，本书使用多尺度贫困关系分析的目的在于弄清贫困村的致贫机制，为贫困村的政策制定提供借鉴。分析中使用"贫困农户–贫困村–贫困县"分析模式，仅对"贫困农户与贫困村"、"贫困村与贫困县"的两组贫困特征关系进行分析。这样做的目的，另一方面符合国家贫困垂直管理的模式；一方面，易得出村级贫困地理环境与多维贫困人口作用与反作用贫困机制，同时，能够指导贫困村按照县级测量结果的发展方向进行发展。

(1) 多维贫困人口与贫困村

多维贫困人口与贫困村由于数据来源的不同——多维贫困人口数据为黔江区农户入户调查数据，贫困村识别与测量数据来源于贫困监测数据；指标体系不同——多维贫困人口指标体系表征个人发展能力是否被剥夺，贫困村识别与测量指标体系表征区域的可持续发展能力强弱。因此，通过贫困识别与测量计算得到的多维贫困人口与贫困村往往存在差异，但也正因为这种差异为本书贫困人口与环境制约之间的关系分析提供了可能性。

前面关于多维贫困人口识别与测量主要以秦巴山区的案例给予展示，本书这里补充黔江区的多维贫困人口分析，为其关系研究提供数据基础。黔江区213个行政村，多维贫困人口识别与测量指标体系沿用上述研究给出的框架，通过"双临界值"法进行判别，其多维贫困人口空间分布及其贫困特征见图3-22。

从图3-22中可以看出黔江区多维贫困发生率集中在20%~60%，中部县城附近区域以及东南部地区多维贫困发生率、MPI较高。根据维度分解方法可以得到黔江区人口贫困特征分布，即各个指标对多维贫困指数的贡献度。其结果见图3-23。

在图3-23中黔江区人口主要受到健康状况的剥夺，其次是受到房屋结构以及资产的剥夺。所以，黔江区多维贫困人口的贫困特征可以归纳为普遍农户存在健康问题、少部分农户居住在危房内，且缺少像电视、冰箱、农用摩托等农户资产。

根据贫困村的多维贫困测算模型(王艳慧等，2014)，对黔江区进行了参与式村级贫困的识别与测量，计算得到了该区域内的村级PPI指数，并以此表示县区内的村级贫困程度。通过GIS工具，把黔江区多维贫困指数空间分布与村级PPI指数空间分布进行叠加分析，分析其贫困人口与村级贫困之间的关系。其分析结

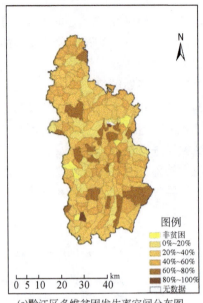
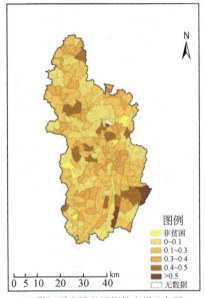

(a)黔江区多维贫困发生率空间分布图　　(b)黔江区多维贫困指数空间分布图

图 3-22　黔江区多维贫困状况空间分布

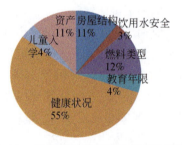

图 3-23　黔江区不同指标对贫困的贡献度

果见图 3-24。图中叠加分析的值域范围为 0~1，越接近于 0 表示 MPI 与 PPI 关系一致，即同大或同小；越接近于 1，表示 MPI 与 PPI 相关关系越差。

从图 3-24 中可以看出多维贫困人口与村级 PPI 指数空间分布趋势基本保持一致性，少数几个行政村存在 MPI 与 PPI 指数不一致情况，针对这种情况，本书选取四个行政村进行分析，分析结果如下。

由于村级贫困中空间位置的差异以及历史发展的差异，导致黔江区内每个行政村的贫困驱动力机制存在差异。按照致贫因素的数量值可以将其分为主导型、一般致贫型、多因素致贫型三类。为了分析村级尺度中，多维贫困人口与村级贫困之间的关系，本书选取了四个行政村作为实例分析，在每个 MPI 划分区段中各

第3章 县级多维贫困度量及空间分布特征研究

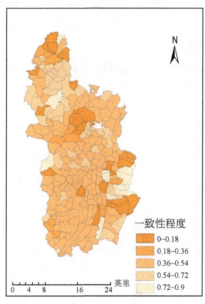

图3-24 多尺度测量结果叠加分析

选一个作为实例选择的标准。此外,四村分布在黔江区中部以及南部,是多维贫困分析中贫困值突变较明显的区域。表3-11表示实例中四个行政村的多维贫困人口识别与测量结果,行政村按照多维贫困指数大小排列。

表3-11 黔江区多维贫困人口识别与测量结果

乡镇名	行政村名	多维贫困发生率	平均剥夺份额	多维贫困指数
阿蓬江	彭家村	0.642	0.529	0.340
马喇镇	官庄村	0.465	0.538	0.250
灌水镇	五福村	0.28	0.543	0.152
沙坝乡	木良村	0.006	0.533	0.003

各行政村的指标剥夺贡献度情况见表3-12。

表3-12 多维贫困人口指标贡献度情况

行政村名	住房结构	饮水安全	通电情况	燃料类型	教育年限	健康状况	儿童入学率	资产
彭家村	11.9%	0%	0%	12.6%	0%	63.0%	0%	12.6%
官庄村	10.9%	0.9%	0%	12.0%	4.7%	56.1%	2.9%	12.4%
五福村	12.3%	0%	1.8%	12.3%	0%	61.4%	0%	12.3%
木良村	12.5%	0%	0%	12.5%	0%	62.5%	0%	12.5%

从上面可以看出：四个行政村中，健康的维度的贫困贡献度很高；其他几个指标中，住房结构、燃料类型、资产的贡献度相当。官庄村人口致贫的指标较多，属于多致贫因素影响型。

在贫困村的识别与测量中，本书重点考察了行政村地区的社会发展状况，希望通过分析行政村地区的社会缺失与人口贫困之间的关系，从而通过该方向制定政策，为国家扶贫工作提供建议。

上面已经对村级贫困识别与测量进行了计算，其结果见表3-13，表中罗列了与多维贫困人口识别与测量相关指标的得分。

表3-13　村级贫困识别与测量结果

行政村名	PPI	通电率	安全饮用水	住房结构	诊所	千人医生数	参加医疗保险
彭家村	45.048	0.14	0.278	0.128	0.711	0.525	1.068
官庄村	50.388	0.14	0.417	0.512	0.711	0.7	0.267
五福村	61.287	0.7	0.695	0.128	0.948	0.7	0.534
木良村	50.872	0.14	0.139	0.256	0.711	0.7	0.267

首先，将表3-13与表3-11进行对比分析。发现：阿蓬江彭家村尽管在多维贫困人口尺度贫困程度深，但是，在村级贫困识别中，其PPI指数得分并不高，贫困程度相对较低。此外，由于彭家村的平均剥夺份额较低，所以造成该村贫困的主要原因集中在少数几个指标上，且这几个指标的剥夺程度一般要高于其他行政村的同类指标。

在对表3-12和表3-13的分析中，可以看出：彭家村的指标对贫困的贡献度主要集中在健康、住房结构、资产几个指标中；而其他行政村的贫困贡献不仅局限于这几个指标。由于健康指标的权重赋值较大，所以健康指标对贫困的贡献度要远高于其他指标。在村级贫困识别与测量中，本书拿出几个与健康相关的指标进行对比分析。从分析中发现：与其他行政村相比，彭家村参加医疗保险的人数非常少，此外，这些行政村都存在本村可以看病的诊所较少，医生数量少等医疗问题。

综上所述，从多维贫困理论角度分析的多维贫困人口尺度与可持续发展角度分析的村级贫困尺度寻找二者间的关系，分析贫困的致贫机制。发现多维贫困指数高的行政村，其PPI指数不一定高；在多维贫困人口中，如果贫困人口受健康维度剥夺严重的，则其所在行政村一定存在卫生设施、医疗保障不完善，例如，行政村参加医疗保险的人数较少等。

（2）贫困村与贫困县

通过上面对贫困农户与贫困村之间的贫困特征关系分析，可以确定各个行政村的致贫机制。此外，由于贫困村的发展应该遵循县级发展规律。基于参与式法计算了黔江区村级贫困情况、基于 PI–LSM 模型计算了六片区片区县贫困情况。通过贫困村与贫困县尺度上的贫困特征关系分析村级哪些指标符合县级发展规划，哪些指标不适合，并基于此为村级贫困开发制定政策。同时，贫困县的扶贫开发还要遵循片区的发展规划，满足国家对扶贫开发的尺度精确性。

根据上面六片区综合贫困指数的计算，其中，武陵山区 PI 指数空间分布见图 3-25。

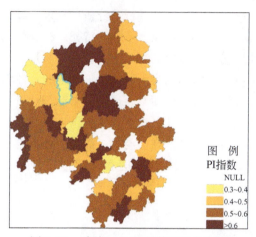

图 3-25　武陵山区 PI 指数空间分布图

从图 3-25 中可以看出，黔江区在武陵山区片区县综合指数测算中综合指数排名较低，其贫困程度相对于其他县较轻。黔江区周围片区县表现为：西南部片区县贫困程度低，东北部片区县贫困程度高。

在六片区的贫困分析中，武陵山区的综合指数得分较高，仅次于乌蒙山区，属于贫困程度较高的地区。其中，武陵山区社会致贫程度高，经济消贫能力弱，地理环境条件较差。在贫困致贫机制研究中，东部片区县致贫类型大部分属于主导型或一般型致贫，即其致贫的因素并不多，贫困主要源于少数几个因子。在致贫因素中，卫生医疗条件缺失、基础设施不完善等社会因素，所处的地理环境差导致其经济发展能力差是该片区大多数沦为贫困县的主要原因。而黔江区致贫因素分布情况见表 3-14。

表 3-14　黔江区致贫因素分布情况

片区县	致贫因素（按贡献度大小从左往右排）					
	第一致贫因素	第二致贫因素	第三致贫因素	第四致贫因素	第五致贫因素	第六致贫因素
黔江区	区位优势	生态环境	经济发展	地形条件	卫生医疗	文化教育

从表 3-14 中可以看出，黔江区致贫因素中，区位优势是黔江区县级贫困的主要致贫因素，即地理环境条件不佳导致黔江区与其他省市县单位参与交易的机会降低。黔江区的第二致贫因素是生态环境，黔江区生态环境很好，但却沦为贫困县，究其原因是地理位置的不佳，导致黔江区信息闭塞，没有很好地利用当地的生态价值为其转化为经济效益。这也是为什么黔江区区位优势以及生态环境对贫困的贡献度高的主要原因。除此之外，黔江区也存在社会致贫的情况，只是目前与地理环境要素相比，其对贫困的作用要弱得多。

综上所述，对贫困村以及贫困县进行了分析，发现武陵山区存在人口多，社会致贫高，地理环境差，经济消贫能力不强等特征。在具体的片区县致贫机制分析中，可以看出黔江区属于一般致贫型，主要致贫因素是区位优势以及生态环境因素。其目前的致贫特点可以归结为由区位条件不佳导致的信息闭塞使得优厚的生态资源不能转换为经济效益，从而不能通过提高经济消贫的能力这一途径来帮助解决贫困问题。除此之外，黔江区还存在卫生条件以及文化教育等社会致贫因素，这也与人口贫困分析相一致。在参与式村级贫困分析中，黔江区环县城附近地理位置好但是社会服务等基础设施不完善，而村级贫困主要集中在黔江区中南部。

3.3.2 政策建议

新纲要明确了未来十年"三位一体"的扶贫工作格局。对贫困的识别与测量的准确性也就更加精确。为了完善扶贫工作体系增加了专项扶贫、行业扶贫、社会扶贫等扶贫政策。其中，贫困专项扶贫，包括易地扶贫搬迁、整村推进、以工代赈、产业扶贫、就业促进、扶贫试点、革命老区建设等；行业扶贫，包括明确部门职责、发展特色产业、开展科技扶贫、完善基础设施、发展教育文化事业、改善公共卫生和人口服务管理、完善社会保障制度、重视能源和生态环境建设等；社会扶贫，包括加强定点扶贫、推进东西部扶贫协作、发挥军队和武警部门的作用、动员企业和社会各界参与扶贫等。

本书多尺度贫困识别与测量工作通过分析多维贫困人口特征以及区域特征得到该研究区致贫机制，通过分析致贫原因以及未来可能陷入的贫困陷阱，依据目前扶贫政策提供贫困援助，从根本上解决该研究区的贫困状况，更通过长效机制提供其缩小区域差距的可行性方案。本书研究区位于武陵山区管辖内，该地区总的特点是：跨省交界面积大、少数民族聚集多、贫困人口分布广。研究区重庆市黔江区更是由于区位条件差、信息闭塞，使得其优厚的生态环境不能转换为经济效益。本书提供以下几个建议供政策参考。

(1) 黔江区贫困人口空间分布不均匀，中南部地区的贫困人口发生率较高。在贫困特征分析中，黔江区健康问题严重，表现在大部分多维贫困农户中都存在健康维度的缺失，例如，残疾、大病、不能劳动等。此外，有些多维贫困农户还存在住危房、缺乏洗衣机、摩托车等基本家庭生产和生活工具。针对这方面问题，政府应该在扶贫资金分配方面按照资金的用途进行分配，并相对增加由于健康问题不能劳作的贫困户的扶贫收入。在村级贫困识别与测量中发现：这些大部分农户存在健康维度的缺失部分原因是在于农村医疗保障体系落实不到位，偏远山区农村缺少必要的诊所以及有经验的医生护士，使得很多农户小病不就医，积患成重病，使得本来就贫困的家庭少了经济支柱为其他人的发展又多添了累赘。因此，政府在有目的地提高某部分扶贫资金总量的同时，也应该配合有关部分，例如，人口和计划生育委员会、卫生局等，进一步完善相关福利设施，提高农户抵抗贫困的能力。

(2) 研究区所处的武陵山区是一个人口多、面积大、多民族的扶贫攻坚主战场，该区域普遍存在地理环境制约经济发展，经济发展制约社会发展的关系。研究区重庆市黔江区区位条件差，其内部行政村更是由于地形变化的复杂导致各个行政村到最近乡镇进行交易的路程存在明显差异，所以黔江区内很多行政村存在信息闭塞现象，科学技术无法通过人口的交流流入各个村内，依靠优厚的生态环境使得第一产业格外发达，二三产业相对滞后，产业结构单一，经济效益低，村级的可持续发展能力空间上差异明显。针对上述情况，政府应该鼓励科技企业到该研究区发展特色产业，在可持续发展的前提下，充分利用当地优越的生态资源，并通过企业发展带动就业，缓解当地经济消贫能力差的情况，缩小区域发展不平衡情况。

(3) 社会福利、基础设施发展滞后，表现在农村文化教育程度低，技术培训等参与人数过少；学校设施、医疗设施等建设不齐全，覆盖率较低；医疗保险参与率过低，农户存在大病等医疗无保障。从县级贫困致贫机制分析中发现：黔江区文化教育以及社会福利发展尽管目前对贫困的贡献度不高，但是随着产业的扶持、道路等基础设施完善，必将改善其与相邻省市县的经济往来，提高其经济消贫能力，那么贫困陷阱将会出现在社会致贫因素这些指标上。针对上述情况，政府应该有意识地缓解这方面的贫困压力，通过改革相关单位的职能，发展教育文化事业，完善基础设施建设，使农村社会福利发展最大化，从而减少脱贫农户的返贫概率。

综上所述，未来的扶贫开发，应该是一个从环境到个人，从宏观到微观的逐步精确的过程。一方面，要考虑人地和谐，使其可持续发展；一方面，结合相关扶贫项目，达到有目的性的扶贫政策实施，从而实现精准扶贫。

3.3.3 小结

综上所述，本章对 6 个片区县贫困情况做了定量分析，得到贫困综合指数排名：乌蒙片区＞武陵片区＞秦巴片区＞吕梁片区＞燕山片区＞大兴安岭片区。在空间分布中发现：片区县贫困存在"从北向南，从西到东，贫困程度逐渐降低的趋势"；乌蒙片区西部、秦巴片区西北部存在高度贫困片区县聚集程度高，此外，秦巴中南部以及乌蒙片区受自然环境因素致贫程度深，整个研究区经济致贫空间上呈随机分布，不存在明显的空间特点。在致贫因素方面，整个研究区存在经济是其主要致贫因素。随着致贫因素的深入分析，经济对贫困的影响逐渐下降，自然环境因素、社会因素的作用逐渐加强。最后，当经济发展一定时，陷入贫困的县域主要是由于文化教育、公共服务等社会因素缺失的贫困类型。

在县级尺度上，黔江区的综合贫困指数在整个武陵山区片区县的排名较低，整体贫困较其他武陵山区片区县轻。但是，从其贫困致贫机制分析以及内部村级的贫困分布可以看出，黔江区也属于多因素致贫类型。其致贫模式为：由于区域条件差导致的区域封闭，致使信息闭塞，优厚的生态资源不能通过科学技术转换为经济效益；加之，依然以自给自足的农业经济无法满足黔江区的人口需求以及发展需求，另外，黔江区内部分行政村由于频发地质类灾害导致农业经济受损，单一的产业经济无法支持区域的发展，导致区域发展的失衡，区域差距日渐扩大。

经过多维贫困人口测算分析可以发现：当贫困临界值 $K=3$ 时，南阳市四个国家重点贫困县的多维贫困状况空间分布不均匀，多维贫困高值区域主要集中在淅川县山区和内乡县山区，镇平县的贫困程度最浅，空间分布上呈现"西南—东北"条带状趋势；相比之下，村级尺度上内乡县的贫困主要集中县域的北部区域，呈"发散状"分布，与县级尺度上内乡县的多维贫困趋势整体上吻合。但由于内乡县测量所使用的数据比四县所用的抽样数据全面，所以在村级尺度上，内乡县的多维贫困空间分布要比四县中内乡县的多维贫困空间分布细致。

3.4 本章小结

本研究基于多维贫困理论，使用"双临界值"法对研究区进行了县级多维贫困人口的识别与测量，分析了其贫困特征及空间分布。为了进一步研究贫困地区的致贫机制，构建了包含地理环境因素指标的县级区域贫困识别与测量指标体系，采用 PI-LSM 模型对研究区县级贫困进行识别与测量。从地区可持续发展能力的角度探究了区域可持续发展与人口贫困之间的致贫关系，并基于此为国家扶贫开发提供政策辅助建议。

第4章 贫困地区生态环境与经济发展协调性评价

生态环境质量与人类的生存和发展有着密切关系，是经济、社会发展及稳定的基础，又是重要的制约因素，二者相辅相成。当前生态环境问题已经成为影响中国可持续发展、影响经济稳定、影响民生的重要问题。贫困地区为摆脱贫困落后状态而追求经济发展的过程中，如何将生态环境保护与经济发展有机地结合起来，建立符合生态规律的可持续发展的经济模式，全面协调人类同生态环境的关系，显得尤为重要。"新纲要"中指出要"坚持扶贫开发与生态建设、环境保护相结合，促进经济社会发展与人口资源环境相协调"，表明新一轮国家扶贫开发进程中将坚持经济发展与生态环境相协调的可持续发展之路。因此，研究贫困地区生态环境质量与经济协调发展的相互关系具有非常重要的战略意义。对此，本书研究以大兴安岭片区、燕山-太行山片区、吕梁片区、武陵片区、乌蒙片区以及秦巴片区6个片区为大尺度研究区；吕梁片区20县及其周边36县为小尺度研究区，构成多类型、多尺度典型研究区，研究连片特困区生态环境质量与经济贫困之间的关系。

4.1 研究区概况

4.1.1 研究区的选取

"新纲要"已经明确提出将以上14个片区作为扶贫攻坚主战场，而这14个片区各自的生态环境又不相同。例如，吕梁山区，土壤干旱，水土流失严重；滇黔桂石漠化区有"生态癌症"之称，总体来看，贫困人口越来越向生态恶劣的地区集中分布。"新纲要"中也提出要重视能源和生态环境建设，同时政策上要重视生态建设。

在生态环境条件类似、经济结构有差异的情况下，以及在经济结构类似、生态环境条件有差异的情况下，生态环境质量与经济贫困的相互关系是否存在区别，为了验证以上问题，本书选择了不同尺度的研究区进行研究，一是为了解决上述问题,二是通过对不同尺度研究区进行研究,验证生态环境质量与经济贫困是否确实存在一定的相关关系。并证明研究方法的可行性,贯彻"新纲要"中指出的坚持扶贫开发与生态建设、环境保护相结合。

本书按照由大到小的顺序,分别选择了武陵山区、乌蒙山区、秦巴山区、大兴安岭南麓片区、燕山-太行山片区以及吕梁山区6个片区为大尺度的研究区;选择了吕梁片区为小尺度研究区。

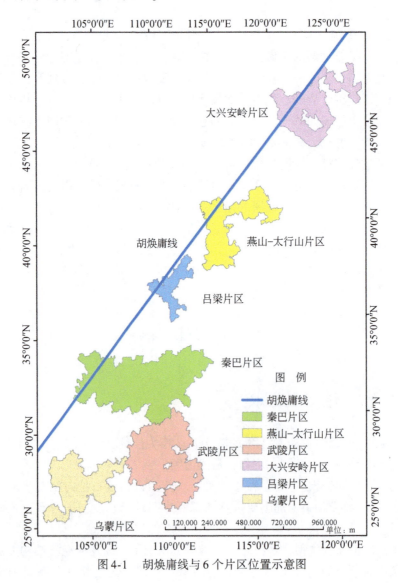

图4-1　胡焕庸线与6个片区位置示意图

选择6个片区为大尺度的原因是：从扶贫开发的角度考虑，从14个片区中选择研究区能更清楚地体现贫困的状况；从数据的角度考虑，针对贫困片区的核心贫困监测指标更具权威性和代表性；从地理意义上考虑，这6个片区的地理位置大致围绕在胡焕庸线（瑷珲—腾冲线）周围，如图4-1所示，6个片区构成的大致方向和胡焕庸线一致。

胡焕庸线有着重要的地理意义，它不仅是中国人口的地域分界线，也与半干旱区和半湿润区分界线、地貌区域分界线、文化景观分界线均存在某种程度的重合。我国许多自然灾害活动的空间布局就是大致沿着胡焕庸线分异的。

人口的分布很大程度上是与地区的自然条件相关的，胡焕庸线与多种具有地理意义的分界线重合也可以从侧面证明这一点，因此，本书将胡焕庸线作为选择研究区的重要参考。而选择吕梁地区作为单片区尺度研究区则是从如下方面考虑：吕梁地区地处黄土高原、地形破碎、风沙大、水土流失严重，是典型的生态环境本底恶劣地区，加之该地区内资源丰富，如煤矿、石油等储量丰富，经济与生态环境形成强烈反差，因此选择吕梁地区作为小尺度的研究区。

4.1.2 研究区生态环境概况

研究区共249县，涉及14省53市，这6个片区中，大兴安岭片区、秦巴片区、吕梁片区为重要生态功能区，余下3个片区为生态环境脆弱区，在生态环境方面均有代表意义。

大兴安岭片区地处大兴安岭中段和相连的松嫩平原西北部，冬季严寒漫长，年均降水量为275～532mm，森林覆盖率为15.7%，地貌以低山丘陵和平原为主。

秦巴片区地貌以山地丘陵为主，气候类型多样，森林覆盖率达53%，水资源丰富，年降水量为450～1300mm，地处自然环境交叉带，生态环境特点复杂。

吕梁片区（包含非贫困县36个，连片特困区县20个，共4市56县）国土总面积为11.05万km^2，本底自然环境属性恶劣，地处黄土高原中东部，西连毛乌素沙地，东南倚太岳，东北邻太行山，黄河干流从北到南纵贯而过。地貌类型以梁、峁为主，沟壑纵横，植被稀少，水土流失严重，土壤瘠薄，属典型的黄土丘陵沟壑区。片区内煤炭、煤层气、岩盐、铁等矿产资源丰富。气候类型为温带大陆性季风气候，年降水量为374～550mm，无霜期为161～172天，年均蒸发量为1029～2150mm，森林覆盖率仅为18.5%。

武陵山片区海拔一般在1000m以上，水能资源蕴藏量大，是我国亚热带森林系统核心区、长江流域重要的水源涵养区和生态屏障。地貌呈岩溶发育状态，是我国地质灾害高发区。

乌蒙山片区位于云贵高原与四川盆地结合部，降水时空分布不均。山高谷深、地势陡峻，水系发达，生物物种丰富，森林覆盖率为38.1%。

燕山-太行山片区地处燕山和太行山府邸，属内蒙古高原和黄土高原向华北平原过渡地带。无霜期短，年均降水量为300~580mm，森林覆盖率为24.7%。

4.1.3　研究区社会经济概况

大兴安岭片区总面积为14.5万km²，总人口为833.3万人，共19县，人均地区生产总值为13 388.8元，扶贫标准以下的农村人口67.6万人，贫困发生率为12%，高于全国平均水平9.2个百分点；秦巴片区总面积为22.5万km²，总人口为3765万人，共75县，人均地区生产总值为11 694元，扶贫标准以下农村人口为302.5万人，贫困发生率为9.9%，高于全国平均水平7.1个百分点；吕梁片区总面积为3.6万km²，总人口为402.8万人，共20县，人均地区生产总值为9839.2元，扶贫标准以下农村人口为62.3万人，贫困发生率为18.3%，高于全国平均水平15.5个百分点；武陵片区总面积为17.18万km²，总人口为3645万人，共64县，人均地区生产总值为9163元，扶贫标准以下农村人口为301.8万人，贫困发生率为11.21%，高于全国平均水平7.41个百分点；乌蒙片区总面积为10.7万km²，总人口为2292万人，共38县，人均地区生产总值为7195元，扶贫标准以下农村人口为259.4万人，贫困发生率为12.9%，高于全国平均水平10.1个百分点；燕山-太行山片区总面积为9.3万km²，总人口为1097.5万人，共33县，人均地区生产总值为11914.8元，扶贫标准以下的农村人口为70.9万人，贫困发生率为7.7%，高于全国平均水平4.9个百分点。

4.2　数据源及数据预处理

4.2.1　数据源

本书研究采用的数据包括研究区基础地理数据与社会经济数据。大尺度研究区使用的基础地理数据主要有研究区多年平均降水量公里格网数据（地球系统科学数据共享平台（www.geodata.cn）——中国科学院地理科学与资源研究所信息共享中心）、1∶10万土地利用数据、90mDEM数据、国家1∶25万基础地理数据中的县界及河流数据；小尺度研究区使用的基础地理数据主要有1∶250万土壤侵蚀数据(国家科技基础条件平台建设项目：黄土高原数据共享运行服务中心)、多年平均蒸发量点数据(中国气象科学共享服务网)、250mNDVI数据以及国家1:25万基础地理数据中的县界及河流数据；社会经济数据来自研究区所辖各省、市统计年鉴以及国务院扶贫办2011年片区监测数据，包括人均可支配收入、贫困发生率等六个指标等。其中小尺度研究区使用了人均可支配收入数据，大尺度研究区使用了以上每项数据。

4.2.2 数据预处理

大小尺度研究区在进行计算分析之前，均对数据做过如下相关处理。

1) 对覆盖实验区的数据进行投影转换处理。投影方式选择等面积圆锥投影(Albers投影)，第一标准纬线定为25°N，第二标准纬线定为47°N，中央经线定为105°E，基准面选用Beijing1954。操作平台为ArcGIS 10.0，工具为project。

2) 从数据源与评价精度出发，以公里格网作为后台计算单元，因此对分辨率低于1000m的栅格数据(土壤侵蚀等)均以最邻近法重采样为1km。操作平台为ArcGIS 10.0，工具为resample。

3) 以片区边界为掩膜对矢量数据和栅格数据进行裁剪。操作平台为ArcGIS 10.0，工具为clip和extraction。

4) 对经济数据进行录入及Max-Min标准化等处理。操作平台为Excel和SPSS。

4.3 研究方法

4.3.1 评价指标体系确立的基本原则

合理构建指标体系需要遵循以下原则。

(1) 科学性原则

指标体系的建立之前要对生态环境质量与经济贫困有科学的、全面的了解与认识，指标体系必须从生态环境与经济贫困的客观含义出发，体现生态环境质量与经济贫困的基本特征、涵盖生态环境与经济贫困的基本要素、基本真实地反映生态环境质量的优劣程度与经济贫困的程度。

(2) 完整性原则

指标体系的建立要尽量能够全面地反映生态环境质量与经济贫困的综合发展

现状，对于指标体系整体要考虑内部各个子因素的相互关系。注重多因素的综合性与层次性。

(3) 目的性原则

指标选择的过程中要带有目的性，即评定生态环境质量的优劣程度与经济贫困的严重程度，也就是经济的发展程度，尽量选择能够体现生态环境质量本底自然属性与经济贫困之间会产生相互影响的指标。

(4) 可操作性原则

无论是生态环境质量还是经济贫困，都是复杂的系统，涵盖的因素不计其数，因此在选择指标的过程中还要重点考虑数据的可获取性与可操作性，包括数据获取与操作的难易程度、可信程度等。

4.3.2 生态环境质量评价权重确定方法

主观赋权法虽然可以体现决策者的重视程度，但是结果不够客观，客观赋权法虽然有科学性和合理性，却是从指标值之间的数值变化情况来赋值，赋权后计算结果可能与实际有偏差，因此主客观结合赋权法既能吸取主观赋权法与客观赋权法的优点，又能在一定程度上克服二者的缺点。主观方法选择 AHP 法，客观方法选择变异系数法。这种组合的赋权方式既可以体现决策者的偏好，又具有客观合理性，同时不会损失信息。本书研究根据评价生态环境质量的侧重点，即大尺度研究区侧重反映生态环境质量在空间的连续变化，小尺度研究区侧重反映区域内部差异，对大尺度研究区与小尺度研究区采取不同的方法确定权重，其中大尺度研究区研究面积广，生态环境质量条件存在一定差异，使用变异系数法修正会使权重过于复杂，失去主观赋权的意义，又因受到数据量制约，所以选择 AHP 主观赋权法，小尺度研究区区域内部生态环境本底条件基本相同，引入变异系数法可以体现区域内部各因子的差异，修正层次分析法单纯的主观赋权，因此选择层次分析法与变异系数法结合的主客观赋权法。

4.3.2.1 层次分析法

AHP 决策分析法是由美国运筹学家 Saaty 于 20 世纪 70 年代提出的，它是定性与定量相结合的分析方法。其特点包括思路简单，思维过程有条理，数量化，适合分析因子间内在关系，相对于仅依靠专家打分的主观赋权法来说，更常用于多要素、多准则、多目标、多层次的复杂地理决策问题。但是这种方法的主观性较强，不同的人在面对同一问题时建立的层次模型和判断矩阵可能完全不同。层次分析法由于计算方法简单，对指标的偏好信息可以很好地体现，所以有很多学者曾经做过相关研究。杨育武(2002)，姚建(1998)，王瑞燕(2009)，秦伟(2007)等都曾经在不同的研究区使用层次分析法对该地区的生态环境质量进行评价。

层次分析法的计算方法为：以生态环境质量为目标层，各指标为因素层，采用1~9标度法，以专家打分的形式确定指标的不同标度作为输入数据，在YAAHP软件中得到各指标AHP权重。计算步骤如下。

1) 构建层次模型，将生态环境质量的不同层次从高到低排列。本书中不同尺度研究区指标体系目标层均为生态环境质量指数(EI)，大尺度研究区指标体系准则层为：生物丰度指数、植被覆盖指数、土地退化指数以及水网密度指数；小尺度研究区指标体系准则层为：气候、水、地形、土壤以及植被。

2) 构造判断矩阵 A：针对上一层次构造该层次中每个元素之间的相对重要性，以1~9标度法对重要性进行标度，即1表示两个元素同样重要；3表示前者比后者重要一点；5表示前者比后者重要得多；7表示前者较后者更重要；9表示前者较后者极端重要。当以上5个等级不够用时可以采用中间标度。

3) 计算一致性。判断是否符合一致性标准，以证明以上得出的权重是否合理。由 $|A-\lambda|=0$ 计算 λ_{max}，即最大特征向量，这个特征向量也就是权重向量：

$$CI = (\lambda_{max} - N)/(N-1) \tag{4-1}$$

由式(4-1)求出CI，式中 N 代表指标的个数，查表得到一致性指标RI，求一致性比例CR：

$$CR = \frac{CI}{RI} \tag{4-2}$$

当CR小于等于0.1时即通过一致性检验。

4.3.2.2 变异系数法

变异系数又称"标准差率"，与级差、标准差和方差一样是描述数据的统计量，可以用来衡量一组数据变异程度与离散程度。变异系数法直接利用各项指标中含有的信息，计算得出指标客观权重的方法。变异系数法的思想是，指标值之间相差较多的指标难以实现，从而反映被评价单位间的差距。对贫困地区的生态环境来说，相同指标的差距才能体现出生态环境质量的优劣差别，因此变异系数法在体现差异方面要优于其他客观方法。时光新(2000)在评价小流域治理效益时曾经使用变异系数法，克服了权重分配均衡化的缺陷，并以实例验证该方法更能客观反映真实情况。门宝辉和梁川(2005)基于变异系数赋权建立了水质评价数学识别模型，并验证了该方法的可行性。

变异系数法的权重由如下公式确定：

$$V_i = \frac{\sigma_i}{X_i}, \ i = 1, 2 \cdots, n \tag{4-3}$$

式中，V_i 是第 i 项指标的变异系数，σ_i 是第 i 项指标的标准差，$\overline{X_i}$ 是第 i 项指标的平均数。

4.3.2.3 组合权重

组合权重能更好地扬长避短，结合主观赋权法与客观赋权法的优点，削弱二者的缺点，既针对地区特点给予偏好，又不失客观。

主客观权重的结合使用公式如下：

$$W = \partial \times W_{变异} + (1 - \partial) \times W_{AHP} \tag{4-4}$$

∂ 的计算方法为

$$\partial = 1/(N-1) \times G \tag{4-5}$$

G 为主观赋权法（层次分析法）中各分量的差异系数，计算公式如下：

$$G = 2/N \times (1 \times P_1 + 2 \times P_2 + \cdots + N \times P_N) - (N+1)/N \tag{4-6}$$

式中，P_i 为 AHP 法得到的权重，按从小到大重新排序，N 为指标数，$W_{变异}$ 为变异系数法得到的权重，W_{AHP} 为层次分析法得到的权重，W 为最终权重。

过往研究中，只用主观赋权、只用客观赋权以及使用主客观赋权法，三种类型的赋权方法都有研究采用过，在本次研究中，针对的研究区是连片特困区，并考虑到生态致贫因子，使用主观赋权法可以结合研究区自身情况由专家对该地区生态致贫因子重要程度给出权重，凸显了区域生态环境中对贫困影响较大的因子的作用。从客观赋权的角度来说，变异系数法的特点是由指标之间的差异决定的，可以视作区域内部的差异对指标体系的客观修正。

综上，大尺度研究区选择层次分析法作为赋权方法。首先，6 个片区国土面积较广，各个片区之间，甚至片区内部的生态环境条件都存在着一定的差异，使用变异系数法做修正反而会使权重过于复杂，失去了主观赋权的意义。同时，6 个片区涉及 249 县，面积达 80 万 km²，计算变异系数时需要所有公里网格参与计算，数据量巨大，累积可达数千万，操作困难。因此 6 个片区尺度上仅选择了单一的层次分析法计算权重。6 个片区的经济综合指数选择层次分析法赋权计算也是相同原因。而小尺度研究区——吕梁片区，片区整体都是典型的黄土丘陵沟壑区，区域内部生态环境本底条件基本相同，引入变异系数法可以体现区域内部各因子的差异，因此采用组合赋权法。

4.3.3 经济贫困指标的确定方法

过往研究对生态环境质量与贫困相关关系以定性研究为主，不涉及指标的选取。少数定量分析中，贫困指标大多选择了贫困县的数量作为分析对象，或是

GDP 等经济指标，并没有从实际扶贫需要的角度考虑选择核心贫困监测指标。

目前核心贫困监测指标有贫困发生率、人均纯收入、人均可支配收入、地方财政一般预算收入等，不同的指标反映了当地不同的贫困特点。选择衡量贫困的指标有多种方式，可选单一指标也可选多维指标，选择不同的指标衡量贫困可能会影响空间分异的结果。

4.3.3.1　6个片区经济贫困指标的确定

本书在大尺度上选择若干核心贫困监测指标综合为一个综合指数与生态环境质量耦合，由于大尺度范围内贫困情况变化复杂，单一指标不足以全面地衡量当地的实际情况，因此选择综合指数对大尺度研究区的经济贫困进行计算。

贫困发生率是指贫困人口与总人口的比值，也就是低于贫困线的人口与总人口的比值。根据国际扶贫中心给出的公式，贫困发生率＝认定的贫困人口数／地区农村户籍人口。这里的认定贫困人口也就是建档立卡人口。

人均地方生产总值与人均地方一般预算收入是以统计资料中的地方生产总值和地方一般预算收入与地区总人口数之比计算的。这两个指标本身是总体性数据，但是由于其他指标均为平均性，为保持指标的一致性，进行了平均处理。

农民人均纯收入与人均可支配收入代表的是个人性质的收入，可衡量居民实际生活水平。其中，人均可支配收入指的是个人收入中，扣除各项税款及非商业性费用后的余额。在6个片区大尺度上，本书选择AHP法对若干贫困指标进行集成得到经济贫困综合指数。

4.3.3.2　吕梁片区经济贫困指标的确定

小尺度研究区重点是选择合适的指标反映当地的实际生活水平，经济综合指数虽然更具有表征意义，但是研究区范围较小（仅56县），而且研究区内部经济结构相似，若使用经济综合指数，则基础指标间可能会存在正负指标相互抵消的情况，因此选择人均可支配收入作为生态环境质量的耦合对象。

在吕梁单片区小尺度上，本书选择人均可支配收入作为生态环境质量的耦合对象。人均可支配收入被认为是消费开支最重要的决定性因素，经常被使用在衡量国家生活水平上。而且，吕梁单片区为了对照国家级贫困县与非贫困县的区别增加了片区以外的县市，考虑到核心贫困监测指标在非贫困县的意义不会很突出，同时为了与大尺度进行对比，所以选择人均可支配收入作为单片区尺度的经济贫困指标。

需要说明的是，耦合度与耦合协调度是判断两种要素协调发展关系的，也就是发展程度高低差距的，而贫困指标在一定程度上表示的是经济落后的程度，因此本书为了后续分析有条理,对贫困发生率进行了负向指标处理,即最后的经济贫困综合指数越大,经济发展程度越好,贫困程度越低。而不是字面上的指数越大越贫困。

4.3.4 生态贫困视角下生态环境质量评价指标体系

在指标体系的构建上,本书根据研究区尺度不同选择了不同的指标体系。一方面,尺度不同的情况下,生态环境质量评价过程中的侧重点也不同,由于研究区域比较大,包含多种气候、土壤类型,所以大尺度研究区侧重于生态环境质量在范围内的空间特征的连续变化,小尺度研究区的自然条件基本相同,会侧重于区域内因素的变化。另一方面,大尺度评价时为了消除区域生态环境质量的差异,以中华人民共和国环境保护部(简称环保部)规范为主的指标体系适用范围广,可以评价跨地区的生态环境质量;小尺度评价重在反映区域内部差别,因此有针对性地选择影响该区域生态环境质量的因子作为评价指标。

4.3.4.1 6个片区生态环境质量评价指标体系

2006年国家环境保护总局发布的《生态环境状况评价技术规范(试行)》(HJ/T-192—2006,下面简称《规范》),规定了生态环境状况评价的指标体系和计算方法,适用于评价区域生态环境现状及动态趋势的年度综合评价。

本书最初进行研究时根据每个片区的生态环境质量特点为每个片区建立各自的生态环境质量评价指标体系,但是在研究中发现,由于6个片区覆盖国土面积较大,生态环境特点不同,如果根据每个片区的特点分别选取指标有失客观,同时,指标体系不同,在进行片区间横向比较时可比性不够合理,对空间特征及后续机理分析都会造成影响。

因此本书为6个片区选择相同的指标进行生态环境质量的评价,对于数量较多的县市进行生态环境质量评价,《规范》给出的指标体系与计算方法都是比较权威的,因此本书在6个片区尺度上的生态环境质量评价以《规范》为主要依据。

《规范》适用于我国县级以上区域生态环境现状及动态趋势的综合评价,共5个一级指标,20个二级指标,涵盖了生物丰度、植被覆盖、土地退化、水网密度以及环境质量5个方面。

《规范》中评价上述5个方面分别采用了5个指数,这5个指数中,前4个代表生态环境自然属性,环境质量指数的二级指标分别为二氧化硫、化学需氧量及固体废物,是污染类指标。结合本书的研究重心,如果完全沿用《规范》给出的指标体系,存在如下问题:①污染类指标通常是统计数据的形式,本书采用网格对生态环境状况进行评价,空间化过程中要加入许多社会经济数据以及自然属性数据,大大增加了结果的不确定性,增大了误差,同时会造成自然属性数据重复使用。② 各个片区可能存在的污染并不相同,尤其是本书的研究区是连片特困区,研究重点以恶劣生态环境为贫困地区带来的影响为主,虽然是以县域为单位进行后续的分析结果,但是重点是在农村地区,因此二氧化硫等污染类指标对总评价结果贡献不大。③ 污染类指标从侧面反映了地区的经济发展状况,由于耦合对象之间要保持相互独立性,如果在生态环境评价指标中加入经济发展类指标,会对后续耦合结果产生影响。

综上所述,本书结合生态贫困内涵,从生态环境的自然属性出发,遵循指标体系建立的科学性、目的性、完整性、可操作性等原则以及数据可获取性的限制,参考"新纲要"中关于生态扶贫的监测指标与任务,建立了以《规范》为基础、针对连片特困地区的生态环境质量指标体系,如表4-1所示。

根据规范给出的定义,生物丰度指数指通过单位面积上不同生态系统类型在生物物种数量上的差异,间接地反映被评价区域内生物丰度的丰贫指数;而植被覆盖指数指被评价区域内林地、草地、农田、建设用地和未利用地5种类型的面积占被评价区域面积的比例,用于反映被评价区域植被覆盖的程度。从二者定义中可以看出,生物丰度指数与植被覆盖指数的二级指标虽然有部分重复,但是指标在计算指数的过程中起到的作用完全不同,并且不同一级指标下的二级指标之间没有线性关系,因此部分指标重复并不影响结果。

本书二级指标沿用《规范》中定义的权重,并选择层次分析法(AHP)为4个一级指标赋权,结果如表4-1所示。其中,水网密度指数在《规范》中选用归一化的方法,因此没有二级指标的权重。为削弱主观影响,在专家打分的基础上,又参考了《规范》中原本的一级指标权重。

表4-1 连片特困区生态环境质量评价指标体系

一级指标(AHP权重)	二级指标	权重
生物丰度指数 0.34	林地面积	0.35
	草地面积	0.21
	水域湿地面积	0.28
	耕地面积	0.11
	建筑用地面积	0.04
	未利用地面积	0.01

续表

一级指标（AHP权重）	二级指标	权重
植被覆盖指数 0.28	林地面积	0.38
	草地面积	0.34
	农田面积	0.19
	建设用地面积	0.07
	未利用地面积	0.02
土地退化指数 0.23	轻度侵蚀面积	0.05
	中度侵蚀面积	0.25
	重度侵蚀面积	0.7
水网密度指数 0.15	河流长度	—
	湖库长度	—
	多年平均降水量	—

将指标体系中各个指标对其他各个指标进行两两比较重要性，以 1～9 为标度，得到判断矩阵如下：

$$\begin{bmatrix} 2 & 3 & 5 \\ — & 2 & 4 \\ — & — & 3 \\ — & — & — \end{bmatrix} \begin{matrix} A_1 \\ A_2 \\ A_3 \\ A_4 \end{matrix}$$

矩阵中各值代表重要度的比较值，A_1 代表生物丰度指数、A_2 代表植被覆盖指数、A_3 代表土地退化指数、A_4 代表水网密度指数。

由 $|A-\lambda|=0$ 计算出 $\lambda_{max}=4$。

$$CI = (4-4)/(4-1)$$

由上式求出 $CI=0$，由公式(4-2)可得到一致性比例 $CR=0 \leq 0.1$，通过了一致性检验。权重如表4-1所示。

4.3.4.2 吕梁片区生态环境质量评价指标体系

在前人的研究中，考虑到地区间不可比性、生态环境脆弱性与可持续发展性、生态环境对人类生存适宜程度等原因，绝大部分研究的评价指标体系中，除了自然属性作为成因指标外，还加入了人类活动因子作为结果表现指标，以生态环境质量的优劣给人类活动带来的影响反推生态环境质量。

本书生态环境质量评价的目的在于评价连片特困区及其周围地区的生态环境自然属性对于人类的适宜程度，即以质量优劣的成因来评价，则在前人研究中存在如下问题：①许多地区由于自然条件差，不适合人类生存导致地区贫困，地区贫困又加剧生态环境恶化，进入恶性循环。这种情况下加入人类活动指标不能很好地体现地区的自然条件，混淆了自然属性的生态环境恶劣和人类干扰下的环境破坏，不能反映生态环境本底条件与经济贫困的相互关系。吕梁地区地处黄土高原，是典型的生态环境本底恶劣地区，抵御自然灾害能力低，遭到破坏后恢复困难，生态环境自然条件差，正属于这种情况。②吕梁地区矿产开发固然会对生态环境造成一定的污染与破坏，为了消除后续耦合过程中因此带来的误差，本书在选择经济指标时没有选择前人常用的人均 GDP 等将第二产业考虑在内的指标，而是选择了扶贫开发过程中更为核心的人均可支配收入作为耦合对象。③耦合对象之间要保持相互独立性，如果在生态环境质量评价指标中加入经济类指标，会对后续耦合结果产生影响。

综上所述，本书结合生态贫困内涵，从生态环境的自然属性出发，遵循指标体系建立的科学性、目的性、完整性、可操作性等原则以及数据可获取性的限制，参考"新纲要"中关于生态扶贫的监测指标与任务，结合研究区的区位特点，建立了针对吕梁地区的生态环境质量评价指标体系对该地区进行生态环境质量评价，如表 4-2 所示。

表 4-2 中二级指标[1]～[5]分别对应了吕梁地区自然环境特点：①地处黄土高原，降水稀少、蒸发量远大于降水量，风沙活动频繁，风蚀沙化作用剧烈，多发旱灾；②沟壑纵横、在长期流水侵蚀下地面被分割得非常破碎，形成沟壑交错其间的原、梁、峁；③植被稀少，水土流失严重，吕梁片区内部水土流失面积达 2.772 万 km^2，占国土面积的 76.5%；片区内 20 个县均属于全国严重水土流失县。

表 4-2 吕梁地区生态环境质量评价指标体系

一级指标	二级指标	AHP 权重	变异系数权重	组合权重
气候	[1] 年均降水量与蒸发量差值 /mm	0.2155	0.259	0.2196
水	[2] 河网密度 /(m/km^2)	0.1267	0.177	0.1314
地形	[3] 地形起伏度	0.0526	0.139	0.0616
土壤	[4] 侵蚀强度 /m	0.1267	0.192	0.1328
植被	[5] 植被覆盖率 /%	0.4785	0.233	0.4546

以专家打分的方式，将指标体系中各个指标对其他各个指标进行两两比较重要性，得到的最终分数以 1～9 为标度，得到判断矩阵如下：

$$\begin{bmatrix} \frac{1}{2} & 1 & 3 & \frac{1}{4} \\ - & 2 & 4 & \frac{1}{3} \\ - & - & 3 & \frac{1}{4} \\ - & - & - & \frac{1}{6} \\ - & - & - & - \end{bmatrix} \begin{matrix} A_1 \\ A_2 \\ A_3 \\ A_4 \\ A_5 \end{matrix}$$

矩阵中各值代表重要度的比较值，A_1 代表侵蚀强度、A_2 代表年均降水量与蒸发量比值、A_3 代表河网密度、A_4 代表地形起伏度、A_5 代表植被覆盖率。

由 $|A - \lambda| = 0$ 计算出 $\lambda_{\max} = 5.0847$。

$$CI = \frac{5.0847 - 5}{5 - 1}$$

由上式求出 CI = 0.0212，查表得到一致性指标 RI，求一致性比例 CR = 0.0189 ≤ 0.1，通过了一致性检验。AHP 权重如表 4-2 所示。

4.3.5 生态环境质量与经济贫困的耦合方法

4.3.5.1 耦合度模型

为了反映生态环境质量与贫困程度的相关性大小，与各自的发展情况，寻找二者交融的相互关系，并且从空间、过程以及二者的内涵中寻找它们相互影响的机理。本书选择耦合度模型计算生态环境质量与经济贫困的同步性；选择耦合协调度计算生态环境质量与经济贫困的整体协调发展水平的高低。

耦合度模型以变差系数为核心判断两种要素之间的差距。

设生态环境质量指数为 EI，经济贫困指数为 w，则变差系数 V 为标准偏差 S 比上 EI 和 W 的平均数 μ，即

$$V = \frac{S}{\mu} \tag{4-7}$$

其中

$$S = \sqrt{\frac{(EI - \mu)^2 + (w - \mu)^2}{2 - 1}} \tag{4-8}$$

$$\mu = \frac{EI + w}{2} \tag{4-9}$$

将公式代入得

$$V = \sqrt{2 \times \left[1 - \frac{\text{EI} \times w}{\left(\frac{\text{EI} + w}{2}\right)^2}\right]} \qquad (4\text{-}10)$$

因为变差系数表示的是两种要素之间的离散程度,而协调发展指的是两种要素发展程度接近,使 V 越小越好的充要条件为

$$V^1 = \frac{\text{EI} \times w}{\left(\frac{\text{EI} + w}{2}\right)^2} \qquad (4\text{-}11)$$

式中,V^1 是反映两个系统协调发展程度的变量,V^1 越大越好。

为了使耦合度在结构上具有一定的高低层次,将生态环境质量与经济贫困的耦合度 C 定义为

$$C = \left[\frac{\text{EI} \times w}{\left(\frac{\text{EI} + w}{2}\right)^2}\right]^k \qquad (4\text{-}12)$$

式中,C 为耦合度,k 为调节系数并大于等于 2,为提高区分度,给 k 赋值为 3。

C 只能反映生态环境质量与经济贫困的耦合程度,即二者的发展同步性。实际上,耦合度 C 相等的两个对象,发展程度可以相差很远。为了同时反映二者总体发展水平的高低,再引入耦合协调度 D。例如,生态环境质量与经济贫困同为第一名,与同为最后一名的 C 是相等的,但是第一名的 D 要高于最后一名。

$$D = \sqrt{C \times T} \qquad (4\text{-}13)$$
$$T = \alpha \times \text{EI} + \beta \times W \qquad (4\text{-}14)$$

上述两个公式中,T 表示生态环境质量与经济贫困的综合评价指标,它的大小可以反映出生态环境质量与经济贫困的整体水平,其中 α 与 β 为待定系数,本书设定生态环境质量的高低与经济的发展同样重要,所以待定朵数均取值为 0.5。

以上耦合度、耦合协调度的计算中,进行耦合的对象是研究重点;参数的选择影响着结果空间分异性的明显度,以及内在因素的显现;要进行耦合的两者是计算后的值、是排名、归一化后的数值,还是分级后的等级值,也都会影响空间分异的结果。

通过计算耦合度与耦合协调度,可以得到生态环境质量与经济发展(贫困程度)之间的差距以及整体的发展程度,耦合度揭示了二者之间的差距大小,耦合协调度则综合考虑了二者的差距与二者共同的发展水平,例如,生态环境质量与经济贫困的排名都为第一名的地区和生态环境质量与经济贫困排名都为第十名的地区,耦合度是相等的,但是第一名的耦合协调度要高于第十名的耦合协调度。

因为本书的研究区大部分都是国家级贫困县,单纯使用计算值可能会存在区分度不大、保留有效数字后相等值较多的情况;生态环境质量评价结果与经济贫

困计算结果存在量纲的差异；同时，将 C、D 等值控制在 $0 \sim 1$ 方便分等定级。综上，本书选择标准化后的排名作为耦合对象。这里的排名采用了分数越高排名的名次越大的方法，方便后续计算。

4.3.5.2 耦合协调度的分类

由前面的计算公式可知，在 $0 \sim 1$ 时，耦合协调度 D 越大，表示协调发展程度越好，本书对协调发展的主要分类依据借鉴了廖重斌(1999)与黄海峰(2006)两篇论文中使用的等间隔法，以 0.1 为区间长度划分为四大类 10 小类。同时，为了保持图面的易读性与完整性，为提高区分度，所以进一步借鉴了黄海峰的"相邻区间归并"思想，对个别极端研究单元以 0.2 为阈值范围，将只有一个或两个县的区间并入了相邻的区间。最后形成了长度以 0.1 为主(6 小类)、0.2 为辅(2 小类)的两个划分区间。具体分类如表 4-3 所示，其中再把协调发展类(1)、勉强协调发展类(2)两类概括为协调发展大类(一)，主要体现协调发展的特点；濒临衰退失调(3)、失调衰退类(4)两类概括为协调发展大类(二)，主要体现衰退失调的特点；在此基础上再根据生态环境质量和经济发展程度的差异将其分为 6 种差异类型，如表 4-4 所示，即二者差距在 0.1 以内时视为同步。

表 4-3 耦合协调度类型分类及判别标准

协调发展大类(一)		协调发展类(1)		勉强协调发展类(2)
协调发展小类	优质协调发展(a)	良好协调发展(b)	中级协调发展(c)	勉强协调发展(d)
耦合协调度范围	[0.9, 1]	[0.7, 0.9)	[0.6, 0.7)	[0.5, 0.6)
协调发展大类(二)	濒临衰退失调(3)		失调衰退类(4)	
协调发展小类	濒临衰退失调(e)	轻度衰退失调(f)	中度衰退失调(g)	严重衰退失调(h)
耦合协调度范围	[0.4, 0.5)	[0.3, 0.4)	[0.1, 0.3)	[0, 0.1)

表 4-4 耦合协调度差异类型及判别标准

协调发展类	分类型依据	差异类型
协调发展大类(一)	$0 \leq \lvert R_{EI} - R_W \rvert \leq 0.1$	经济环境同步型
	$R_W - R_{EI} > 0.1$	经济滞后型
	$R_{EI} - R_W > 0.1$	环境滞后型
协调发展大类(二)	$0 \leq \lvert R_{EI} - R_W \rvert \leq 0.1$	经济环境共损型
	$R_W - R_{EI} > 0.1$	环境受损型
	$R_{EI} - R_W > 0.1$	经济受损型

注：R_{EI} 表示标准化后的生态环境质量排名，R_W 表示标准化后的人均可支配收入排名

4.3.5.3 空间自相关、聚集与热点分析

地理数据在空间上是息息相关的。某个位置上的某种属性与其他位置上该属

性的相互依赖程度称为空间依赖,即地理空间中各个点的属性值会影响相邻的其他点的该属性值。

空间依赖性是指研究对象属性值的相似性与其位置的相似性存在一致性,空间自相关是空间依赖性的重要形式,是检验某一要素的属性值是否显著地与其相邻空间点上的属性值相关联的重要指标。同时,聚集效应与热点等分析也可以反映空间依赖性的分布。

空间自相关分析可以体现空间单元的属性值在空间上分布的特性,常用的有 Moran's I、Geary's C、Getis、Join count 等,以判断此现象在空间中是否有聚集特性存在。

本文使用 Global Moran's I 指数衡量耦合协调度的全局空间自相关性。公式如下:

$$\text{Moran's I} = \frac{n\sum_{i=1}^{n}\sum_{j=1}^{n}w_{ij}(x_i-\bar{x})(x_j-\bar{x})}{\sum_{i=1}^{n}\sum_{j=1}^{n}w_{ij}\sum_{i=1}^{n}(x_i-\bar{x})^2} = \frac{\sum_{i=1}^{n}\sum_{j\neq i}^{n}w_{ij}(x_i-\bar{x})(x_j-\bar{x})}{S^2\sum_{i}^{n}\sum_{j\neq i}^{n}w_{ij}}$$

式中,n 是观察值的数目,x_i、x_j 是在位置 i、j 的观察值,w_{ij} 是对称的空间权重矩阵,表示空间位置 i 和 j 的临近关系,如果 i 和 j 相邻,取值为 1,否则取值为 0。S^2 是所有空间权重的集合。

得到 Moran's I 指数后,指数的取值为 -1~1,0 表示不相关,负数表示负相关,正数表示正相关。

在 ArcGIS 中使用空间统计工具箱中模式分析工具集下的空间自相关工具计算 Moran's I 指数,系统会返回 Moran's I 值以及 Z-score 值。当 Z-score 值小于 -1.96 或大于 1.96 时,返回的 Moran's I 值为可采信值,当 Z-score 值大于 1.96 时分布为聚集,Z-score 值小于 -1.96 分布为随机。

本文对耦合协调度进行空间自相关系数的计算,得到研究区各研究单元耦合协调度的空间自相关系数,虽然 Moran's I 只是一个数值,但是它说明了耦合协调度是否在空间上具有一定的分布特性,也就是该值是否具有一定程度的聚集。

ArcGIS 中的聚类分布制图工具集下有聚集及特例分析工具和热点分析工具,这两个工具同 Moran's I 工具一样,可以了解要素值在空间上的分布特征,尤其是相同值聚集的效果。

聚集工具 Cluster and Outlier Analysis(Anselin Local Moran's I)是局部 Moran's I 算法的实现,可以反映出要素与其周边要素在某一属性值上的相似程度,展示出空间上高高值聚集(HH)、低低值聚集(LL)、高值被低值包围(HL)以及低值被高值包围(LH)的情况。

热点分析工具 Hot Spot Analysis(Getis-Ord Gi*)可以反映出高值或者低值在

空间上聚集的区域,即识别热点(高值聚集)或冷点(低值聚集)的位置,同时会计算每个要素的 Z 得分以及 P 值。Z 得分表示标准偏差,Z 为正的位置表示高值的聚类,Z 为负的位置表示低值的聚类;P 值表示要素分布是完全空间随机分布的概率,也可用来表示统计显著性,显著性即 $(1-P) \times 100\%$。这个公式表示的是所观测的空间模式不产生随机过程的显著性。

本书对耦合协调度进行聚集与热点分析,得到在研究区范围内耦合协调度整体的聚集趋势与热点、冷点的分布,可以视为空间自相关系数的空间扩展,将一个系数体现在空间分布上,用来分析耦合协调度在空间上的变化趋势与分布特征。进一步分析形成这种特征的内在原因与机理。这也正是对研究区生态环境质量与经济贫困之间发展差异特征的分析与研究。

4.4　6个片区大尺度实证研究

由 6 个片区的 DEM 数据、贫困人口、国土面积、贫困发生率得到图 4-2(a) 和图 4-2(b),可以看出片区大概的自然条件状况与社会经济情况。

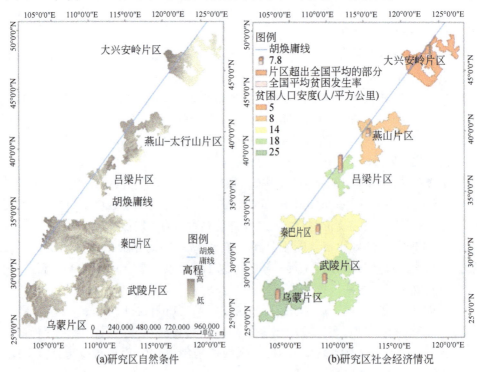

图 4-2　大尺度研究区自然条件与社会经济概况

4.4.1　6个片区生态环境质量与经济贫困综合指数

根据前面所述评价方法计算出公里格网单元下研究区生态环境质量，如图4-3所示，将公里网格的生态环境质量以县为单元平均后输出，得到图4-4。

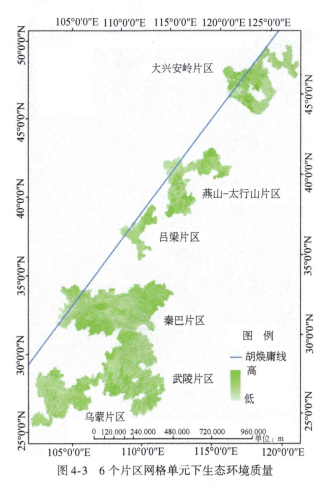

图4-3　6个片区网格单元下生态环境质量

图4-3和图4-4可以明显看出在研究区中部及南部生态环境质量明显高于北部，秦巴、武陵及乌蒙3个片区生态环境质量优于吕梁、大兴安岭和燕山片区，根据片区EI得出片区生态环境质量排名从高到低依次为乌蒙、武陵、秦巴、燕山、吕梁、大兴安岭。

将经济贫困综合指数指标体系中各个指标对其他各个指标进行两两比较重要性，以1~9为标度，得到判断矩阵如下：

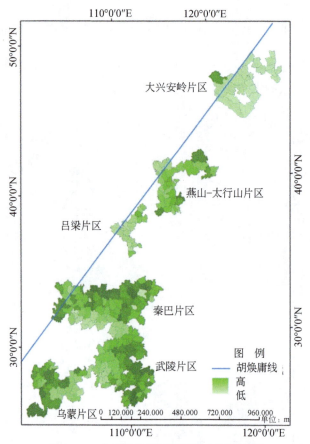

图 4-4 6 个片区县域单元下生态环境质量

$$\begin{bmatrix} 4 & 4 & 7 & 7 & \\ — & 1 & 4 & 4 & \\ — & — & 4 & 4 & \\ — & — & — & 1 & \\ — & — & — & — & \end{bmatrix} \begin{matrix} A_1 \\ A_2 \\ A_3 \\ A_4 \\ A_5 \end{matrix}$$

矩阵中各值代表重要度的比较值，A_1 贫困发生率(已标准化)、A_2 代表农民人均纯收入、A_3 代表人均可支配收入、A_4 代表人均地方生产总值、A_5 代表人均地方一般预算收入。

由 $|A - \lambda| = 0$ 计算出 $\lambda_{max} = 5.0435$。

$$CI = \frac{5.0435 - 5}{5-1}$$

由上式求出 CI = 0.0108，查表得到一致性指标 RI，求一致性比例 CR = 0.0097 ≤ 0.1，通过了一致性检验。经济贫困综合指数各个指标的权重与指标见表4-5。得到经济贫困综合指数研究区内高低分布如图4-5所示。

表 4-5　经济贫困综合指数指标

经济指标	权重
贫困发生率	0.37
人均地方生产总值	0.11
人均地方一般预算收入	0.11
农民人均纯收入	0.21
人均可支配收入	0.20

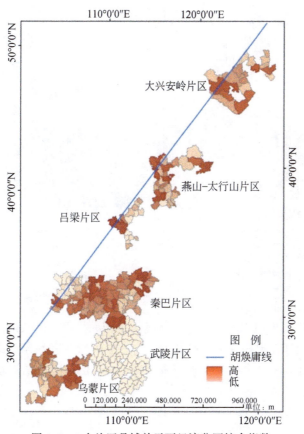

图 4-5　6 个片区县域单元下经济贫困综合指数

由图4-5中可见6个片区中武陵片区整体经济发展落后于其他片区，各个片区的边缘受到周围不贫困地区的影响，或多或少高于内部县市。

4.4.2 空间耦合结果

由公式4-11、公式4-12计算得到各县耦合度 C（图4-6(a)所示）与耦合协调度 D（如图4-6(b)）。

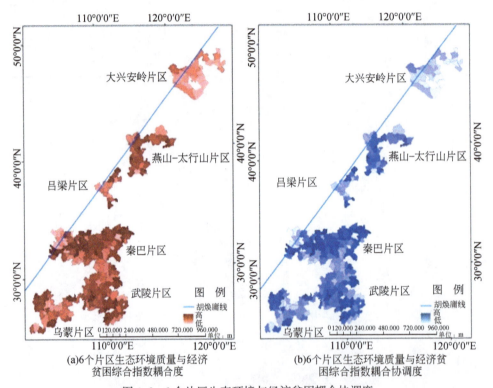

(a) 6个片区生态环境质量与经济贫困综合指数耦合度

(b) 6个片区生态环境质量与经济贫困综合指数耦合协调度

图4-6 6个片区生态环境与经济贫困耦合协调度

从图4-6(a)中可以看出，生态环境质量与人均可支配收入的耦合度与耦合协调度在空间上均大致表现为南高北低，个别县市二者有差异，这类县市的情况是二者的排名在249县中相差不多，协调程度高，但是整体发展水平不高，因此耦合协调度低。

按表4-3和表4-4分别对249县分类，得到表4-6。

表 4-6　片区层面上各协调发展类与各协调发展差异类比例（单位：%）

类型	优质协调发展型	良好协调发展型	中级协调发展型	勉强协调发展型	濒临衰退失调型	轻度衰退失调型	中度衰退失调型	严重衰退失调型
比例	4.4	22.9	13.7	12.4	10.8	8.0	19.3	8.4
类型	环境受损型	环境滞后型	共损型	经济受损型	经济滞后型	同步型	—	—
比例	21.3	18.9	2.8	22.5	20.5	14.1		

由表 4-6 可知，6 个片区 249 县中可达勉强协调发展及其以上程度的占 53.4%，即协调发展型和衰退失调型基本各占一半，但是环境经济同步型仅占 14.1%，证明在此 6 个片区经济环境几乎不能协调同步发展，2.8% 的县甚至环境经济共损。

4.4.2.1 空间耦合分异结果

根据表 4-3 的分类方法将 6 个片区的生态环境质量与经济贫困综合指数的耦合协调度分类得到图 4-7(a)，由表 4-4 的分类型方法再划分得到图 4-7(b)。

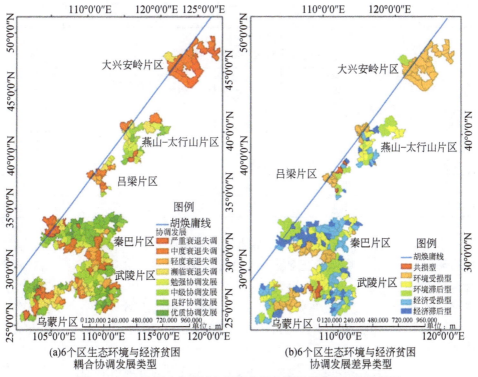

(a) 6 个区生态环境与经济贫困耦合协调发展类型　　(b) 6 个区生态环境与经济贫困协调发展差异类型

图 4-7　6 个片区生态环境与经济贫困协调发展类型与差异类型

如图4-7(a)所示，6个片区中衰退失调严重程度由北向南逐渐降低，秦巴片区、武陵片区边缘严重程度高于片区中部，乌蒙片区东部衰退失调程度高于西部；吕梁片区和大兴安岭片区呈现整体衰退失调，燕山-太行山片区大部分地区衰退失调，中部、东部和南部个别县市协调发展。图4-7(b)所示6个片区环境与经济协调发展的差异类型。大兴安岭片区、吕梁片区和燕山-太行山片区中环境落后型占主要的部分，秦巴片区和武陵片区经济落后型居多，乌蒙片区两种类型数量大致相等。

各片区各类型所占比例如表4-7和表4-8所示。

表4-7　6个片区各协调发展比例　　　　　　　　　（单位：%）

片区	优质协调发展型	良好协调发展型	中级协调发展型	勉强协调发展型	濒临衰退失调型	轻度衰退失调型	中度衰退失调型	严重衰退失调型
大兴安岭	0	0	0	0	5	0	42	53
吕梁	0	0	6	17	0	28	44	6
秦巴	9	35	15	8	3	8	16	7
乌蒙	5	27	8	8	22	5	16	8
武陵	3	25	18	12	15	9	15	2
燕山	0	14	20	31	17	3	11	3

表4-8　6个片区各协调发展差异类比例　　　　　　（单位：%）

片区	环境受损型	环境滞后型	共损型	经济受损型	经济滞后型	同步型
大兴安岭	95	0	0	5	0	0
吕梁	39	0	6	33	11	11
秦巴	16	20	0	17	24	23
乌蒙	27	16	0	24	22	11
武陵	2	22	6	34	26	11
燕山	14	34	6	14	17	14

由表4-7可见，6个片区协调发展类与协调发展差异类相差比较明显，将优质协调发展型、良好协调发展型、中级协调发展型合并为协调发展型，得到6个片区协调发展型比例分别为大兴安岭片区0%，吕梁片区23%，秦巴片区67%，乌蒙片区48%，武陵片区58%，燕山片区65%，因此协调发展程度排名从高到低依次为秦巴片区、燕山-太行山片区、武陵片区、乌蒙片区、吕梁片区和大兴安岭片区。

由表4-8可知，将环境受损型与环境滞后型统一为环境落后型，经济受损型与经济滞后型统一为经济落后型,得到6个片区环境落后型比例和经济落后型比例分别为:大兴安岭95%,5%,吕梁片区39%,44%,秦巴片区36%,41%,乌蒙片区43%,46%,武陵片区24%,60%,燕山片区48%,31%,因此环境发展排名从高到低依次为武陵片区、秦巴片区、吕梁片区、乌蒙片区、燕山片区、大兴安岭片区;经济发展排名从高到低依次为大兴安岭片区、燕山片区、秦巴片区、吕梁片区、乌蒙片区、武陵片区。

从图4-8(a)中可见,只比较各省落在片区内部的部分,重庆、黑龙江、吉林、内蒙古四省(区)环境落后型占了绝大部分,甘肃、湖北、湖南和云南四省则是经济落后型为主要类型,其他省各类型各占一定比例,只位于贵州省和山西省。图4-8(b)所示为经济环境协调发展差异类型,图中可见甘肃、黑龙江、吉林、内蒙古和云南五省(区)以衰退失调型为主,河南、湖南、陕西、四川省和重庆市以协调发展型为主;贵州、河北、湖北、山西四省虽然几种类型相差不

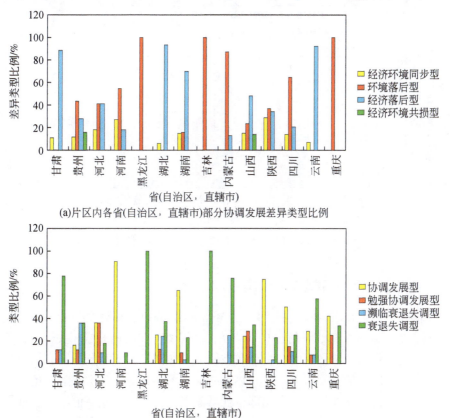

(a)片区内各省(自治区,直辖市)部分协调发展差异类型比例

(b)片区内各省(自治区,直辖市)部分协调发展类型比例

图4-8 分省生态环境质量与经济贫困综合指数耦合协调发展类型、差异类型比例

多,但是仔细划分可见贵州、湖北两省属衰退失调型,河北、山西两省属协调发展型。

在县级的比较中,如图4-9所示,国家级贫困县协调发展程度明显低于片区县,并且以经济落后型为主。片区县虽然衰退失调程度低,但是环境发展要落后于经济发展。

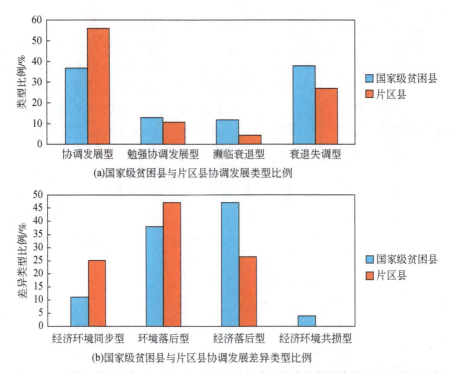

图4-9 国家级贫困县与片区县生态环境质量与贫困综合指数耦合协调发展类型比例

4.4.2.2 空间自相关与聚集效应

对耦合协调度 D 求空间自相关系数(Moran's Index),得到 Moran's Index 的值为0.51,Z 得分为6.69,P 值为0,即 D 在空间上存在明显的自相关性,即研究区生态环境质量与经济贫困综合指数在空间上的协调发展程度分布是有规律的。

耦合协调度 D 的空间聚集与空间热点结果如图4-10所示。从图4-10(a)中可以看出,耦合协调度在研究区东北部呈现低值聚集,中部呈现高值聚集;而图4-10(b)中的空间热点可看出研究区中部大于零的 Z 值集中,东北部小于零的 Z 值集中,进一步证明了连片特困地区的生态环境质量与经济贫困在空间上呈现出东北部耦合度低,越向中部耦合度越高的趋势。

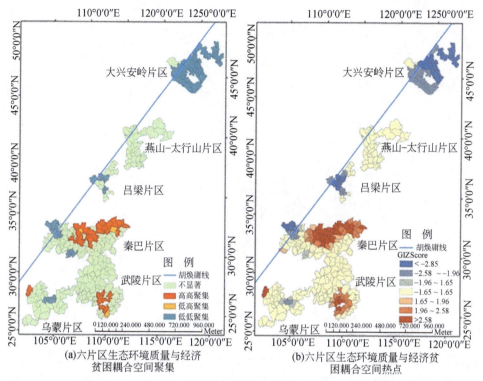

图 4-10 六片区生态环境与经济贫困耦合空间聚集与空间热点

4.4.3 空间分异特征分析

为了更好地看出 6 个片区生态环境质量与经济贫困的协调发展程度在空间上的分布规律，将主要山脉、河流、经济圈、经济带进行图上展示，如图 4-11 所示。

从图 4-11 中可以看出，衰退失调型沿胡焕庸线大致从东北到西南的分布为：大兴安岭南麓片区；燕山片区内蒙乌兰察布市、东部丰宁县与围场县、南部阜平县与涞源县；吕梁片区绝大部分地区；秦巴、武陵、乌蒙三片区西部甘肃陇南地区、中部巫山山脉一带、南部昭通地区以及毕节地区。另外，沿大兴安岭山脉、太行山脉、秦岭山脉、巫山山脉、雪峰山山脉以及黄河在山陕交界的干流两侧的协调发展类型大致相反。

衰退失调型地区生态环境质量发展较好的县市包括大兴安岭片区阿尔山市；燕山 – 太行山片区丰宁县、围场县、阜平县和涞源县；秦巴片区甘肃陇南地区；武陵片区恩施地区、遵义地区；乌蒙片区昭通地区。这些地区有些是生态环境质量基础

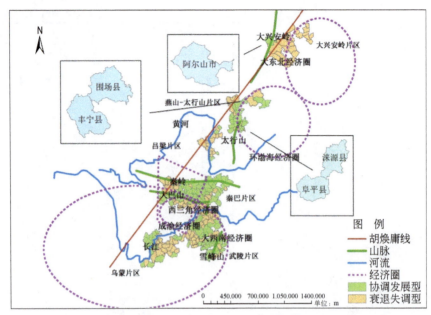

图 4-11　六片区生态环境质量与经济贫困协调发展程度影响因素

比较好，有些是承担着生态建设的任务，如天然林保护以及退耕还林等工程。

阿尔山市是全国人口最少的城市，森林覆盖率超过 64%，绿色植被覆盖率达到 95%，是呼伦贝尔草原等四大草原的交汇处，拥有巨大矿泉群等自然景观，生态环境质量基础好。燕山 - 太行山片区的 4 个县内有多个国家级自然保护区，生态环境质量本身比较好，而且自然保护区禁止开发，少有人类干扰。陇南地区地处西秦岭东西向褶皱带发育的陇南山地，是甘肃境内唯一的长江流域地区，森林茂密，素有"陇上江南"之称，生物多样性丰富。恩施地区有巫山山脉、武陵山脉及齐跃山脉组成的山地，森林覆盖率近 70%，有着全国罕见的国家级自然保护区、国家森林公园等多处自然景观区，生态环境质量良好。遵义地区森林覆盖率为 50%，是国家森林城市，加上近年来一直大力改善流域植被，同时境内有野生和常见的高等植物 2009 种，占贵州全省稀有动植物资源总数的 93.3%。昭通地区地处云南省东北部，因地形等自然条件的综合影响，植物资源十分丰富，同时野生动物与鱼类资源也丰富多样，同时，昭通地区还有大关黄连河景区、罗汉坝原始森林片区个多处自然保护区与自然景观区。

衰退失调型地区经济发展较好的县市包括大兴安岭片区除阿尔山市外其他县市；燕山 - 太行山片区内蒙古乌兰察布地区；吕梁片区榆林地区；秦巴、武陵、乌蒙三片区川渝地区、贵州毕节地区。这些地区基本上都有着可以带动经济的因素，有些地区受到经济圈、经济走廊等经济结构的影响，有些地区有矿产作为经济发展的重要支撑。

大兴安岭片区除阿尔山市外其他县市(以下简称大兴安岭部分片区)经济发展主要受到东北经济圈、东北工业基地、大庆油田以及哈大齐工业走廊影响,同时作为粮食基地与畜牧业生产基地,带动经济发展,大兴安岭部分片区土地资源丰富,耕地面积占片区总面积的31%,并有铅锌铝、石油等矿产。乌兰察布地区与包头、呼和浩特相邻,区位优越,交通上是进入东北、西北、华北三大经济圈的交通枢纽,是中国通往蒙古、俄罗斯的重要通道,受经济圈与交通要道的影响,经济发展好于片区内其他地区。榆林地区资源丰富,地处呼包银榆经济区、陕北能源化工基地,工业发达。资源储量大,组合配置优秀,是典型的资源型城市。川渝地区同时受到大西南经济圈、西三角经济圈、成渝经济圈的影响,经济发展优于周边地区,而毕节地区不仅受到大西南经济圈的影响,同时是成渝经济区—毕节—贵阳经济走廊的重要节点,承担着成渝经济区、黔中经济区的辐射与对接功能。

4.5　吕梁单片区尺度的实证研究

由六片区的DEM数据、贫困县非贫困县数据得到图4-12,可以看出片区大概的自然条件状况与贫困县非贫困县的分布情况。

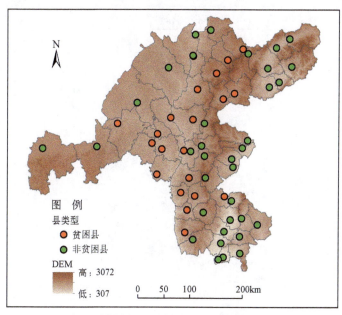

图4-12　吕梁地区地形概况

4.5.1 单片区生态环境质量与经济贫困综合指数

根据前面所述评价方法计算出公里格网单元下研究区生态环境质量，如图 4-13(a) 所示，将公里网格的生态环境质量以县为单元平均后输出，得到图 4-13(b)。

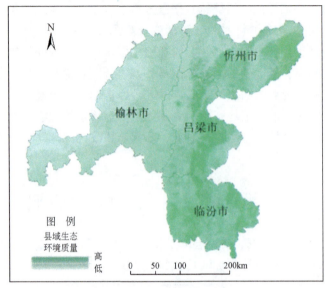

(a) 吕梁地区四市格网生态环境质量

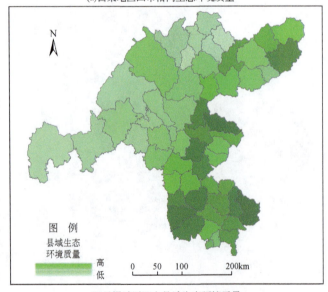

(b) 吕梁地区四市县域生态环境质量

图 4-13　吕梁片区下生态环境质量

两幅图可以明显地显示不同县域生态环境质量的差异，可以看出在研究区内部，东部生态环境质量明显高于西部，陕西省与山西省西部县的生态环境质量低于山西省其他地区。

通过调查各市统计年鉴与国务院扶贫办 2011 年片区监测数据，得到各区县人均可支配收入，进行空间展示，如图 4-14 所示，陕西省榆林市的人均可支配收入远高于山西省三市。在 SPSS 中对县域 EI 与人均可支配收入进行相关性分析，得到相关系数为 -0.377，Sig 值为 0.004（显著性检验标准为 <0.01）。证明生态环境质量与人均可支配收入呈现显著负相关。

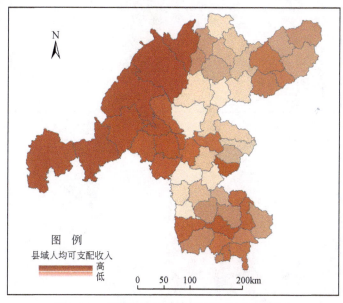

图 4-14　吕梁片区县域单元下人均可支配收入

4.5.2　空间耦合结果

计算得到各县耦合度 C（图 4-15(a)）与耦合协调度 D（如图 4-15(b) 所示）。

从图 4-15(a) 中可以看出，生态环境质量与人均可支配收入的耦合度在空间上大致表现为西低东高，而图 4-15(b) 中的耦合协调度则呈现出明显的西北 – 中部 – 东北、东南的侧 Y 字形逐渐变高的趋势。即忻州市、临汾市耦合协调度比较高，榆林市耦合协调度较低。同时，可以看出榆林市的经济发展整体要高于山西省其他三市，但是生态环境质量低于其他三市。

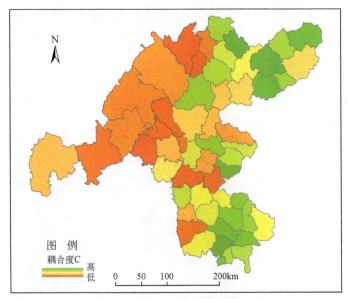

(a)吕梁片区生态环境与人均可支配收入耦合度

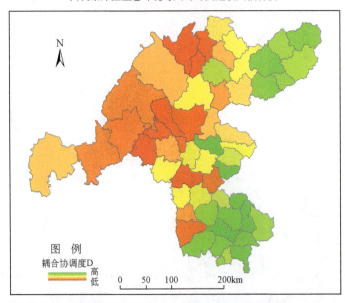

(b)吕梁片区生态环境与人均可支配收入耦合协调度

图 4-15　吕梁地区生态环境与经济贫困耦合度与耦合协调度

对耦合协调度 D 进行数理统计，得到峰度为 -0.91，偏度为 0.19，即 D 符合平阔峰负偏态分布，即 D 的两侧极端数据较多，且较小值数量较多，证明吕梁地区 56 县中，生态环境质量与人均可支配收入耦合协调程度好的县较少。

4.5.3 空间耦合分异结果

根据表4-3的分类方法将吕梁地区的生态环境质量与人均可支配收入的耦合协调度分类得到图4-16(a)，由表4-4的分类型方法再划分得到图4-16(b)。

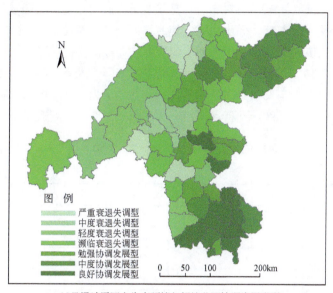

(a)吕梁地区四市生态环境与经济贫困协调发展类型

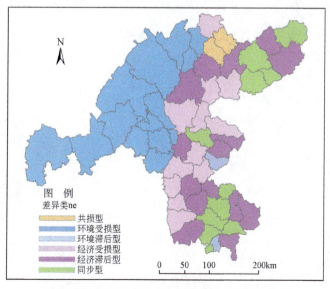

(b)吕梁地区四市生态环境与经济贫困协调发展差异类型

图 4-16　吕梁片区生态环境与经济贫困协调发展差异类型

图 4-16(a)中绿色从浅色到深色依次表示协调发展程度越来越好。明显可以看出吕梁地区临汾市与忻州市生态环境质量与经济贫困协调较好，吕梁市耦合协调度分布没有明显规律，榆林市耦合协调度整体不高。

图 4-16(b)中蓝色从深到浅依次表示经济环境共损型、环境受损型、经济受损型；紫色从深到浅依次表示经济环境同步型、环境滞后型和经济滞后型。如图 4-16 所示规律明显，表现为榆林市整体环境受损，临汾市的中心区域及其周边的洪洞县等五县市为经济与环境同步发展，其他县为经济受损或滞后，吕梁地区只有中心区同步发展，其他县除孝义市为环境滞后外均为经济受损或滞后，忻州市情况比较复杂，中心区域及周边原平市等三县市经济环境同步发展，西部河曲县和保德县环境受损，神池县和五寨县经济环境共损，其他县市为经济受损或滞后。

如果将"滞后"型和"受损"型均统一为"落后"型，得到表 4-9。

表 4-9 省级和片区级层面上生态环境质量与经济协调发展程度的分布

(单位：%)

名称	同步	环境落后	经济落后	共损	协调发展	衰退失调
陕西	0	100(受损)	0	0	0	100
山西	25	9	62	4	64	36
国家级贫困县	0	35	55	10	20	80
非国家级贫困县	31	22	47	0	67	33
研究区整体(56县)	20	29	47	4	50	50

由表 4-9 和图 4-17 可以看出：研究区整体协调发展类与衰退失调类比例持平，以经济落后型居多，同步型仅为 20%。其中陕西省榆林市衰退失调严重，环

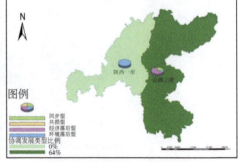

(a)市级层面生态环境质量与人均可支配　　(b)省级层面生态环境质量与人均可支配
　　收入耦合协调发展类型比例　　　　　　　　收入耦合协调发展类型比例

图 4-17 市级与省级层面生态环境质量与人均可支配收入耦合协调发展类型比例

境受损已经达到了100%，山西省三市经济落后程度在以上分区中最为严重，但64%的县可以协调发展。非国家级贫困县的经济落后型与环境落后型比例与研究区整体水平几乎相等，协调发展程度高于研究区。国家级贫困县中，经济与环境大部分处于衰退失调状态，并有10%的县市经济环境共损，为分区中比例最高；经济落后于环境的程度高于非国家级贫困县与研究区。

表4-10　市级层面上生态环境质量与经济发展协调程度的分布

（单位：%）

市名	协调发展	衰退失调	同步	共损	经济落后	环境落后
临汾市	82	18	35	0	59	6
吕梁市	46	54	8	0	85	8
忻州市	57	43	29	14	43	14
榆林市	0	100	0	0	0	100

从表4-10和图4-18中可以看出，临汾市协调发展县的数量大于衰退失调县的数量，同步型比例较高，但大多数县仍属于经济落后型。吕梁市衰退失调型比例稍高，绝大部分县是经济落后型；忻州市环境落后型比例高于临汾市该类型比例，经济落后型比例则低于临汾市该类型比例；榆林市全部为衰退失调并且环境落后。四市比较榆林市整体衰退失调并且生态环境受损，临汾市协调发展较好，吕梁市和忻州市各自协调发展型与衰退失调型相差不多并且都是以经济落后为主，但是忻州市同步型多于吕梁市。

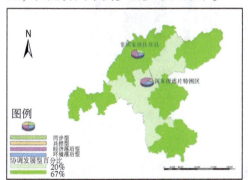
(a)县级层面生态环境质量与人均可支配收入耦合协调发展类型比例

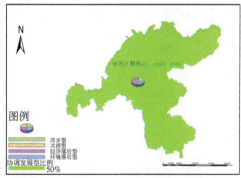
(b)研究区整体生态环境质量与人均可支配收入耦合协调发展类型比例

图4-18　县级与研究区整体生态环境质量与人均可支配收入耦合协调发展类型比例

对协调发展类型进行分区与分类统计得到图4-19(a)和图4-19(b)，可以看到衰退失调型在陕西省和山西省的比例相差不多，在贫困县内比例稍高于非贫困县；而协调发展型、勉强协调发展型全部落在山西省，并且大部分落在非贫困县。反映出研究区内山西省与非贫困县协调发展程度分别高于陕西省与贫困县的协调发展程度。

按照生态环境质量与人均可支配收入差异类型分区统计得到图4-19(c)和图4-19(d)，从中可以看出环境落后型主要位于陕西省，其他各类型均位于山西省。经济环境共损型都是贫困县，经济环境同步型都是非贫困县，环境落后型与经济落后型在非贫困县中的比例稍高于贫困县。从表4-9中可以看出同步型只存在于非贫困县，而共损型只存在于贫困县。

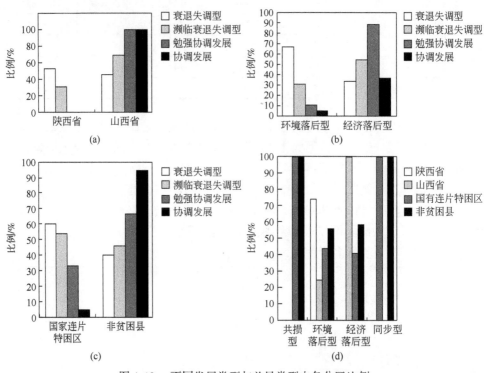

图4-19　不同发展类型与差异类型中各分区比例

4.5.4　空间自相关与聚集效应

对耦合协调度D求空间自相关系数，得到Moran's Index的值为0.38，Z得分为4.66，P值为0，即D在空间上存在明显的自相关性，即二者耦合协调度在空间上的分布是有规律的，也就是说吕梁地区生态环境质量与人均可支配收入存在着一定的关系。

耦合协调度D的空间聚集与空间热点结果如图4-20所示。从中可以看出，耦合协调度在研究区西北部呈现出低值聚集，南部呈现高值聚集。进一步证明了吕梁地区的生态环境质量与人均可支配收入在空间上呈现出西北部耦合度低，越向东南部耦合度越高的趋势。

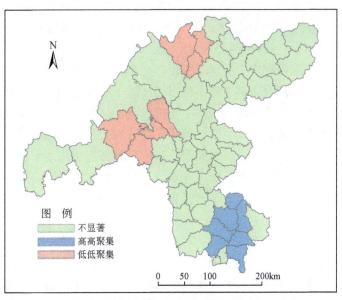

(a)吕梁片区生态环境与经济贫困耦合空间聚集

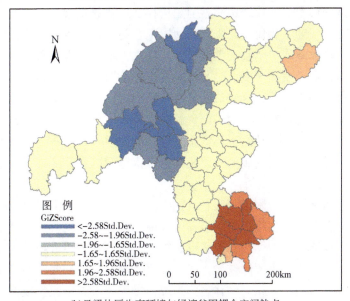

(b)吕梁片区生态环境与经济贫困耦合空间热点

图 4-20　吕梁片区生态环境与经济贫困耦合空间聚集与空间热点

4.5.5 空间分异特征分析

耦合协调度不仅可以表示耦合对象间的协调程度,还可以表示二者的发展程度,对于贫困地区与非贫困地区,同一种协调发展类型可能对应的情况完全不同,因此本书对以上空间分异结果进行分区讨论。

吕梁连片特困区内有四个县属于协调发展类型,包括兴县、岢岚县、隰县和汾西县。但是它们的耦合协调度并不是很高,属于勉强协调发展,处在协调发展与衰退失调的边缘。究其原因,这四个县位于黄土高原中部及残垣沟壑区,境内均有不同程度水土流失,沟壑纵横,但是各县分别分布有水系、森林、草原等资源,提升了整体生态环境质量,但是仍然属于生态环境脆弱地带;经济方面虽然有矿产资源或牧业资源,但是受资源开发晚、开发力度不够、交通闭塞、产业结构不合理等条件的限制,并没有带来相应的经济效益。因此生态环境质量与经济均为中等偏下水平。

吕梁连片特困区内余下 16 个县均为衰退失调型,其中榆林市 7 个县为环境落后型,忻州市五寨县和神池县为经济环境共损型,其他 7 个县为经济落后型。

神池县与五寨县相邻,自然环境条件接近,虽有一定的植被覆盖,但常年风沙大,无霜期短,自然生态环境恶劣;主要经济支柱产业以马铃薯、莜面等为主,虽然尝试进行农业产业结构调整但是仍存在经济总量偏小,产业基础薄弱,发展后劲不足等问题,相比于研究区其他以工业为主要经济支柱的县市,经济方面远远落后。榆林地区 7 个县沟壑纵横,风沙大,水土流失严重,生态环境质量基础差且脆弱,在开发矿产资源时又会对生态环境造成破坏,因此经济发展优于生态环境质量。经济方面,这些贫困县致贫原因多样,如因病、因灾、因乱、交通条件落后等,但是都有一定的矿产资源或农业资源基础,相对于其他县经济发展有一定优势。其他 7 个县生态环境质量也不高,但是在经济产业方面,由于开发力度不够、开发无序、区域闭塞以及产业结构等问题,经济方面远落后于榆林地区。

研究区除吕梁连片特困区其他各县(以下简称为非片区县)中,山西三市市辖区及其周边个别县、县级市为同步发展,榆林地区非片区县均为环境落后型,其他县市均为经济落后型。榆林地区资源丰富,地处呼包银榆经济区、陕北能源化工基地,工业发达。资源储量大,组合配置优秀,是典型的资源型城市。山西三市其他经济落后型县市相对榆林地区来说,资源开采无组织,或群众开采,或私营开采,无序盲目地开采造成资源的极大浪费,工业发展落后,农业等产业又不足以带动整体经济发展,经济发展与榆林地区有相当大的差距;同时这部分地区境内有不同面积的森林分布，包括国家级森林公园等，在植被覆盖方面优于榆林市。

4.5.6 基于空间分异的决策建议

优质协调发展、良好协调发展、中级协调发展类型：属于生态环境质量与经济贫困相互作用相互影响效果比较好的类型，对于其中仍然存在的环境落后型或经济落后型，应扬长避短，尽量做到保持双方共同发展，尤其是发展经济的过程中要特别注意对生态环境的保护与建设。

勉强协调发展、濒临衰退失调、轻度衰退失调、中度衰退失调、严重衰退失调类型：这些类型的发展程度都不能让人满意，对于经济落后型，应依托吕梁地区"两纵两横"交通运输主通道，依靠呼包银榆经济区、增强与周边大中城市的经济联系，发挥其辐射带动作用，对于矿产资源合理开发并适当对外开放，改善区域闭塞情况。推进电网和油气管道建设。对于环境落后型，发展生态农业、特色农业、生态旅游等项目，如山西的有机红枣基地、陕西的苹果基地、马铃薯基地、黄河风情文化旅游等。利用本地区的资源优势，发展绿色项目以建设并恢复生态环境，严格控制三废排放，发展循环经济；黄土高原丘陵沟壑区、土石山区严格限制陡坡垦殖，恢复植被减少水土流失，对于水土流失与沙化的土地重点整治，加强水环境的保护。

4.6 六片区与吕梁片区研究对比

4.6.1 研究指标与研究方法对比

从前面所做工作来看，本书虽然采用了同样的耦合模型与分析方法，但是不同尺度研究区中的指标体系与赋权方法均不相同，这两种存在的合理性大前提是大尺度研究区不仅跨行政区，而且跨不同气候类型、地貌类型以及其他自然条件类型，从生态环境定义出发难以做到指标完整合理；小尺度研究区虽然既包含了贫困县，又包含了非贫困县，但是自然条件与经济结构基本统一，从生态环境的定义出发对生态环境质量的评价更为有地域代表性，因此二者均是合理的。

从指标选择上看，6个片区的生态环境质量指标选择了以环保部颁布的、全国范围内适用的规范，结合研究目的，对规范原本的5个指数若干指标进行删减与补充，最后建立了4个指数，17个指标的指标体系；经济贫困指标选择了核心贫困监测数据，对于贫困区更有代表性。吕梁片区从生态环境质量的含义出发，针对吕梁地区典型生态环境特点，从生态环境包含的 5 个方面出发，建立了 5 个方面的生态环境质量评价指标体系；经济贫困指标选择人均可支配收入以体现区域实际水平。从赋权方法上看，6 个片区使用了层次分析法，利用专家打分，顾及到了生态环境质量评价过程中各因子的重要程度。吕梁片区使用了层次分析法与变异系数法结合的组合赋权法，除了体现出本研究的偏好，还用客观赋权法对区域内部的差异进行了客观修正。

4.6.2 研究结果对比

从耦合结果的图面展示看，无论是生态环境质量、经济贫困、耦合结果还是空间聚集的空间分布特征，大小尺度研究区的研究结果从高低分布上看基本一致。从六片区的分区统计中选取吕梁片区的数据与吕梁单片区的数据比较，得到表 4-11。

表 4-11　不同尺度研究区对吕梁地区统计比较　　（单位：%）

研究区	协调发展型	衰退失调型	同步型	经济落后型	环境落后型	共损型
大尺度	23	77	11	44	39	6
小尺度	20	80	0	55	35	10

从表 4-11 中的数据看，各类型互相比较，数值纵向比较，大小虽有差距，但是整体横向趋势比较一致，只有同步型和共损型的高低相反，大尺度研究区内同步型百分比高于共损型百分比，小尺度研究区内同步型百分比低于共损型百分比。将不同尺度研究区各个类型的个数进行对比统计，得到表 4-12 和表 4-13。表 4-12 中数字的含义是大尺度研究区中各个类型的县的个数，分别变为小尺度中的类型的数量，这个数量所占大尺度研究中各类型的比例，表 4-13 同理。例如，表 4-12 第一行，表示大尺度研究区中，轻度衰退失调型有 1/5 不变，1/5 变为严重衰退失调型，3/5 变为濒临衰退失调型。

表 4-12　大小尺度研究区协调发展类型转移矩阵

小尺度 大尺度	轻度衰退失调型	中度衰退失调型	严重衰退失调型	濒临衰退失调型	勉强协调发展型	中级协调发展型
轻度衰退失调型	1/5	0	1/5	3/5	0	0
中度衰退失调型	1/8	1/2	0	1/4	1/8	0

续表

大尺度 \ 小尺度	轻度衰退失调型	中度衰退失调型	严重衰退失调型	濒临衰退失调型	勉强协调发展型	中级协调发展型
严重衰退失调型	0	0	1	0	0	0
濒临衰退失调型	0	0	0	1/2	1/2	0
勉强协调发展型	0	0	0	1/3	1/3	1/3
中级协调发展型	1	0	0	0	0	0

表 4-13　大小尺度研究区协调发展差异类型转移矩阵

大尺度 \ 小尺度	同步型	经济受损型	经济滞后型	环境受损型	共损型
同步型	0	0	1/2	0	1/2
经济受损型	0	5/6	1/6	0	0
经济滞后型	0	1	0	0	0
环境受损型	0	0	0	1	0
共损型	0	1/3	1/3	0	1/3

从表 4-12 中可见，严重衰退失调型与中级协调发展型数量没有变化，1/5 的轻度衰退失调型变为严重衰退失调型；1/4 的中度衰退失调型变为濒临衰退失调型，1/8 的中度衰退失调型变为勉强协调发展型；其他各类型均为不变或者变为紧邻级别。综合得到，衰退失调型共 16 县，15 县衰退失调，1 县变为协调发展；协调发展型共 4 县，2 县协调发展，2 县变为衰退失调。

从表 4-13 中可见，环境受损型与经济滞后型不变，同步型 1/2 变为经济滞后型，1/2 变为共损型；1/6 的经济受损型变为经济滞后型；1/3 共损型变为经济受损型，1/3 共损型变为经济滞后型，其他类型不变。

4.6.3　差异分析与解释

导致以上结果的原因：一是在小尺度研究区内，为了对比贫困县与非贫困县之间的区别，加入了 36 个非贫困县参与研究，即小尺度研究区内在进行标准化等处理时是在贫困县与非贫困县之间进行的。而大尺度研究区内所有县都是贫困县，所有处理与分析都是在贫困县之间进行的，因此在计算结果上会有差别。这说明了生态环境与经济贫困的相互关系在贫困地区与非贫困地区确实存在着差别。二是由于耦合计算时为了增加区分度选择了排名作为耦合对象，而不是传统地以真值为对象进行耦合，在不同的指标体系与权重计算下，得到的真值稍微差一点都会影响排名，因此造成了后续计算结果的不同。

从政策建议上，本研究对大尺度研究区是以片区为单位提出相应建议，因为扶贫工作一般会跨行政单元，以片区为单位进行政策制定并开展扶贫工作，以片区为单位提出建议更能参考扶贫开发中片区的定位与职责。而小尺度研究区中包含了吕梁片区与36个非贫困县，从扶贫开发的角度来说，只有贫困县参与扶贫开发，所以本研究对小尺度研究区以不同的协调发展类型提出政策建议。

以上两种结果对于连片特困区都是科学的结果，决策者在以片区为单位，考虑片区整体发展时可以兼顾两种尺度下的政策建议，仅考虑内部协调关系时应以小尺度的政策建议为主。本研究对于大尺度研究区以片区为单位提出建议，小尺度研究区以不同协调类型提出建议，是统一片区的两种不同角度，都具有参考意义。

4.7 本章小结

本章以国家连片特困区为研究区，分别建立了不同尺度研究区生态贫困视角下的生态环境质量评价指标体系，以层次分析法与变异系数法为评价方法，综合评价研究区生态环境质量，再结合扶贫办核心贫困监测数据，针对生态环境与经济发展的空间相关关系进行分析，采用空间自相关系数、热点分析、聚类分析以及耦合协调模型等方法得到生态环境与经济发展相关程度的空间分布，分别从片区–省–市–县层面上进行多尺度空间分异特征分析。实证研究证明生态环境质量与经济贫困确实存在一定关系，研究方法可行。

通过以上研究，解决的关键问题如下。

1）根据扶贫开发需求，针对连片特困区特点，顾及生态贫困机理，建立生态环境质量评价指标体系。

2）以网格为后台计算单元，GIS为技术手段，空间数据与空间化的属性数据为输入，评价区域生态环境质量，得到该区域生态环境质量分布，并以县为单位输出进行后续评价。

3）选择合适的贫困衡量指标，计算生态环境质量与贫困的耦合度，对其空间分异进行定量描述并成图，分析内在机理。

4）通过对不同尺度研究区中吕梁片区计算结果的分析，得到不同尺度，不同方法，不同指标的情况下吕梁片区的生态环境质量与经济贫困的关系。得到二者结果基本一致，但由于以排名作为耦合对象、小尺度研究区添加非贫困县等，二者在不同类型的比例分布稍有差异，但不影响政策建议与实施。

第5章 贫困地区相对资源承载力评价

近些年来,我国贫困地区经济状况有所改善,人均收入水平也有所提高,但依靠资源的内耗为动力的增长方式降低了资源承载能力,且人们生活水平质量的提高使人均消耗的增长具有不可逆性,资源短缺矛盾日益突出。一方面是资源的有限性与不科学的利用模式,另一方面是人类社会发展对资源的持续需求,两者相互作用,生态资源环境承受巨大压力。自然、生态资源的可持续发展与国民经济和社会的可持续发展是相辅相成的,贫困地区资源短缺的实质是"发展的不可持续性",这直接约束当地经济的发展,影响当地居民的生存质量。如何将贫困地区的经济发展、资源利用和生态保护有机地结合起来,已成为我国扶贫事业面临的重大课题。长期以来,在传统经济理论的引导下的贫困地区有增长无发展,这是因为当地在规划经济发展时,资源并不被视为经济发展的约束性条件。而在可持续发展背景下,资源是经济发展规模、方式和速度的刚性约束条件,所以如何基于贫困地区的资源进行人类的开发活动这一问题值得讨论,关于承载力问题的研究应运而生。资源承载力是指一个地区资源的数量和质量,对该空间内人口的基本生存和发展的支撑力,是可持续发展的重要体现。所以,只有基于资源承载能力的贫困地区经济发展模式、规模和速度的探索才有意义,超越资源承载能力,不仅不能带来经济的可持续发展,还将导致贫困地区整个经济系统和人类生存系统的崩溃。因此,本研究综合运用系统分析、比较分析、因果分析、图表分析、归纳总结、演绎推理等方法,以大别山连片特困区为研究区,采用相对资源承载力的研究思路与计算方法,分析大别山片区各类相对资源承载力的空间分异性与动态变化状况,进而提取及分析贫困地区资源承载力信息,了解造成各类资源利用超载的主要影响要素及其影响程度,为区域资源的优化配置提供参考信息。

5.1 研究区概况与数据预处理

5.1.1 研究区选取

本研究将大别山片区作为研究区。大别山片区(图5-1)总面积为6.7万

km², 地处鄂豫皖交界地带, 北抵黄河, 南临长江, 我国南北重要地理分界线淮河横穿其中。它包括36个县(市), 其中29个国家扶贫开发工作重点县、27个革命老区县、23个国家粮食生产核心重点县。作为国家新一轮扶贫开发攻坚主战场中人口规模和密度最大的片区, 大别山集中连片特殊困难地区(以下简称"片区")具有典型的研究价值。

片区南北过渡性气候特征明显, 以淮河为界, 南部以大别山区为主体, 地势起伏相对较大, 年均降水量为1115～1563mm, 是北亚热带湿润季风气候, 为水田区, 年活动积温在4500～6500℃, 作物一年两到三熟, 所以片区南部种植作物主要是水稻、油菜、冬小麦等, 且水产业相对发达, 属于长江中下游平原丘陵农畜水产区; 北部属黄淮平原, 地势平坦, 为暖温带半湿润季风气候, 年均降水量为623～975mm, 为旱作区, 年活动积温在3500～4500℃, 作物为两年三熟或一年两熟, 主要的种植作物为冬小麦、玉米、谷子、甘薯等, 属于黄淮平原农业区。片区河流众多, 以淮河为主体的水系发达, 径流资源丰富, 大别山南麓是长江中下游的重要水源补给区。生物物种多样, 森林覆盖率为31.9%。2010年年末, 片区总人口为3657.3万人, 其中乡村人口为3128万人。当年人均地区生产总值为9056.3元, 人均地方财政一般预算收入为279.6元, 分别是2001年的3倍和2.5倍; 城镇居民人均可支配收入为12 316.5元, 农村居民人均纯收入为4275.9元, 为2001年的2.6倍。一二三产业结构由2001年的37∶30∶33调整为2010年的32∶39∶29; 城镇化率由2001年的16.1%提升到2010年的30.5%。

图5-1 研究区地理位置及研究片区县贫困类型

综上，选择大别山连片特困区作为研究区原因有以下三个：①大别山连片特困区为我国的14个连片特困区中人口规模和密度最大的片区，研究人口问题有现实意义；②片区地处鄂豫皖交界地带，北抵黄河，南临长江，是我国南北重要地理分界线淮河横穿其中，有特殊的地理位置价值；③片区包括36个县(市)，其中29个国家扶贫开发工作重点县、23个国家粮食生产核心重点县，对以"经济生产"为主的贫困地区资源承载力研究有较高价值。

5.1.2 参照区选取

将资源承载力状态相对理想、区域面积大于大别山片区的地区选定为参照区，用研究区内的资源存量与参照区内的人均资源拥有量进行比较，通过两者比较的结果即可得出研究区域内资源可承载的相对人口数，这就是所谓的相对资源承载力。

本研究分析中，共选择了两个参照区，一是片区所在省域，即河南省、湖北省、安徽省共计三省的人均资源水平量，简称"三省"，代表研究区及其周边人均资源环境平均水平拥有量；二是我国中部省份，即河南省、湖北省、安徽省、江西省、山西省、湖南省共计六省的人均资源水平量，简称"六省"，代表与研究区资源环境相近的我国最普遍的平均水平。

5.1.3 数据来源与预处理

本书研究2001～2010年自然资源承载力所需的年降水量分布图、年活动积温图、30m分辨率的DEM以及土壤质量等级评定时所需要的土壤厚度分布图、土壤含水量分布图、土壤水分中pH分布图、土壤质地分布图、土壤养分分布图是向国家科技基础条件平台中的中国气象科学数据共享服务网及地球系统科学数据共享网站申请得到的；经济资源承载力研究所需数据，省级别的数据来源于《中国统计年鉴》，县一级别的数据来源于《13个片区分县统计资料》；研究生态资源承载力所需要的《土地利用现状图》是由多个兄弟院校共享得到的。

对以上数据进行如下相关处理。

1) 对覆盖研究区的数据进行投影转换处理。投影方式选择等面积圆锥投影 (Albers)，第一标准纬线定为25°N，第二标准纬线定为47°N，中央经线定为105°E，基准面选用Beijing1954。操作平台为ArcGIS 9.3。

2) 利用ArcGIS 9.3软件，栅格数据先转为矢量点数据，以县域为单元，计算各指标均值。

3）利用 ArcGIS 9.3 软件，以县域边界为掩膜对矢量数据和栅格数据进行裁剪。

4）利用 Excel 和 SPSS，录入统计数据（县级经济资源相关数据）并进行归一化处理。

5.2 相对资源承载力研究方法

5.2.1 资源科学研究方法

资源科学的研究需要把握其研究原则、研究步骤、方法体系。从系统思想角度出发，给出了资源科学研究的方法体系，详见图 5-2。

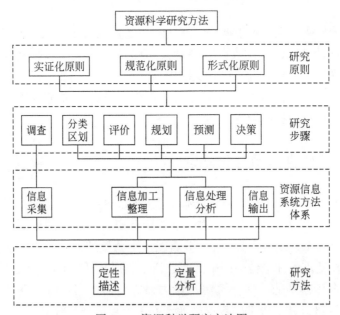

图 5-2 资源科学研究方法图

由图可见，资源科学研究中原始资料的获取还离不开资源调查方法，而遥感技术的应用使资源调查的方法改进了一大步；其次，资源科学研究中普遍使用定量方法，是资源科学研究不断深入的重要原因，这已成为资源科学研究的趋势；信息系统的建立更使资源科学研究可以为资源开发、人口布局与区域规划提供科学的决策依据。

在资源科学的研究中，资源信息系统的方法体系是资源科学研究的框架

(图5-3),分为信息采集方法体系、信息加工与整理方法体系、信息处理与分析方法体系、信息输出方法体系四部分。其中,信息采集方法即资源调查方法,采集到的数据会得到标准化与规范化处理;信息加工分析方法则是对信息进行综合分析,建立模型,进行规划、预测与决策研究;信息处理分析是资源科学研究的核心环节,通过数学方法、模型方法等对基础数据进行处理,展现研究主体的内在规律;信息输出方法是对研究成果的不同表达方式。

本书正是基于以下资源科学研究方法,对研究区的资源承载力做出研究。

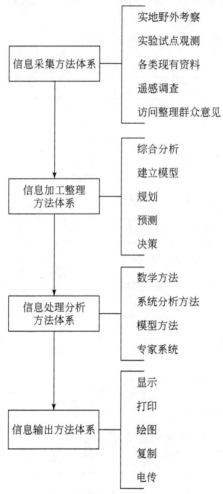

图5-3 资源信息系统的方法体系

5.2.2　相对资源承载力常规评价方法

作为可持续发展的支撑系统，资源系统到底起到多大的作用、到底能否支持可持续发展，这是一个值得研究的话题。在回答这些问题之前必须清楚认识资源承载能力的量化模型，评价其承载能力时，应在一定技术水平与经济条件下，最大限度地提高相对资源可承载能力才是研究重点。换言之，保证资源使用满足可持续发展的前提下，应该最大限度地提高人们的生活质量，进而让经济增长与社会福利在区域内保持扩大的态势。

相对资源承载力评价常用方法总结见表 5-1。

表 5-1　资源承载力评价常用方法

评价方式	特点	不足之处	适用情况
单因子评价	评价方便直观	没有考虑每个承载因子之间的关系，整体确定资源承载能力时难度较大	没有较高精度要求的情况
综合指标评价	直观且方便，可使用单项或多项不同类型的指标	确定指标体系和等级时比较难以设置标准	适用于综合评判
主成分分析评价	系统的各个因素相互关系通过数理统计的方法来获取，用综合指标来代替分散的多个指标	没有清楚说明多维目标的单指标复合形式的内容	适用于指标评价体系构建的情况
生产力估算评价	这种承载能力分析方法可以考虑单因子也可以考虑多因子，不过都要建立在生物生产力的基础之上	评价结果会受到降水或者气候的干扰	土地资源评估或者生物学产量评估时使用较多
模糊综合评价	这种总体评价主要基于模糊数学理论，同时会考虑很多因素的影响	选择评价因子和界定分级标准时有较大的局限性	适用于综合评判
系统动力学评价	这种评价方法除了要用到系统动力学模型以外，还要使用因果反馈图、系统流程图	系统建模时会一定程度地受到建模者的主观影响	研究长期动态趋势时使用较多
多目标分析评价	以整体目标最大为分析前提，通过一定的数学方法来研究整个区域系统，获得所有要素的分布情况	表述模型构造方法以及解的有效性和资源-经济-生态内在关系时会面临很大困难	处理社会经济生态资源相关评价时使用较多
背景分析评价	这种方法主要通过研究实际情况和历史情况来进行承载能力评价	过多地把分析停留在历史背景之上	一些特定因子的潜力估计与趋势预测时使用较多

5.2.3 指标选取及权重的确定

本书选择"综合指标评价方法"对大别山片区进行资源承载力评价研究。综合指标评价方法直观方便，且适用于子项或综合资源承载力的评价，虽然这种方法在当前的资源承载力研究中有诸如指标的选取以偏概全、各子项指标之间可能存在信息重合、对各子项赋权时主观性大等缺点，但在本书中，通过建立相对完善的指标体系；对设定指标进行相关系数检验，保证其相对独立性；改进计算模型，利用几何相对资源承载力模型计算资源承载力等方法弥补综合指标评价方法的不足。

综合指标评价方法分两步进行：① 建立指标体系，本书基于科学性、全面性、层次性、数据的可获取性等建立指标的原则，建立了以经济生产为核心，兼顾"自然与生态"的资源承载力指标体系；② 选择恰当的赋权方法，本书运用层次分析法与熵值法综合赋权方法，对大别山片区资源承载力进行评价。

5.2.3.1 指标的选取

整体事物或者现象定量时首先需要确定其指标组成，而指标主要由名称与数值两个部分组成，名称代表其科学概念而数值代表这种指标属性的数量。社会经济内容通过指标名称反映，指标值则主要采用统计调查的方式获取。而相互联系和制约的各个指标科学完整组成的总体就是指标体系，指标体系必须有目的、有理论、讲科学、有系统。具体设计指标体系时应该充分考虑其层次性和关联性，这是科学的指标体系的必要条件。指标体系的构建能够把很多复杂的问题简单化，同时还可以提供经验与基础给时间与空间比较，这样对寻找事物之间的联系有很大的帮助。与此同时，还有可能使得很多只能定性的问题转换成可以定量的问题，整个体系不但包含了大量的信息而且对事物的发展演变规律有较为清晰的展示。

目前的承载能力研究还有一定的局限性，很多时候都是局限于自然资源领域研究资源承载能力和相对资源承载能力，而且大多数情况一项资源只对应了一个指标。而同时只要地点和时间定下来以后，人地之间作用时的影响因子也就确定了，然而在多层次的自然资源与经济资源当中存在对人口起着最关键性作用的资源种类，并且伴随社会的整体发展进步，区域内的自然资源量和经济资源量都会对人类的社会活动产生影响，还会对人类的生活质量产生影响。针对这个情况，我们必须高度重视对资源承载能力研究范围的拓展，同时不断延伸资源的概念以及内涵。正如前面所述，各种类型的资源联系紧密且相互影响，它们共同在人类社会的经济活动过程中组成了一个综合的整体资源系统，而且这个整体资源系统中包括了多种多样的子系统，如自然资源系统、经济资源系统以及社会资源系统，各个子系统又会涵盖很多的要素，如土地资源、矿产资源、水资源以及气候资源等。各种资源都有其自身的价值以及使用价值，因此如何对资源进行匹配也相当关键，同时各个资源系统在整体系统之中都占据了重要的位置，如何协调好这些子系统之间的关系以保证最大限度地发挥它们的作用，这也是我们值得深入研究的问题。

综上，现阶段相对资源承载力的研究主要以单项指标评价一个子系统。然而，一定区域内资源对人类社会经济活动的支持能力，以及供养具有一定生活质量的人口，是一个相互影响的复杂过程，因此，有必要扩展资源承载力的指标体系。而综合指标评价方法符合这一设计。此评价方法直观且方便，但就已有的研究而言，存在指标偏少、各子项指标之间可能存在信息重合、对各子项赋权时主观性大三个缺点，对此，本书相应做出改进：建立相对完善的指标体系、对设定指标进行相关系数检验，保证其相对独立性、改进计算模型，利用几何相对资源承载力模型计算资源承载力得分，此外，参照区的加入还可以弥补"确定指标体系和等级时比较难以设置标准"评价缺点。

综合考虑资源复合系统中子系统的相互影响、研究区特点及数据的可获取性，建立指标体系，突出了自然、经济与生态之间的互补性。

其中，自然资源承载力的评价主要是与土地生产力相关的自然资源的评价，这一指标体系主要选取了与土地本底属性相关、密切影响农业种植的五项指标；经济资源承载力评价指标体系的建立，主要考虑两个方面，即投入的合理程度和产出的数量；评价生态资源环境状况的指标的建立主要是基于 2006 年国家环保总局颁布的《生态环境状况评价技术规范（试行）》思路设计的，通过对不同用地类型数量的计算，评定生态资源承载能力。指标体系分三项，共计 23 项指标，指标之间相关系数绝对值均小于 0.5，相关度不高。

5.2.3.2　权重的确定

评价指标权重的确定是资源承载力分析评价的核心之一，指标赋权合理与否，直接关系到分析结论的准确性。

目前，相关学者主要用主观赋权法和客观赋权法确定指标权重。主观赋权法是由资源承载力研究的相关专家及了解大别山片区基本情况的人员，根据各项评价指标的重要性而赋权的一类方法，主要有 AHP 和 Delphi 法，都是基于对各项指标重要性的主观认知程度，具有主观随意性。客观赋权法是利用评价指标值或大别山资源承载力评价指标体系中相应数据所反映的客观信息而确定权重的一种方法，主要有 PCA 法和熵值法。为了兼顾专家对指标重要性认知的经验，同时又充分利用指标评价体系中每一组原型观测数据所包含的指标重要性的客观信息，有必要使主客观评价方法相结合以表达其重要程度。

近几年在系统工程中，人们提出了综合主观和客观赋权法的组合赋权法及用简单加权算术组合法，在一定程度上改善了资源承载力研究中综合权重的赋予问题。

本书以主客观综合权重方法理论为依据，相对科学描述资源承载力指标的重要程度，建立指标综合权重模型，力求大别山资源承载力分析评价工作真实、有效。主客观综合权重方法中，主观方法选择 AHP 法，客观方法选择熵值法，将这两种方法相结合计算指标权重，其计算如下：

$$\begin{cases} W = \partial \times W_{客} + (1-\partial) \times W_{主} \\ \partial = [1/(n-1)] \times G_{主} \\ G = (2/n) \times (1 \times P_1 + 2 \times P_2 + \cdots + n \times P_n) - [(n+1)/n], P_1 < P_2 < \cdots < P_n \end{cases}$$
(5-1)

式中，W 为综合权重；$W_{客}$ 为客观权重，由熵值法算得；$W_{主}$ 为主观权重，由 AHP 法算得；n 为指标个数；P 为由主观方法得到的指标权重；G 为权重各个分量的差异程度系数。汇总指标体系与对应权重计算结果汇总如表 5-2 所示。

表 5-2 资源承载力研究指标及权重

项目	二级指标 I_a	三级指标 I_{ab}	指标单位	指标权重
资源承载力研究指标体系	自然资源承载力评价 I_1	年降水量 I_{11}	mm	0.06
		高程 I_{12}	m	0.05
		坡度 I_{13}	°	0.08
		年活动积温 I_{14}	℃	0.03
		土壤质量等级 I_{15}	无计量单位	0.08
	经济资源承载力评价 I_2	农业机械总动力 I_{21}	W/亩	0.07
		农田有效灌溉率 I_{22}	%	0.07
		第一产业比例 I_{23}	无计量单位	0.12
		农林牧渔业总产值 I_{24}	元/人	0.12
		粮食产量 I_{25}	kg/人	0.07
		经济作物棉花产量 I_{26}	kg/人	0.05
		经济作物油料产量 I_{27}	kg/人	0.05
		经济作物水果产量 I_{28}	kg/人	0.05
	生态资源承载力评价 I_3	生物丰度指数 I_{31}	无计量单位	0.025
		植物覆盖指数 I_{32}	无计量单位	0.02
		水网密度指数 I_{33}	无计量单位	0.02
		土地退化指数 I_{35}	无计量单位	0.02
		环境质量指数 I_{36}	无计量单位	0.015

5.2.4 计算方法

运用国内学者的认可和广泛应用的方法,资源系统承载力的计算以"先分再总"的思路进行。首先要进行子项资源承载力的计算,然后与参照区承载力对比得到相对子项资源超载率,最后计算资源系统超载率、超载人口密度。

(1) 相对资源承载力子项承载力的计算

$$C_{自然} = \sum_{1}^{i} I_{1i} \times W_{1i}, \quad i = 1, 2, \cdots, 9 \tag{5-2}$$

$$C_{经济} = \sum_{1}^{i} I_{2i} \times W_{2i}, \quad i = 1, 2, \cdots, 8 \tag{5-3}$$

$$C_{生态} = \sum_{1}^{i} I_{3i} \times W_{3i}, \quad i = 1, 2, \cdots, 6 \tag{5-4}$$

其中,$C_{自然}$、$C_{经济}$、$C_{生态}$ 分别为各子项资源承载力得分,其物理意义为,区域内每承载一人,承载力得分临界值为 C 分值,这一得分是对研究区居民所处自然、经济、生态及综合环境的定量化表达;I 为归一化处理后的同一子项三级指标数值(注意,对数据进行归一化处理时,应将选定参照区数据与片区数据视为同批数据进行处理,如果分别进行归一化处理,则参照区数据与片区各县数据不具有可比性);W 对应三级指标的综合权重值,综合权重具体计算方法详见公式(5-1)。依次记参照区(consult area)的各子项资源承载力得分(carrying capacity)为 $C_{c自然}$、$C_{c经济}$ 和 $C_{c生态}$;研究区(research area)的各子项资源承载力得分为 $C_{r自然}$、$C_{r经济}$ 和 $C_{r生态}$。

(2) 超载率的计算

$$O_{自然-三省} = (C_{c自然-三省} - C_{r自然})/C_{r自然} \tag{5-5}$$

$$O_{自然-六省} = (C_{c自然-六省} - C_{r自然})/C_{r自然} \tag{5-6}$$

$$O_{经济-三省} = (C_{c经济-三省} - C_{r经济})/C_{r经济} \tag{5-7}$$

$$O_{经济-六省} = (C_{c经济-六省} - C_{r经济})/C_{r经济} \tag{5-8}$$

$$O_{生态-三省} = (C_{c生态-三省} - C_{r生态})/C_{r生态} \tag{5-9}$$

$$O_{生态-六省} = (C_{c生态-六省} - C_{r生态})/C_{r生态} \tag{5-10}$$

超载率(overloading rate) = (参照区承载力得分 – 研究区承载力得分)/ 研究区承载力得分。则记相对三省、六省自然资源承载力超载率分别记为 $O_{自然-三省}$,$O_{自然-六省}$;相对三省、六省经济资源承载力超载率分别记为 $O_{经济-三省}$,$O_{经济-六省}$;相对三省、六省生态资源承载力超载率分别记为 $O_{生态-三省}$,$O_{生态-六省}$,计算公式如上。

(3) 相对综合承载超载率的计算

$$O_{综合} = (O_{自然} \times O_{经济} \times O_{生态})^{1/3} \quad (5-11)$$

依据相关研究和李泽红等对传统模型的改进，利用几何相对资源承载力模型，计算相对综合资源承载力超载率的公式如上。

(4) 超载率结果分类

根据上述相对资源的资源承载力分析思路和计算方法，得到的超载率可以分为以下五种：

超载率 $O \geq 100\%$，为严重超载，记为 Ⅰ 类；

超载率 $O \geq 75\%$ 且 $< 100\%$，为较严重超载，记为 Ⅱ 类；

超载率 $O \geq 25\%$ 且 $< 75\%$，为一般超载，记为 Ⅲ 类；

超载率 $O > 0\%$ 且 $< 25\%$，为可控超载，记为 Ⅳ 类；

超载率 $O \leq 0\%$，为富足状态，记为 Ⅴ 类。

(5) 超载人口密度计算

实际人口密度记为 ρ_{0_α}，其中 α 代表 r 或 c，分别代表研究区人口密度 ρ_{0_r} 和参照区人口密度 ρ_{0_c}；各类资源承载力理论可承载人口密度记为 ρ_{1_β}，其中 β 代表自然、经济、生态及综合，分别代表当年研究区的自然、经济、生态及综合资源承载力所能承载的人口数目；当年区域实际人口数量记为 P_{y_n}，其中 n 代表 r 或 c，分别代表研究区人口和参照区人口；区域面积记为 S_m，其中 m 代表 r 或 c，分别代表研究区面积和参照区面积。超载人口密度记为 $\Delta\rho$。则有实际人口密度 = 当年研究区实际人口数量 / 研究区面积

各类资源承载力理论可承载人口密度 = 参照区人口密度 ×（片区某项资源承载力相对得分 / 参照区中此项资源承载力得分），即

$$\rho_{0\_\alpha} = P_{y\_n}/S_m \quad (5-12)$$

$$\rho_{1\_\beta} = \rho_c \times (C_{ri-参照区}/C_{ci}) \quad (5-13)$$

$$\Delta\rho = \rho_{0\_\alpha} - \rho_{1\_\beta} \quad (5-14)$$

所以

$$\Delta\rho_{自然} = P_{y\_n}/S_m - \rho_c * (C_{r自然}/C_{c自然}) \quad (5-15)$$

$$\Delta\rho_{经济} = P_{y\_n}/S_m - \rho_c * (C_{r经济}/C_{c经济}) \quad (5-16)$$

$$\Delta\rho_{生态} = P_{y\_n}/S_m - \rho_c * (C_{r生态}/C_{c生态}) \quad (5-17)$$

$$\Delta\rho_{综合} = P_{y\_n}/S_m - \rho_c * (C_{r综合}/C_{c综合}) \quad (5-18)$$

(6) 各类子项资源承载力的贡献率

各类子项（自然、经济、生态、综合）资源承载力的贡献率 R 的计算公式如下：

$$R_{自然} = C_{r自然}/(C_{r自然} + C_{r经济} + C_{r生态}) \quad (5-19)$$

$$R_{经济} = C_{r经济} / (C_{r自然} + C_{r经济} + C_{r生态}) \quad (5-20)$$

$$R_{生态} = C_{r生态} / (C_{r自然} + C_{r经济} + C_{r生态}) \quad (5-21)$$

$C_{r自然}$、$C_{r自然}$、$C_{r经济}$、$C_{r生态}$ 分别代表研究区各子项资源承载力得分。

5.3 大别山片区相对资源承载力空间分异性分析

5.3.1 片区相对资源承载力计算结果

以不同参照区承载力得分为计算依据，计算出2010年各县子项资源及综合资源承载力状况结果如表5-3所示，对表5-3进行统计分析，片区县在不同参照区的对比下，各类资源承载力状况所占比例汇总见表5-4和表5-5。

表5-3 资源承载力计算结果

县域名称	$O_{经济-三省}$	$O_{经济-六省}$	$O_{自然-三省}$	$O_{自然-六省}$	$O_{生态-三省}$	$O_{生态-六省}$	$O_{综合-三省}$	$O_{综合-六省}$
新县	Ⅳ类	Ⅲ类	Ⅴ类	Ⅴ类	Ⅴ类	Ⅴ类	Ⅴ类	Ⅴ类
霍邱县	Ⅴ类	Ⅴ类	Ⅴ类	Ⅴ类	Ⅴ类	Ⅴ类	Ⅴ类	Ⅴ类
商城县	Ⅴ类	Ⅴ类	Ⅴ类	Ⅴ类	Ⅴ类	Ⅴ类	Ⅴ类	Ⅴ类
宿松县	Ⅳ类	Ⅲ类	Ⅴ类	Ⅴ类	Ⅴ类	Ⅴ类	Ⅴ类	Ⅴ类
淮滨县	Ⅳ类	Ⅲ类	Ⅴ类	Ⅴ类	Ⅴ类	Ⅴ类	Ⅴ类	Ⅳ类
固始县	Ⅳ类	Ⅲ类	Ⅴ类	Ⅳ类	Ⅴ类	Ⅴ类	Ⅴ类	Ⅴ类
罗田县	Ⅳ类	Ⅲ类	Ⅴ类	Ⅴ类	Ⅴ类	Ⅴ类	Ⅴ类	Ⅳ类
太康县	Ⅴ类	Ⅳ类	Ⅴ类	Ⅴ类	Ⅴ类	Ⅴ类	Ⅴ类	Ⅳ类
孝昌县	Ⅳ类	Ⅲ类	Ⅴ类	Ⅴ类	Ⅴ类	Ⅴ类	Ⅴ类	Ⅳ类
金寨县	Ⅴ类	Ⅳ类	Ⅴ类	Ⅴ类	Ⅴ类	Ⅴ类	Ⅴ类	Ⅴ类
太湖县	Ⅴ类	Ⅲ类	Ⅴ类	Ⅴ类	Ⅴ类	Ⅴ类	Ⅴ类	Ⅳ类
潢川县	Ⅴ类	Ⅴ类	Ⅴ类	Ⅴ类	Ⅴ类	Ⅳ类	Ⅴ类	Ⅳ类
寿县	Ⅴ类	Ⅳ类	Ⅴ类	Ⅴ类	Ⅴ类	Ⅴ类	Ⅴ类	Ⅴ类
柘城县	Ⅴ类	Ⅳ类	Ⅴ类	Ⅴ类	Ⅴ类	Ⅴ类	Ⅴ类	Ⅴ类
宁陵县	Ⅳ类	Ⅲ类	Ⅴ类	Ⅴ类	Ⅴ类	Ⅴ类	Ⅴ类	Ⅲ类
民权县	Ⅳ类	Ⅲ类	Ⅴ类	Ⅴ类	Ⅴ类	Ⅴ类	Ⅴ类	Ⅴ类
岳西县	Ⅲ类	Ⅱ类	Ⅴ类	Ⅴ类	Ⅴ类	Ⅴ类	Ⅴ类	Ⅴ类
望江县	Ⅴ类	Ⅴ类	Ⅴ类	Ⅴ类	Ⅳ类	Ⅲ类	Ⅳ类	Ⅲ类
郸城县	Ⅴ类	Ⅳ类	Ⅴ类	Ⅳ类	Ⅴ类	Ⅳ类	Ⅳ类	Ⅲ类

续表

县域名称	$O_{经济-三省}$	$O_{经济-六省}$	$O_{自然-三省}$	$O_{自然-六省}$	$O_{生态-三省}$	$O_{生态-六省}$	$O_{综合-三省}$	$O_{综合-六省}$
淮阳县	Ⅳ类	Ⅲ类	Ⅳ类	Ⅳ类	Ⅴ类	Ⅴ类	Ⅳ类	Ⅲ类
团风县	Ⅳ类	Ⅲ类	Ⅴ类	Ⅴ类	Ⅴ类	Ⅴ类	Ⅳ类	Ⅲ类
颍上县	Ⅳ类	Ⅲ类	Ⅳ类	Ⅳ类	Ⅳ类	Ⅳ类	Ⅳ类	Ⅲ类
兰考县	Ⅳ类	Ⅲ类	Ⅳ类	Ⅳ类	Ⅳ类	Ⅳ类	Ⅳ类	Ⅲ类
商水县	Ⅴ类	Ⅴ类	Ⅳ类	Ⅳ类	Ⅳ类	Ⅳ类	Ⅳ类	Ⅲ类
潜山县	Ⅳ类	Ⅲ类	Ⅳ类	Ⅳ类	Ⅴ类	Ⅴ类	Ⅳ类	Ⅲ类
蕲春县	Ⅳ类	Ⅲ类	Ⅳ类	Ⅳ类	Ⅳ类	Ⅳ类	Ⅳ类	Ⅲ类
沈丘县	Ⅳ类	Ⅲ类	Ⅳ类	Ⅳ类	Ⅲ类	Ⅲ类	Ⅲ类	Ⅲ类
光山县	Ⅳ类	Ⅲ类	Ⅳ类	Ⅳ类	Ⅳ类	Ⅳ类	Ⅳ类	Ⅲ类
麻城市	Ⅳ类	Ⅲ类	Ⅳ类	Ⅳ类	Ⅳ类	Ⅳ类	Ⅳ类	Ⅲ类
英山县	Ⅳ类	Ⅳ类	Ⅳ类	Ⅳ类	Ⅲ类	Ⅲ类	Ⅲ类	Ⅱ类
阜南县	Ⅲ类	Ⅱ类	Ⅳ类	Ⅳ类	Ⅴ类	Ⅴ类	Ⅲ类	Ⅱ类
大悟县	Ⅳ类	Ⅲ类	Ⅳ类	Ⅳ类	Ⅳ类	Ⅳ类	Ⅳ类	Ⅲ类
利辛县	Ⅲ类	Ⅱ类	Ⅳ类	Ⅳ类	Ⅴ类	Ⅴ类	Ⅲ类	Ⅱ类
新蔡县	Ⅳ类	Ⅲ类	Ⅳ类	Ⅳ类	Ⅲ类	Ⅲ类	Ⅱ类	Ⅰ类
红安县	Ⅲ类	Ⅱ类	Ⅳ类	Ⅳ类	Ⅲ类	Ⅲ类	Ⅱ类	Ⅰ类
临泉县	Ⅲ类	Ⅱ类	Ⅳ类	Ⅳ类	Ⅲ类	Ⅲ类	Ⅱ类	Ⅰ类

表 5-4 相对三省片区各类资源承载力状况比例表 （单位：%）

资源承载力状况	资源承载力分类	自然资源承载力	经济资源承载力	生态资源承载力	综合资源承载力
富足状态	Ⅴ类	0.83	0.28	0.72	0.39
可控状态	Ⅳ类	0.17	0.58	0.14	0.33
一般超载状态	Ⅲ类	0	0.14	0.14	0.14
较严重超载状态	Ⅱ类	0	0	0	0.14
严重超载状态	Ⅰ类	0	0	0	0

表 5-5 相对六省片区各类资源承载力状况比例表 （单位：%）

资源承载力状况	资源承载力分类	自然资源承载力	经济资源承载力	生态资源承载力	综合资源承载力
富足状态	Ⅴ类	0.72	0.14	0.56	0.11
可控状态	Ⅳ类	0.28	0.14	0.22	0.28
一般超载状态	Ⅲ类	0	0.58	0.22	0.42
较严重超载状态	Ⅱ类	0	0.14	0	0.11
严重超载状态	Ⅰ类	0	0	0	0.08

由表5-4和表5-5可知，①以三省为参照区时，片区县各个资源承载力对"富足"状况，即Ⅴ类的贡献度为：自然 > 生态 > 综合 > 经济；对"可控超载"，即Ⅳ类的贡献度为：经济 > 综合 > 自然 > 生态；对"一般超载"，即Ⅲ类的贡献度为：综合 = 经济 = 生态 > 自然；对"较严重超载"，即Ⅱ类的贡献度为：综合 = 自然 > 生态 > 经济；各类资源承载力对"严重超载"，即Ⅰ类的贡献度均为0。由此，可知片区县中超八成县域的自然资源承载力、超七成的生态资源承载力好于三省平均水平，即属于富足状态（Ⅴ类）；近六成县域的经济资源承载力与三省均值相比，属于可控超载（Ⅳ类）状态；超七成的综合资源承载力处于富足（Ⅴ类）或可控超载（Ⅳ类）的状态。各类承载力状况对综合资源承载力的贡献度为：富足 > 可控超载 > 一般超载 = 较严重超载。②以六省为参照区时，片区县各个资源承载力对"富足"状况，即Ⅴ类的贡献度为：自然 > 生态 > 经济 > 综合；对"可控超载"，即Ⅳ类的贡献度为：综合 = 自然 > 生态 > 经济；对"一般超载"，即Ⅲ类的贡献度为：经济 > 综合 > 生态 > 自然（0）；对"较严重超载"，即Ⅱ类的贡献度为：经济 > 综合 > 自然（0）= 生态（0）；综合资源承载力对"严重超载"，即Ⅰ类的贡献度为0.08，其他子项资源承载力对其贡献率均为0。由此，可知片区县中超七成县域的自然资源承载力、近六成的生态资源承载力好于六省平均水平，即属于富足状态（Ⅴ类）；近六成县域的经济资源承载力与三省均值相比，属于一般超载（Ⅲ类）状态；不足四成的综合资源承载力处于富足（Ⅴ类）或可控超载（Ⅳ类）的状态。各类承载力状况对综合资源承载力的贡献度为：一般超载 > 可控超载 > 富足 = 较严重超载 > 严重超载。

综上，与两个参照区相比，片区各项资源相对承载力中，自然资源相对承载力较强，生态资源相对承载力一般，经济资源相对承载力较弱，但超载率介于Ⅳ类和Ⅲ类之间，所以，片区的综合资源相对承载力状况分类中，以Ⅲ类、Ⅴ类、Ⅳ类占主导地位。

5.3.2　片区各县相对自然资源承载力分析

如图5-4所示依次可知，大别山连片特困区自然资源承载力整体好于三省或六省平均水平，基本呈北弱南强的地理分布规律。自然资源承载力弱于三省均值的共计6县：兰考、淮阳、利辛、临泉、固始、大悟县；低于六省均值的，除了以上六县，还有郸城、阜南、光山三县。

基于计算过程可知，片区北部自然资源承载力的制约指标因素主要是降水量相对南方较少及土壤质量不高；片区中南部自然资源承载力的制约指标因素主要是起伏度较大。年降水量与地形起伏度这两项指标是基本不变的客观描述性指标，

第5章 贫困地区相对资源承载力评价

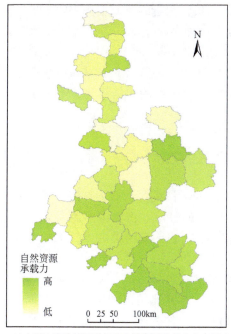

(a) 大别山连片特困区各县自然资源承载力分布图

(b) 大别山连片特困区各县相对自然资源超载状况分布图

(c) 大别山连片特困区相对六省自然资源超载力状况分布图

图 5-4　自然资源承载力分布图

而土壤质量指标是自然与当地耕作习惯互动的结果，大量的研究工作表明土地用途与利用强度的改变，特别是森林砍伐和随后耕种会对土壤的各种性质带来影响。由土壤综合归一化值的分布分析可知，大别山连片区36个县中，1/3的县域土壤质量值低于0.5，其中31%的县为粮食生产基地，这一比例比非粮食生产基地县的数据高出了近10个百分点，由此初步推断，长期的非精细化、不科学的作业模式，已经造成了土壤质量的下降。

5.3.3 片区各县相对经济资源承载力分析

如图5-5所示依次可知，大别山连片特困区的经济资源承载力普遍较差：经统计，与三省经济资源承载力均值相比，仅25%的县域经济资源承载力处于富足状态，与六省经济资源承载力均值相比，近70%的县域的经济资源承载力处于一般超载和较严重超载状态，省域分布差异明显。

从单项指标的对比上看，研究片区之于参照区，整体上产业比例失衡，第一产业比例过高，产业结构不合理，如英山县的第一产业比例达90%；片区北部最突出的短板是人均农田有效灌溉率不高，如利辛县；片区南部机械化水平不高，如片区东南角的岳西、潜山、太湖等县。

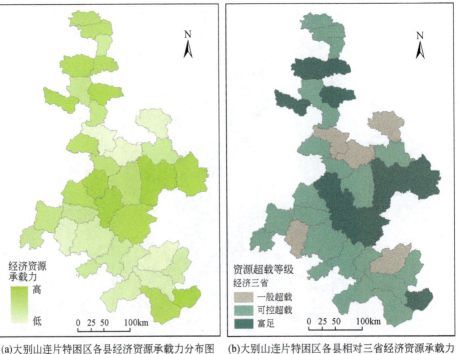

(a) 大别山连片特困区各县经济资源承载力分布图　(b) 大别山连片特困区各县相对三省经济资源承载力超载状况分布图

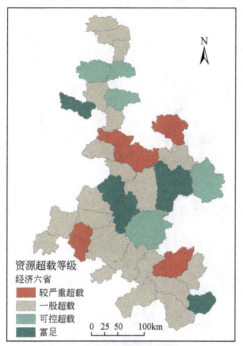

(c) 大别山连片特困区各县相对六省经济资源承载力超载状况分布图

图 5-5 经济资源承载力分布图

就片区内部分析比较(图 5-6)，片区中河南区域和以淮河为界的安徽中南部县域经济承载力较强。造成大别山连片区各县经济资源承载力差异的因素有很多，经相关分析，主要与县域所属省份、省会城市和片区所属地级市的辐射作用有关。各省的行政经济实力、决策、对农业的重视程度及不同的土地状况影响经济资源承载力，以片区中安徽北部四县(临泉县、阜南县、颍上县、利辛县)为例，此四县与河南北部县域和安徽中部县域相比，经济资源承载力相对较低是因为这四县没有河南北部县域群环绕的地理位置优势，且在相同的经济、政策支持下，也没有安徽中部县域的省会合肥的经济辐射优势。

5.3.4 片区各县相对生态资源承载力分析

如图 5-7 可知，与两个参照区相比，片区的生态资源承载力一般。生态资源承载力与三省均值相比，处于一般超载状态的共计 5 个县：临泉、新蔡、大悟、红安、英山县；与六省均值相比，除以上 5 个县，沈丘、光山、望江县 3 个县处于一般超载状态，占片区县域的 23%，民权、柘城、郸城、商水、颍上、潢川、

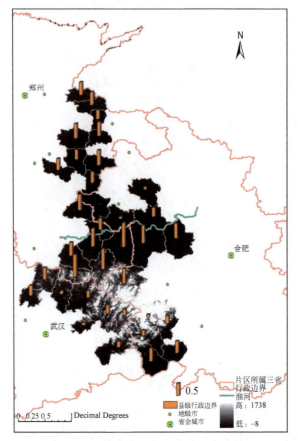

图 5-6　经济资源承载力影响因素分析图

新县、蕲春县共计 8 个县处于可控超载状态，共计 46% 的片区县生态资源承载能力弱于六省平均水平。纵观片区，片区南部及中东部生态状况好于北部及中西部片区。

片区生态资源承载力的评价指标有 5 个，它们从不同角度对片区的生态状况进行描述。片区南部(尤其是西南部)各指标得分普遍高于北部。这主要与片区北部是平原地带，受人类干预的土地利用类型所占比例较大有关；片区西部在城市辐射圈中，受城市环境影响较大所致。

就片区内部分析比较，片区中所属安徽县域生态资源承载力整体较强，片区中所属湖北县域生态资源承载力整体较差，片区中所属河南部分的生态资源承载力的状况又分为两部分：河南北部相对较弱，属淮河流域的河南省内县域生态资源承载力相对较强。

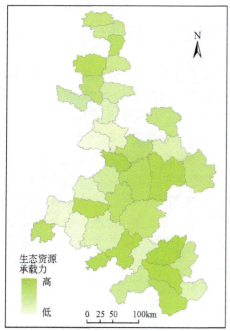
(a)大别山连片特困区各县生态资源承载力分布图

(b)大别山连片特困区各县相对三省生态资源承载力超载状况分布图

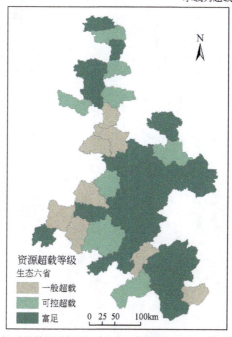
(c)大别山连片特困区各县相对六省生态资源承载力超载状况分布图

图 5-7　生态资源承载力分布图

5.3.5 片区各县相对综合资源承载力分析

受上述三类资源承载力的综合作用，片区大部分县域处于不同程度的超载状态。如图 5-8 所示，片区综合资源承载力强弱分布具有较明显的地理分异性。据统计，与三省均值相比，片区中 71% 的县域综合资源承载力在可控超载的范围内，且这些县域的分布与片区粮食生产基地的分布吻合度较高。个别县域虽属于粮食生产基地，但资源综合相对承载力超载，由指标计算值可知，是其县域农田水利设施投入少，农业结构不合理；不在 IV 类范围内的状况多分布在非粮食生产基地，这些县域多地貌复杂，物种丰富，生态状况良好，但没有得到好的规划与合理的开发。与六省综合资源承载状况相比，粮食生产片区的综合承载力较差。纵观片区的自然、经济、生态资源承载力状况分布，片区北部因受降水量及土壤质量两大因素影响，自然资源承载力最差；片区中部地处淮河流域的县域及片区中属湖北省的县域，自然生态环境状况复杂，发展定位有难度，行政干涉力量有限，导致经济资源承载力在片区中属最差；生态资源承载力最差的区域为片区的中北部县域，主要因素是景观格局单一，生态结构相对简单、脆弱。

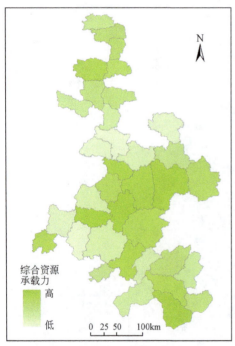
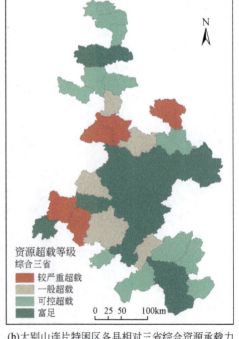

(a) 大别山连片特困区各县综合资源承载力分布图　(b) 大别山连片特困区各县相对三省综合资源承载力超载状况分布图

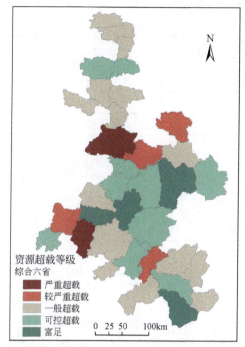

(c)大别山连片特困区各县相对六省生态资源承载力超载状况分布图

图 5-8　综合资源承载力分布图

5.4　片区相对资源承载力动态分析及预测

动态分析跨度为十年，由于时间跨度较长，不确定因素增多，为保证分析过程的可行性与结果的可信度，片区相对资源承载力的动态分析参照区只选定三省当年(2001～2010 年对应的每一年)的绝对资源承载力得分值作为参照，用以分析 2001～2010 年期间大别山特困连片区的各类资源承载力状况，并运用二次指数平滑方法预测 2015 年片区的承载力情况，为可持续发展研究打下基础。

5.4.1　2001–2010 年片区资源承载力动态分析

基于第 3 章中的研究方法，得到 2001～2010 年三省资源承载力情况与片区资源承载力情况(表 5-6)，由此进一步计算出 2001～2010 年期间片区各类资源承载力超载状况以及各类资源对综合资源承载力的贡献率，并对片区 2015 年的资源承载力状况做出预测。

(1) 计算十年间参照区各类资源承载力变化状况

表 5-6　2001～2010 年片区各类资源承载力得分统计表

年份	人口密度	$C_{自然}$	$C_{经济}$	$C_{生态}$	$C_{综合}$
2001	460	0.033	0.285	0.007	0.041
2002	462	0.027	0.353	0.012	0.049
2003	465	0.022	0.369	0.022	0.056
2004	471	0.021	0.405	0.031	0.064
2005	474	0.021	0.389	0.033	0.065
2006	477	0.021	0.413	0.035	0.067
2007	479	0.032	0.428	0.037	0.081
2008	482	0.035	0.444	0.041	0.086
2009	484	0.041	0.449	0.056	0.101
2010	488	0.043	0.461	0.061	0.107

注：人口密度的单位为人/km²

由表 5-6 和图 5-9 可知，2001～2010 年，经济资源承载力得分由 0.29 直升到 0.46，在各类资源承载力中不论是涨幅还是涨速都是最突出的，虽然经历了 2005 年的同比小幅下降，但整体增长平稳，对区域的人口支撑作用最大，尤其是 2000～2004 年，经济资源承载能力上升速度及幅度都较大，产业结构的优化升级以及城市辐射带动作用，片区西南山区摆脱种植粮食困境，依托农副特产增收的新型创收模式是经济资源承载力不断提升的主因；自然资源承载力以 2006 年为界，在前半段经历了缓慢的下降之后开始有了小幅极缓的上升趋势，土壤质量下降是引起波动的主要因素；生态资源承载力在这十年中涨幅略大，约 0.05，相对于起步值 0.007，0.05 的增幅是一个不小的进步，虽然经历了 2003～2008 年这一缓慢上升阶段，但自 2009 年开始，生态资源承载力的增速又开始加快，北部景观相对单一的格局有所改善，生态结构相对脆弱问题正在逐步改善，片区南部环境复杂，开发力度适中，保护了生态资源承载力；综合资源承载力在这十年间涨速平缓，2006 年是十一五规划的起始年，自 2006 年开始增速加大。生态资源承载力，贡献度不高但承载能力上升趋势明显；空间重心相对稳定。

(2) 计算十年间相对于片区的各类资源承载力对综合资源承载力的贡献率变化

由表 5-7、图 5-10 和图 5-11 可知，经济资源承载力对综合资源承载能力的贡献率已经开始出现了缓慢下滑的趋势，但总贡献率的最小值依旧大于 0.7，未来一定时间内，经济资源承载力将会一直是大别山片区的主要资源承载力；生态资

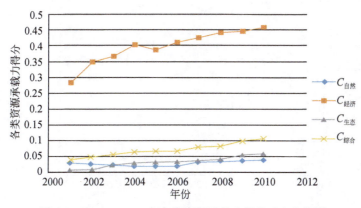

图 5-9　2001～2010 年各类资源承载力得分动态变化图

源承载力对综合资源承载能力的贡献率在 2001～2005 年期间的增长速度高于 2006 年以后的增长速度；自然资源承载力对综合资源承载能力的贡献率自 2001 年的 0.183 开始一直下降，直到 2006 年其贡献率才从 0.07 开始回升直到 2010 年的 0.1。经历了"十五"期间的一系列措施的实施，片区生态与自然资源承载力进入了稳步提升状态。

表 5-7　2001～2010 年片区内各相对资源承载力对综合承载力的贡献率

（单位：%）

年份	自然资源	经济资源	生态资源
2001	0.184	0.778	0.038
2002	0.13	0.817	0.053
2003	0.092	0.83	0.078
2004	0.083	0.811	0.106
2005	0.072	0.804	0.124
2006	0.07	0.809	0.121
2007	0.089	0.793	0.118
2008	0.095	0.777	0.128
2009	0.101	0.744	0.155
2010	0.101	0.739	0.16

（3）计算十年间相对于三省参照区片区的超载人口密度

2001～2010 年片区各相对资源能力承载超限人口如表 5-8 所示。

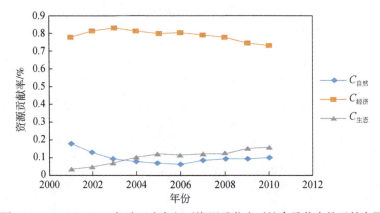

图 5-10　2001～2010 年片区内各相对资源承载力对综合承载力的贡献率图

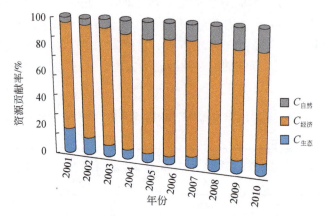

图 5-11　2001～2010 年片区内各相对资源承载力对综合承载力的贡献率对比图

表 5-8　2001～2010 年片区各相对资源能力承载超限人口

（单位：人/km²）

年份	自然资源	经济资源	生态资源	综合资源
2001	－73	205	－55	47
2002	－107	195	－64	30
2003	－109	163	－24	25
2004	－133	175	－52	16
2005	－63	161	－117	10
2006	－85	158	－107	5
2007	－43	144	－123	6

续表

年份	自然资源	经济资源	生态资源	综合资源
2008	-49	153	-131	6
2009	-34	148	-101	16
2010	-27	149	-95	20

相对于参照区（三省当年经济资源承载力得分），大别山片区的经济资源承载力一直是最弱的，虽然经济资源承载力对综合资源承载力贡献率近十年来的均值达到了80%左右，这就说明提高经济资源承载力的重要性与必要性，同时也间接解释了片区整体资源承载力较差的主要原因是其经济资源承载力较弱，但由图5-12可知，2001~2010年，经济资源承载力一直在不断提升，并有进一步提升的趋势，不过这将是一个持久的过程，因为经济资源承载人口超载数目平均已经达到了160人/km^2，这相当于参照区十年来平均人口密度的1/3；2001~2004年，自然资源可承载人口数目趋向更加富足的状态，但自2004年开始，自然资源承载力虽然还在不断提升，但可承载人口的富足数目开始下降，直到2010年，此子项资源承载能力与理论承载人口几乎持平，在未来几年自然资源承载人口能力有超载趋势；生态资源承载能力自2002年开始就不断增强，十年来的生态资源可承载的富足人口数目平均达到了100人/km^2，相当于片区十年来平均人口密度的1/5；综合资源承载可承载的人口数目与理论值相比，十年来一直处于超载状态，虽然直到2008年，综合资源承载能力不断提升、超载数目不断下降，最小超载人口只有5人/km^2（2006年），但2008~2010年综合资源承载人口的超载量又开始上升，2010年的人口超载密度又已经达到了20人/km^2，这与自2008年以来的自然资源及生态资源承载力持续下降有关。

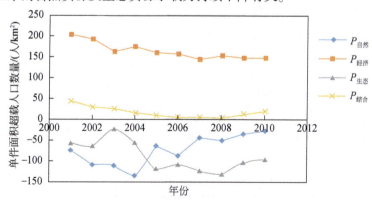

图5-12　2001~2010年片区各相对资源能力承载超限人口

(4) 计算十年间相对于三省参照区片区的各类资源承载力得分

由表 5-9 和图 5-13 可知，2001～2010 年，经济资源承载力得分由 0.17 直升到 0.36，在各类资源承载力中不论是涨幅还是涨速都是最突出的，它整体增长平稳，对区域的人口支撑作用最大，尤其是 2000～2004 年，经济资源承载能力上升速度及幅度都较大；自然资源承载力以 2006 年为界，在前半段经历了缓慢的下降之后开始有了缓慢小幅度上升趋势，对其影响最大的指标是土壤质量等级，研究大别山片区这一粮食主产区的学者需关注这一变化趋势；生态资源承载力在这十年中涨幅略大，约 0.05，相对于初始值 0.008，这一增幅是一个不小的进步，尤其是自 2008 年开始，生态资源承载力的增速已经开始加快；自 2006 年开始增速加大，虽然各子项资源承载力的增减不定、变化幅度也不一致，但综合资源承载力在这十年间涨速平稳。

表 5-9 2001～2010 年大别山片区相对三省资源承载力得分统计表

年份	人口密度	$C_{自然}$	$C_{经济}$	$C_{生态}$	$C_{综合}$
2001	471	0.039	0.165	0.008	0.037
2002	475	0.034	0.214	0.014	0.047
2003	483	0.028	0.254	0.024	0.056
2004	495	0.028	0.275	0.036	0.065
2005	501	0.025	0.279	0.043	0.067
2006	506	0.026	0.301	0.045	0.071
2007	511	0.037	0.328	0.049	0.084
2008	516	0.041	0.334	0.055	0.091
2009	521	0.047	0.346	0.072	0.105
2010	529	0.049	0.359	0.078	0.111

注：人口密度的单位为人/km²

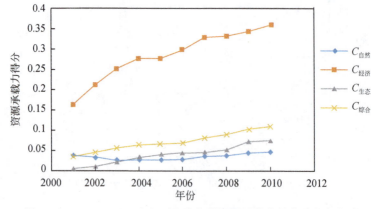

图 5-13 2001～2010 年相对三省各类资源承载力得分动态变化图

5.4.2　2001~2010年片区各类资源承载力空间动态分析

为分析片区中各类资源承载力在2001~2010年的空间变化转移情况,基于片区各县的几何重心为重和每年每类资源承载力得分,计算出片区各类资源每年的分布重心空间位置,形成分布重心点集,并将其与片区几何重心位置作对比。大别山连片区的片区、片区省及片区县几何中心位置示意图,见图5-14。

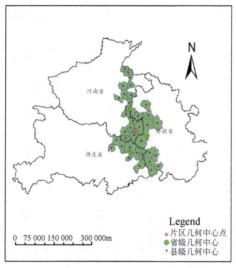

图5-14　片区、片区省及片区县几何中心位置示意图

本书中,片区各县的几何重心点集坐标记为空间点集$p_i(x_i, y_i)$,p_i所对应的每年各类资源承载力得分,记为属性值a_i,则点集的分布重心坐标计算方法如下:

$$\begin{cases} x_g = \sum (a_i \times x_i)/\sum a_i \\ y_g = \sum (a_i \times y_i)/\sum a_i \end{cases}$$
(5-22)
(5-23)

5.4.3　十年间片区自然资源承载力分布重心空间移动变化分析

由图5-15所示的自然资源承载力分布重心空间移动变化示意图可知,2001~2010年的片区总体自然资源承载力重心始终偏东,但值得注意的是自然资源承载

力重心正逐年南移。大别山片区北部以平原为主，且光温水暖及土壤质量有先天优势，所以为我国主要的粮食生产基地，但十年来研究数据表明，非精细化、不科学的作业模式，已经对土壤的各种性质带来影响，导致片区土壤质量的下降，进而引起自然资源承载力相对优势南移。

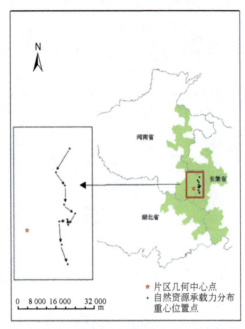

图 5-15　十年间片区自然资源承载力分布重心空间移动变化示意图

5.4.4　十年间片区经济资源承载力分布重心空间移动变化分析

由图 5-16 可知，2001～2010 年的片区总体经济资源承载力重心逐年向西南方向偏移，条状带走势明显。十年研究数据表明，早年的农业经济承载力的提升主要依托于粮食生产量的提升，但近年来，随着产业结构的优化升级以及城市辐射带动作用，片区西南山区摆脱种植粮食劣势，努力克服适中的开发难度，依托当地自身优势，发展农副特产增加收入，所以经济资源承载力相对优势向片区西南方移动。

图 5-16　十年间片区经济资源承载力分布重心空间移动变化示意图

5.4.5　十年间片区生态资源承载力分布重心空间移动变化分析

由图 5-17 可知，2001～2010 年的片区总体生态资源承载力重心始终偏东南，呈集聚态势分布。十年研究数据表明，由于片区东南部平均海拔最高，开发难度较大、成本较高，人为干涉力量较小，这变相地使当地的生态资源得到了一定程度的保护。而相反地，片区其他部分，尤其是北部，随着人口密度不断增大，其生态资源利用强度进一步增加，这使得东南部的生态资源优势更加突出。

5.4.6　十年间片区综合资源承载力分布重心空间移动变化分析

由图 5-18 可知，2001～2010 年的片区总体综合资源承载力重心由东向西转移，呈集条状分布。片区的自然、经济、生态资源承载力优势分别分布在片区东部、北部及东南部，片区不同区域各自占有不同类型的资源承载力。但由前面分析可知，经济资源承载力对综合资源承载力的贡献度最高，换言之，经济资源承载力重心的走向对综合资源承载力重心的走向起到了相对较大的影响作用。

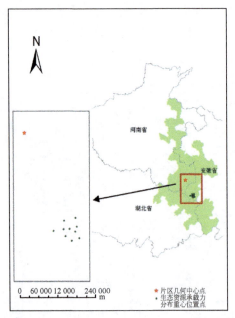

图 5-17　十年间片区生态资源承载力分布重心空间移动变化示意图

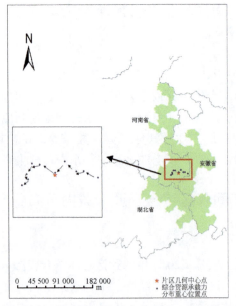

图 5-18　十年间片区综合资源承载力分布重心空间移动变化示意图

5.5 2015年片区各类资源承载力预测

运用二次指数平滑预测法，对大别山连片特困区2015年的资源承载力进行动态预测。

5.5.1 指数平滑预测法原理及方法

指数平滑方法是时间序列预测方法的一种。时间序列预测方法旨在建立一个时间模型，以表达研究对象随时间的变化规律，进而对未来数值进行预测。

指数平滑预测法，自20世纪90年代起就在科学的预测领域得到了非常广泛的应用，作为一种指数平滑预测方法，它是加权移动平均预测法的一种变化，这种方法基于某种指标的本期实际数和本期预测数，引入一个简化的加权因子 a（平滑系数），最后求得平均数。

其中，平滑系数 a 应介于0与1之间，例如，0.1、0.2、0.9等，这个系数可以修正时间序列，时间序列的波动越大，对应地，a 值也应越大；且平滑系数越大，其修正强度就越大，也就是说，平滑系数既反映了对应平滑预测模型对时间序列数据变化的敏感度，又体现了预测模型减小误差的能力。指数平滑预测并非是求算术平均，而是遵循"厚近薄远"的赋权规则修匀数据，注重时间序列在每一个数值对要预测的数值的共同影响，即对时间序列的每个数据进行加权，并且时间距离预测年份越近，其权重越大。所以说，平滑系数 a 的取值与其预测值的精确度有着密不可分的联系，所以运用主观赋值法的平滑系数得到的预测结果可信度并不高。在此，利用excel中的规划限制功能，规定限制条件为"各期平方误差之和最小"且"平滑系数 a 取值在0与1之间"，最终反推出预测值误差最小时对应的平滑系数值。

此外，对指数平滑预测结果的精度评价用预测值平方误差之和衡量。

记预测时间 t 之后的第 T 时刻的值为 X_{t+T}，运用指数平滑预测法预测大别山连片特困区2015年各类资源超载人口密度的计算方法如下：

$$X_{t+T} = a_t + b_t T \qquad (5\text{-}24)$$

其中

$a^t = 2S_t^{(1)} - S_t^{(2)}$，是对应线性模型的截距；

$b^t = \dfrac{a}{1-a} \times [S_t^{(1)} - S_t^{(2)}]$，是对应线性模型的斜率。

且，由公式(2)与公式(3)联立可以求得 $S_t^{(1)}$ 与 $S_t^{(2)}$：

$$S_t^{(1)} = aX_t + (1-a)S_{t-1} \qquad (5\text{-}25)$$

$$S_t^{(2)} = aS_t^{(1)} + (1-a)S_{(t-1)}^{(2)} \tag{5-26}$$

式中，a 为平滑系数；$S_t^{(1)}$ 是 t 时刻的一阶平滑；$S_t^{(2)}$ 是对一阶平滑的又一次平滑，是 t 时刻的二阶平滑。

预测结果的精准度通常由 SSE 表示，SSE(the sum of squares due to error) 即预测值的平方误差之和。SSE 值越高，表明误差越大；SSE 值越低，表明误差越小。记当年实际值为 X_i，对应当年预测值为 $\hat{X}_i$，则预测值平方误差之和为

$$SSE = \sum_1^i (X_i - \hat{X}_i)^2 \tag{5-27}$$

5.5.2 预测结果及分析

目前，常规的预测方法有四类：直接预测法、回归预测法模型、灰色模型预测方法、时间序列预测法。这其中，时间序列预测法，遵循"厚近薄远"的赋权规则修匀数据，适宜基于具有阶段性规律的实测数据的预测，大别山 2001～2010 年的自然、经济、生态、综合资源承载力数据呈现阶段性规律，所以本书选取"二次平滑指数方法"这一时间序列模型进行片区 2015 年各类资源承载力的预测。

分别以大别山片区 2001～2010 年的自然、经济、生态、综合资源承载力当作序列，其中 2001 年数据为第一期数据，运用上述算法，依次求出从 2001 年到 2010 年大别山连片特困区各类资源承载力的一次平滑值、二次平滑值、线性模型的截距和斜率，并在规划条件为"平方误差和最小"的限定下，求得平滑指数，基于上述已求得的数据，可依次得到 2003 年之后年份各资源承载力得分的预测值。其中，预测出 2015 年各类资源承载力下的片区人口超载情况，最终结果详见表 5-10。

表 5-10 2015 年大别山片区各类资源承载人口超载状况预测

资源类型	平滑系数 a	超载人口 /(人/km²)	预测值平方误差之和
自然资源	0.528	14	141
经济资源	0.560	139	243
生态资源	0.464	-116	409
综合资源	0.531	27	120

在表 5-10 中，平滑系数的值是利用 Excel 中的规划限制功能，规定限制条件为"各期平方误差之和最小"且"平滑系数 a 取值在 0 与 1 之间"，最终反推出预测值误差最小时对应的平滑系数值。

表 5-10 中，预测值平方误差之和的数值 141～409，预测误差平方和小于等于各个单项预测误差的平方之和即合理误差。受数值对数以及实际值与预测值之差的正负值的影响，考虑到这两个影响因素，此组误差值是在正常范畴内的，预测值具有可信性。由表 5-16 可知，到 2015 年片区的自然、经济、生态和综合资源承载状况分别是 14 人/km^2、139 人/km^2、-116 人/km^2 和 27 人/km^2。

由图 5-19 可知，2011～2015 年经济、生态及综合资源承载力均向着好的方向发展，承载能力不断提高或保持得很好，但需要注意的是自然资源承载力却持续减弱，到 2014 年时其承载能力由富足状态转为超载状态，值得关注。

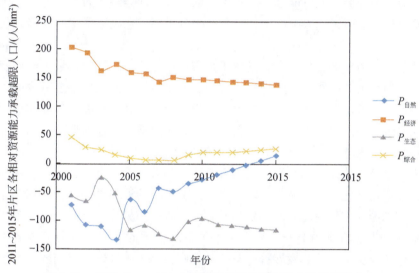

图 5-19　预测 2011～2015 年片区各相对资源能力承载超限人口

5.6　大别山片区可持续发展的建议与对策

大别山连片区连接鄂豫皖三省，北抵黄河，南临长江，我国南北重要地理分界线淮河横穿其中，此片区包含 36 个县，其中 5/6 的县域为国家扶贫开发工作重点县，2/3 的县为国家粮食生产核心重点县，并且片区的人口规模和密度是各连片特困区中最大的，其研究意义显著。所以应该利用自身优势并借助于国家对其政策性照顾这股力量，探索大别山连片区摆脱贫困并走向可持续发展的道路。基于前面对研究区各类资源超载原因及其程度的分析，从整体及自然、经济、生态几方面提出如下对策建议。

5.6.1 控制人口的数量，提高人口质量

没有掺杂人类生存方式与目的的生态系统的物质交换，谈不上发展或可持续发展，而人口的数量是影响发展可持续性的一项重要因素。人口对资源和环境依赖性极强，同时人类的数量、需求以及获取和利用资源的方式也会极大而深刻地影响资源和环境；人类对资源环境进行科学合理的开发和利用时，社会经济与生态环境功能都会得到一定程度的提升；但当人类无序、过度、粗放地利用资源时，不但资源环境功能可能会受到不可逆的破坏，社会经济的发展也会受到一定程度地阻碍。所以说，人类的可持续发展十分重要，它决定了资源环境发展的可持续性。

资源承载力偏低，从正向看是由于大别山连片特困区资源存量少或者资源质量不高，但反观此问题，原因却可能有四：一是由于当地人口过多造成的人均资源量偏低，如人均耕地面积日益减少，生活、灌溉等需水量随人口增加而增加，人均淡水供给量减少；二是人口基数的增大会导致潜在问题出现概率的升高，如动植物生存自然环境的恶化，动植物灭绝速率加快在一定程度上与人口数目激增，人类过多动植物过多空间与资源有关；三是人类增多也就意味着利用强度的增大，如耕地退化、产量减少；四是由于人类不合理地利用导致的人均使用资源量降低，如因为过量用化肥而导致的作物产量减少。另外，超过所需劳动力的人口面临的是失业概率的上升与生活水平的下降。因此，减轻资源环境的承载压力、保证各类资源可持续发展首要坚持的原则就是正确处理人口问题，即控制人口数量，提高人口素质，优化人口结构。政府加强宣传并建立相应的奖惩制度，以控制生育水平；发展医疗卫生事业及教育事业，以提高人口身体素质、文化素质和思想道德素质；优化男女人口比例、保持劳动力比率，以优化人口结构。通过这些正向的对策，使人口包袱变成人力资源，为改善人与自然的关系，促进社会经济发展添加新动力。

5.6.2 提高资源利用效率

根据前面章节的分析，大别山片区现在面临着两方面的问题：一方面是随着人类生活水平的不断提升，大别山片区人均资源需求量及使用强度不断加大，另一方面是资源利用不充分导致的资源浪费和资源质量下降。这两个问题导致的直接结果就是承载力不能完全支撑社会经济的持续发展。基于以上两方面问题，作者认为缓解大别山片区资源紧张这一局面的根本出路在于保护资源、节约利用资

源,并且提高资源利用效率。首先我们要有这种意识,其次要有严密的制度做出规范并由相关监督部门严格规范资源的使用量及利用方式,最终形成资源节约型的经济运行模式。具体建议如下:合理规划资源利用,推动节约、友好的资源保护模式。大别山片区的发展应依托于片区自身的资源环境承载力,进行合理的规划和开发;要大力倡导集约用地、节约用水、适度用材的行为,对一些资源进行回收与二次利用,推广循环经济发展模式,建立考核机制与测评规范,以促进资源利用效率的提升;减少对环境的污染是变相的资源节约。要坚持预防为主、综合治理,加大对环境保护的力度,多方面同步缓解资源紧张的局面。

5.6.3 保障耕地质量、严守耕地红线,保障大别山片区自然资源可持续发展

在耕地保护工作中,耕地质量的保护与数量的保障同等重要,所以在开展以"提高土地的利用率、增加耕地数量"为目的的工作的同时,关于如何提高耕地的生产力水平和产出率的思考也不能停止。另外,要平衡发展经济与保护耕地等方面的关系,加强保护耕地的能力,具体建议与对策如下。

面对大别山片区近4000万的人口,片区的土地资源承载压力巨大,如何在节约用地的基础上深挖土地承载潜力,是一个有价值的问题,而近些年的土地开发整理的相关工作成果给出了一个令人满意的答案。土地开发整理工作是依据基于《土地利用总体规划》和《土地开发整理专项规划》,结合要开发区域的基本情况,先规划工作区域和土地整治、保护方案,再进行报批并实施的增加耕地的方法。土地开发整理既可以实现大别山耕地数量的动态平衡,促进耕地质量的提高,提升耕地产量,又可以为土地的集约节约利用开辟一条道路。土地整理工作的基本内容:①迁村并点,实现农业的规模化经营的同时,改善大别山片区农民的住宿条件;②对沟、田、路、林、村进行综合治理,优化、改善农业基础设施;③整理、复垦工矿废弃地,增加农用地面积,提高耕地质量并改善生态环境;④适度开发未利用地,尤其是平原上的未利用地,以较小的整治成本获得更多的耕地资源,以提升资源的承载能力。

由片区十年动态监测可知,作为我国的粮食主产区,在其他资源的承载能力都有所改善的趋势下,唯自然资源承载能力有下滑趋势,通过对评价自然资源承载力的指标体系数据的分析,不难发现,这一现象的主要影响因素是土壤质量等级的连年下降。严守18.06亿亩(1亩 = 666.7m^2)的耕地红线是前提,而提高耕地质量和生产力也不能忽视,且是当务之急。提高耕地的土地产出率,必须依靠现代化耕作方式和其他技术手段。各级政府要深入推广科技三下

乡活动、科普日等活动，根据大别山片区农民的每年不同的种植情况，推广普及种植或养殖的最新方法与技术等，改变传统种植模式，以新思路新方法实现土地产出率的提高。此外，加强中低产田的改造力度是提高耕地质量和生产力的重要措施，中低产田的改造工作有以下几个重点：① 提高对农田生态环境的重视程度；② 关注市场风向标，灵活调整种植业结构；③ 提高复种指数；④ 发展特色农业，增加农民收入。只有这样才能改善耕地质量，提高耕地承载能力。

5.6.4 加快产业结构优化升级，提升片区的经济承载力

大别山连片特困区的一二三产业结构虽然由2001年的37∶30∶33调整为2010年的32∶39∶29，但很显然第一产业比例依旧偏高，且这也是大别山经济资源承载力与片区相比偏低的重要原因之一。所以，为更好地建设大别山片区，提升其经济承载力，优化产业结构是内在动力也是核心工作。对于产业结构的优化，有以下建议对策。

第一，要发展核心，逐步推进。索洛理论指出，逐步优化产业结构可以促进经济的快速发展，促进经济资源承载力的稳步提高。大别山片区经济发展起点低、摊子大，所以要实现片区经济的大发展，就必须在保障粮食生产的基础上，积极发展工业，要在保障片区生态环境质量不受较大影响的基础上，加大企业的引进力度，最终实现一二三产业的协调发展，提升经济资源承载力发展的动力。

第二，培育特色，发挥优势。大别山片区的36个县中有2/3的县是粮食生产基地，但就当前片区经济承载力评价结果来看，其特色农业发展势头不够强劲且后劲不足，归其原因是片区的产业发展没有特色。所以，一要突出农业特色，扩大高效、高产农业的经营规模，把生态农业引入大别山片区，让特色农业带领片区广大农民发家致富；二要促进大别山片区走新型工业化道路。充分利用国家对贫困片区的各种政策照顾和片区本身的地理及自然资源优势，推出优惠政策、提升本区域配套基础设施，引进反哺农业型工业和新兴工业，打造新的经济增长点；三要依托大别山片区自身优势，大力发展旅游等辐射力强的服务业。

第三，拉伸产业链条。从目前大别山片区的农业结构来看，生产粮食比例相当高，有些县域的人均收入中源自粮食生产的那部分比例甚至超过了90%，发展经济作物，如水果、蔬菜等多元化种植的模式，是今后发展的一个重要转变方向，但目前片区传统粮食生产的比例相当大，所以对传统农业生产进行纵向拉

伸，通过对农产品的再加工实现农产品的增值，进而实现农民的增收。

第四，跨省合作，共同谋划。大别山片区涉及三省36个县域，所以各省政府、各级政府之间的配合与合作就显得尤为重要。大别山片区内部经济资源承载力并不均一，片区中河南区域和以淮河为界的安徽中南部县域经济承载力较强，这主要与县域所属省份、省会城市和各省的行政经济实力、决策、对农业的重视程度及不同的土地状况有关。所以不止需求经济发展的外在动力，也要力求缩小内部差异，片区所属三省政府要相互借鉴、形成配合，共享进步成果。

5.6.5 加大生态保护力度，保障片区生态资源承载力稳步增长

生态资源承载力的不断提升是自然与经济资源承载力稳步提高的保障。对生态资源的保护要做到以下几点。

第一，保护生物多样性。进一步完善国家有关保护生物多样性的法律法规，使生态保护有法可依，管理具有操作性；加大执法力度，坚决取缔非法猎杀野生动物的行为。

第二，提高林地覆盖率。林地覆盖率的提高有助于涵养水源、保持水土，其生态效益显著。所以，①要多种树；②要基于法律保障林地用途不随意被改变、保障每年的种植量；③要科学选择树种，正确布局森林树种结构，做到生态与经济并重。依据生态环境的需求，大别山片区南部多以山地为主，应基于树种性能选择生态功能更强的速生丰产林、薪炭林、水土保持林；北部平原以耕地居多，所以应选择农田防护林和有生态经济效益的经济林，实行林农复合经营；特别地，在淮河上游营造水源涵养林。

第三，加大生态型水网建设力度。综合治理河道，对雨量、水位、云图进行动态监测，了解不同时间段大别山片区水资源的分布状况与丰枯规律，制定合理调配方案，充分发挥水系网络功能，使水资源能适时、合理地调配。结合水网分布的基本情况，通过工程措施完成水网调控体系，实现对大别山片区丰富地表水资源的合理调度和水生态系统的修复。

第四，遏制土地退化现象，助力大别山片区走可持续发展道路。由片区十年动态监测可知，作为我国的粮食主产区，大别山片区土壤质量等级的连年下降，耕地退化形势严峻，必须采取措施加以改善。大别山片区主要的土地退化类型是水土流失，这种土地生态系统退化的现象导致最直接的后果就是土壤肥力下降。防治水土流失、提高土壤肥力、提高土地生产能力要采取的措施是营造水土涵养林、增施有机肥、农耕带状间作种植、加强坡耕地综合改造、生物改良，如种植绿肥等。综合利用上述方法，遏制大别山片区土地退化现象，使其摆脱贫困，

逐步走向可持续发展的道路。

第五，重视环境质量的保护与提高。鼓励发展清洁能源，淘汰污染严重的企业，拒绝引进重污染型企业，大力发展生态环保型产业，加大三废治理力度，严格按照谁污染、谁治理，谁利用、谁补偿的原则监管各大企业，以减少工业三废对人类生存环境所带来的污染，不断提高污染防治能力。

5.7　本章小结

本章基于综合指标法建立指标体系，运用主客观权重相结合的方法赋权重值，通过改进资源承载力几何计算模型，以三省、六省分别为参照区对 2010 年大别山连片特困区的自然、经济、生态及综合资源承载力进行空间分异性分析；以三省当年资源承载力状况为参照，从各个角度对大别山各类资源承载力做动态分析(2001～2010 年)，并运用二次指数平滑方法预测片区 2015 年的资源承载力状况。分析结果表明，目前片区北部自然资源承载力最差；片区中部县域经济资源承载力最差；生态资源承载力最差的区域为片区的中北部县域；受子项资源承载力的综合作用，片区大部分县域综合资源承载力处于不同程度的超载状态。由 2001～2010 年的片区承载力的变化分析可知，通过对 2001～2010 年的片区各类资源承载力变化分析与空间重心变化可知，经济资源承载力对综合资源承载力的贡献率最大，但一直处于超载状况，超载程度不断下降；自然资源承载力优势重心偏东，且自北向南移动，对综合资源承载力贡献率不高，有提升空间，但近些年由于其有超载趋势；经济资源承载力优势重心偏北，且自东北向西南方向移动，研究十年期间的贡献率一直处于高位；生态资源承载力优势重心在片区东南部，不断得到提升，贡献率逐步增大；中和资源承载力偏北，且自东向西移动，多县常年处于不同程度超载状态。由二次指数平滑方法预计到 2015 年，片区的经济及综合资源承载力依旧超载，但超载率得以控制，生态资源承载力进一步得到提升，自然资源承载力下降，处于超载状态。

第6章　贫困地区交通与经济发展协调性评价

　　交通与区域经济发展关系一直是众多地理学家和经济学者关注的热点，交通运输是区域间物质、人员、信息交换的纽带，对经济发展起支撑作用。贫困地区交通设施往往落后，成为制约其经济发展的重要因素。俗话说"要想富，先修路"，加快交通设施建设，往往是脱贫致富的重要手段。贫困地区交通条件的改善，有利于该地区走出贫困陷阱，减少贫富差距，实现区域协调发展。2010年6月29日，中共中央、国务院印发了《关于深入实施西部大开发战略的若干意见》（中发〔2010〕11号）文件（以下简称《若干意见》）。《若干意见》中明确提出了要加快基础设施建设，提升发展保障能力。要继续把交通等基础设施建设放在优先地位。2011年10月22号，国务院批复了《武陵山片区区域发展与扶贫攻坚规划（2010—2020）》（以下简称《武陵山片区规划》）（国函〔2011〕125号），中央决定将武陵山片区作为率先开展区域发展与扶贫攻坚试点。《武陵山片区规划》将按照"区域发展带动扶贫开发，扶贫开发促进区域发展"基本思路，着力加强基础设施建设和生态建设。在基础设施建设中，又将交通放在了第一位。由此可以看出交通条件与经济发展有密切联系，国家对于贫困地区交通的先行作用也十分重视，因此，研究贫困地区交通的布局是否合理显得十分重要，且对扶贫开发有借鉴意义。以此为背景，本研究选取武陵山连片特困区为研究区域，分析其交通优势度的时空演变和与经济发展的耦合关系。

6.1　分析方法与模型构建

6.1.1　交通优势度模型构建

　　交通优势度是评价区域交通优势高低的一个集成性指标，核心是以定量的手段从相对角度判别该区域交通条件的优劣集级别的高低。采用交通优势度可以对交通优势进行综合评价，判定其区位优势。

6.1.1.1　交通优势度指标选取

　　本书总结前人研究经验，并结合武陵山片区情况，选取交通网密度、可达性、交通设施邻近度三方面对交通优势度进行评价。可达性中各县到市时间用各市人口和GDP进行加权，充分体现不同城市发展水平的影响。在交通设施邻近度中，为了避免在阈值区间内得分一样，本书将权重乘以通行时间，使其更有分异性。各指标具体公式如下：

$$D_i = \frac{L_i}{S_i} \quad (6-1)$$

式中，D_i 表示县域 i 的交通网密度，L_i 表示县域 i 各公路的长度，S_i 表示县域 i 面积。D_i 值越大表示交通条件越好。

$$A_i = \sum_{j=1}^{n} \frac{M_j}{\sum_{j}^{n}(T_{ij} \times M_j)} \quad (6-2)$$

式中，A_i 表示可达性，表示县域 i 到市 j 的时间成本，M_j 表示GDP或常住人口。A_i 越大表示交通条件越好。

$$P_i = (\sum_{j=1}^{2}(2 - T_{ij}) \times W_{ij})/2 \quad (6-3)$$

式中，P_i 表示县域 i 的交通设施邻近度，T_{ij} 表示县域 i 到最近交通设施 j 的通行时间，W_{ij} 表示交通设施邻近度的权重，赋值依据参照表6-1。

表6-1 交通设施邻近度权重赋值

类型	子类型	标准	权重
火车站	特等站	时间可达性<1h	1.5
		1h<时间可达性<2h	1
		时间可达性>2h	0
	一等站	时间可达性<1h	1
		1h<时间可达性<2h	0.5
		时间可达性>2h	0
机场	干线机场	时间可达性<1h	1.5
		1h<时间可达性<2h	1
		时间可达性>2h	0
	支线机场	时间可达性<1h	1
		1h<时间可达性<2h	0.5
		时间可达性>2h	0

6.1.1.2 指标权重确定与指标集成

$$S_i = W_D \times D_i + W_A \times A_i + W_P \times P_i \tag{6-4}$$

式中，S_i 表示县域 i 的交通优势度，W 为各指标权重，本书采用大多数学者使用的等权重方法，都为 1，其他参数含义参照公式（6-1）~公式（6-3），并标准化。S_i 越大表示交通优势度越大。

6.1.2 区域经济评价模型

区域经济发展水平的评价常见的有单因子法和多因子法，单因子多采用 GDP、人均 GDP、人均收入等进行描述。单因子法简单明了，计算方便。但是单因子只能描述经济发展的某个方面，不能全面描述整体经济的发展水平，为了全面描述经济整体发展水平，本书采用多因子法，构建区域经济评价模型，对武陵山片区县域经济进行评价。

6.1.2.1 区域经济指标选取

由于研究时间跨度较长，且跨越 4 个省区，经济发展的统计资料收集有一定困难，不同省份部分数据统计口径有一定差别，统计的内容也不尽完善，为了多年数据的统一性，舍弃了部分指标，只选取了具有代表性的 5 个因子：人均GDP、农村人均纯收入、人均固定资产投资、人均财政收入、人均社会消费品零售总额，进行综合经济指数的计算。

6.1.2.2 区域经济综合指数计算

因子分析是一种降维的统计方法，用少数几个因子替代具有相关关系的众多原始变量。新生成的因子能较好地保留原有变量的大部分信息，不会造成大部分信息丢失的现象。因子分析可以有效地简化指标，且通过协方差确定各因子权重，避免了人为赋权的主观随意性，使结果更加客观科学。本书采用因子分析法对反映区域经济的各项指标进行综合，计算区域经济综合指数。

因子分析法首先需要提取公共因子，其数学表示如下：

$$\begin{cases} x_1 = a_{11}f_1 + a_{12}f_2 + \cdots a_{1k}f_k + b_1 \\ x_2 = a_{21}f_1 + a_{22}f_2 + \cdots a_{2k}f_k + b_2 \\ \vdots \\ x_p = a_{p1}f_1 + a_{p2}f_2 + \cdots a_{pk}f_k + b_p \end{cases} \tag{6-5}$$

式中，x 表示原始值，f 为公因子，是相互独立的，a 表示公因子的系数，称为载荷矩阵，b 是变量不能够被公因子表示的部分。

之后以每个因子的方差贡献率作为权数，由线性组合得到综合指数。

$$F = w_1 f_1 + w_2 f_2 + \cdots + w_k f_k \tag{6-6}$$

式中，F 为区域综合经济指数，w 为因子的方差贡献率。

6.1.2.3 基于趋势外推的区域经济预测模型

趋势外推法是根据现有数据，来模拟未来一段时间数据的发展情况的一种方法，包括线性外推和曲线外推。自从改革开放以来，中国经济突飞猛进，整体呈指数增长。中西部地区经济起步相对较晚，发展潜力仍然很大，因此在未来一段时间内仍然会保持高增长，用指数模型进行外推预测比较合适。指数外推的模型如下：

$$\hat{y} = ae^{bx} \tag{6-7}$$

式中，$\hat{y}$ 代表经济值，x 是时间变量，a，b 为参数，可由最小二乘法进行求解。

6.1.3 耦合协调模型

交通与经济有着复杂关系，可能是一方面影响另一方面，也可能是两者相互影响。一般常用相关关系分析两者之间关系，但相关分析只能得到一个系数，从整体上对两者关系进行分析，但对每个区域具体的协调关系没有办法衡量。耦合协调模型可以解决这个问题，从而可以从空间上分析两者的协调发展关系。

6.1.3.1 耦合度计算

耦合度的概念最初来源于物理学，指两个或两个以上的系统或运动方式之间通过相互作用而彼此影响以致协同的现象。通常用耦合度来描述系统或要素相互影响的程度。

交通基础设施和区域经济发展是相互作用、彼此促进的两个系统，借鉴两系统耦合模型，构建研究区交通优势度与区域经济发展水平间的耦合度函数，表达式为

$$C = 2 \times \sqrt{\frac{S \times E}{(S+E)^2}} \tag{6-8}$$

式中，C 表示耦合度，S 和 E 分别表示交通与经济评价值。

6.1.3.2 耦合协调度计算及等级划分

耦合度在某些情况下难以反映交通和经济的协同效应，在耦合模型基础上构

造交通与经济协调度模型以判断交通与经济的协调发展程度,表达式为

$$D = \sqrt{C \times (a \times S + b \times E)} \tag{6-9}$$

式中,C、S、E 的含义同公式(6-8),D 为耦合协调度,a、b 为待定系数,且 $a+b=1$。一般认为交通与经济系统的协同效应相同,均取 0.5。本书采用排名进行耦合分析。

根据廖重斌的划分标准,对耦合协调度等级进行划分,分类情况见表 6-2。

表 6-2 耦合协调度分级表

协调度	协调等级
0~0.09	极度失调
0.10~0.19	高度失调
0.20~0.29	中度失调
0.30~0.39	轻度失调
0.40~0.49	濒临失调
0.50~0.59	勉强协调
0.60~0.69	初级协调
0.70~0.79	中级协调
0.80~0.89	良好协调
0.90~1.00	优质协调

6.1.4 时空分异分析方法

地理事物在时间和空间上是不断变化的,探究其时空演变和分异的规律,对其未来格局的发展预测是十分有意义的。时空分异分析常见的有两大类,一类是数理统计分析,另一类是空间探索分析。本书结合两大类分析方法,对武陵山片区交通优势度和与经济的耦合关系进行分析。

6.1.4.1 空间自相关分析

空间自相关单一变量测度常用全局空间自相关指数和局部空间自相关指数衡量,全局空间自相关指数表达式为

$$I = \frac{N}{S_0} \cdot \frac{\sum_{i=1}^{N}\sum_{j=1}^{N} W_{ij}(X_i - \overline{X})(X_j - \overline{X})}{\sum_{i=1}^{N}(X_i - \overline{X})} \tag{6-10}$$

式中,N 是要素总数,W_{ij} 是空间权重,S_0 是所有空间权重之和。$X_i - \overline{X}$ 表示要素值与

其均值的偏差。I值位于$[-1,1]$，I值为正，表明集聚，I值为负，表明离散。

局部空间自相关指数表达式为

$$I_i = \frac{X_i - \overline{X}}{S_i^2} \cdot \sum_{j=1, j \neq i}^{N} W_{ij}(X_j - \overline{X}) \tag{6-11}$$

$$S_i^2 = \frac{\sum_{j=1, j \neq i}^{N}(X_j - \overline{X})^2}{N-1} - \overline{X}^2 \tag{6-12}$$

全局空间自相关是一种全局总体统计指标，可以表明具有相近观察值的地区是否在空间上聚集，但不能用来估计局部空间上的自相关结构。局部空间自相关通常用 LISA 聚类图表示。LISA 聚类图在地图上反映了每个区域观察值与其周边观察值的联系并结合了局部空间关系的显著性。

6.1.4.2 基尼系数测算与分解

基尼系数最早由基尼于 1912 年提出，用于衡量一个地区居民收入分配差距情况。现在基尼系数广泛应用于社会经济数据均衡性的分析中。但从目前研究来看，还没有人用基尼系数对交通优势度进行分析，将基尼系数用于交通优势度，可以方便分析一个区域交通的均衡情况。基尼系数的另一个优点是可按来源进行分解，本书按照交通优势度的三个维度进行基尼系数的分解，更进一步解释交通优势度产生不平衡的原因。基尼系数的计算采用几何法进行拟合。

$$G = \sum_{k=1}^{3} S_k C_k \tag{6-13}$$

式中，S_k是各分项占总值的比例；C_k是分项基尼系数，也称集中指数（C_k与基尼系数计算公式类似，排序是按照总值由低到高排序，并非按分项由低到高排序）。$S_k C_k / G$表示第k项对基尼系数的贡献度。C_k / G为相对集中指数，如果大于 1，表示该项为差距促增；如果小于 1，表示该项为差距促减。

在区域差异研究中，我们不仅需要了解构成差异大小的因素，还需要了解差异变化的原因，因此，还需要对基尼系数的变化进行进一步分解：

$$\Delta = \sum S_{k(t+1)} C_{k(t+1)} - \sum S_{kt} C_{kt} \tag{6-14}$$

$$\Delta = \sum \Delta S_k C_{kt} + \sum S_{kt} \Delta C_k + \sum \Delta S_k \Delta C_k \tag{6-15}$$

式中，$\Delta S_k C_{kt}$表示各分项比例变化引起的基尼系数变化，称为结构效应；表示由集中程度变化引起的基尼系数变化，称为集中效应；$\Delta S_k \Delta C_k$表示两者共同引起的变化，称为综合效应。

6.1.4.3 泰尔指数测算与分解

泰尔指数是泰尔于 1967 年运用信息论中的熵概念提出的衡量不平等的系数。

泰尔系数的取值范围为 0~1，泰尔指数越小，表明区域差异越小，区域发展越均衡；泰尔指数越大，表明区域差距越大，区域发展越不均衡。泰尔指数广泛应用于区域差异研究中，但没有针对交通优势度的分析，将泰尔指数用于交通优势度，可以对武陵山片区内外部差异进行进一步细化分析。

$$T = \sum_{i=1}^{N} y_i \log \frac{y_i}{p_i} \tag{6-16}$$

式中，T 为泰尔指数，N 为县区个数，y_i 为各县交通优势度占整个武陵山片区的比例，p_i 为各县人口占整个武陵山片区的比例。

$$T = \sum_i \left(\frac{Y_i}{Y}\right) T_{pi} + \sum_i \left(\frac{Y_i}{Y}\right) \log\left(\frac{Y_i/Y}{P_i/P}\right) = T_{区域内} + T_{区域间} \tag{6-17}$$

上述泰尔指数可以分解为区域内差异和区域间差异。Y_i 为 i 区域交通优势度总量，Y 为武陵山片区交通优势度总量，P_i 为区域 i 人口总量，P 为武陵山片区人口总量。

$$T_{pi} = \sum_j \left(\frac{Y_{ij}}{Y_i}\right) \log\left(\frac{Y_{ij}/Y_i}{P_{ij}/P_i}\right) \tag{6-18}$$

式中，T_{pi} 表示 i 区域各县的差异，Y_{ij} 表示 i 区域 j 县的交通优势度，P_{ij} 表示 i 区域 j 县的人口数。

6.1.4.4 重心点迁移分析

重心是物理学概念，反映物体受重力作用的位置。地理学者将其引入地理学相关问题研究，常见的有人口重心、经济重心和产业重心。当各指标分布状况发生变化时，其重心点也将产生空间位移。通过重心点迁移分析，可以清楚地了解某指标在空间上的分布及变化趋势。

重心点计算公式为：

$$\overline{X} = \frac{\sum_{i=1}^{n} x_i w_i}{\sum_{i=1}^{n} w_i} \tag{6-19}$$

$$\overline{Y} = \frac{\sum_{i=1}^{n} y_i w_i}{\sum_{i=1}^{n} w_i} \tag{6-20}$$

式中 $\overline{X}$，$\overline{Y}$ 分别表示重心点的坐标；x_i，y_i 分别表示各区县位置坐标，w_i 是权重，可以是各区县的人口、经济等数据。

仅仅知道重心点的位置还远远不够，还需要了解重心点迁移的方向和迁移的距离，迁移方向可以表明区域重心的发展趋势，而迁移距离能够反映重心移动的快慢程度。迁移方向按坐标轴划分为正东，正西，正北，正南，东北，西北，东南、西南 8 个方向。迁移距离按照欧式距离求解：

$$d = \sqrt{(\overline{X}_{t+1} - \overline{X}_t)^2 + (\overline{Y}_{t+1} - \overline{Y}_t)^2} \qquad (6\text{-}21)$$

式中，$\overline{X}_t$，$\overline{Y}_t$ 分别代表 t 时刻的重心点坐标，$\overline{X}_{t+1}$，$\overline{Y}_{t+1}$ 分别代表 $t+1$ 时刻的重心点坐标。

6.2 武陵山片区交通优势度时空分异变化

6.2.1 研究区概况与数据预处理

6.2.1.1 研究区概况

武陵山片区是全国 14 个连片特困区之一，地跨湖北、湖南、重庆、贵州四省市，是我国第二级阶梯向第三级阶梯的过渡地带，也是西部大开发与中部崛起战略的结合地带。依据《武陵山片区规划》（以下简称《规划》），共包括 71 个县（市、区）。其中湖北 11 个县市、湖南 31 个县市区、重庆 7 个县区和贵州 16 个县市。总共有 42 个国家级贫困县，13 个省级贫困县。根据《中国连片特困区发展报告（2013）》将武陵山片区分为恩施片区、怀化片区、黔江片区、邵阳片区、铜仁片区、湘西片区和张家界片区共 7 个子片区。片区内少数民族人口约占全国少数民族总人口的 1/8，其中民族自治地方少数民族人口为 1234.9 万人。境内有土家族、苗族、侗族、白族、回族和仡佬族等 9 个世居少数民族。片区以 G209，G318，G319，G320 等构成了主干公路网络，但整体建设仍然落后，道路密度偏低。片区现有怀化机场、铜仁机场、张家界机场、恩施机场和黔江机场，但均属支线机场。片区内仅有怀化车站一个二等火车站。具体交通分布见图 6-1。

6.2.1.2 数据来源与预处理

本书以全国 1:25 万地理信息数据库为基础数据，并分别根据 1999 年、2006 年、2013 年 3 年的武陵山片区周边四省市的交通图矢量化，提取不同时间断面的道路数据。对高速公路、国道、省道和其他道路分别赋速度 100km/h、80km/h、60km/h 和 30km/h。火车站及机场等交通设施来源于 Google 地图。社会经济数据源于研究区范围内的各省统计年鉴和各县统计公报。以上数据在使用前经过了矢量化、投影变换、地理配准等数据预处理。为方便距离计算，本书采用 Albers 投影。

第6章 贫困地区交通与经济发展协调性评价

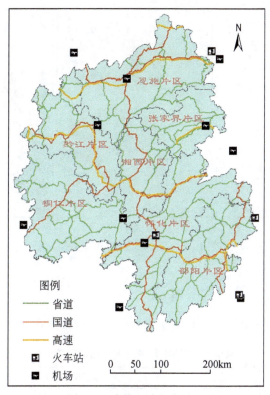

图 6-1　武陵山片区交通图

6.2.2　交通优势度整体评价

6.2.2.1　分年整体统计对比

按照上面的方法，对 1999~2013 年武陵山片区及周边四省进行评价，截取出武陵山区交通优势度。以 2013 年武陵山片区交通优势度自然断点法的标准对 1999 年和 2006 年进行分类，得到如图 6-2 所示分布。

从图 6-2 可以看出，1999~2013 年，片区交通优势度在不断提升。1999 年没有最高等级的县，到 2013 年已经增加为 8 个。片区东部的交通优势度明显高于西部，高值区域主要集中于片区东部边缘，大致沿宜昌—张家界—怀化—邵阳，呈 L 型分布，直到 2013 年，由于黔江地区的快速发展，才提升了片区东部的交通优势度，但整体东高西低的格局没有改变。

217

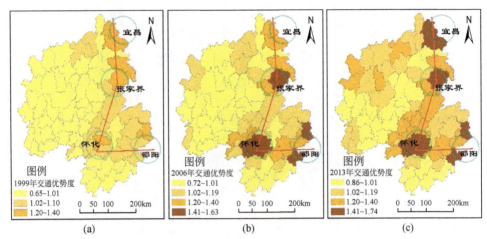

图 6-2 武陵山片区 1999~2013 年交通优势度分布图

6.2.2.2 分区域统计对比

对武陵山片区交通优势度按省份进行统计,得到表 6-3。

表 6-3 武陵山片区分省交通优势度均值

省份	1999 年	2006 年	2013 年
湖北省	0.89	0.93	1.12
湖南省	0.95	1.09	1.18
重庆市	0.80	0.88	1.13
贵州省	0.81	0.90	0.98

从表中可以看出湖南省交通优势度在 1999~2013 年一直最高,得益于其工业基础较好,基础设施更为完备。重庆市在 1999~2006 年交通优势度都最低,但 2006 年之后,在黔江机场等一系列交通设施投资建设下,其交通优势度迅速提升,至 2013 年,已经上升至第二位。贵州省整体交通优势度较差,1999 年和 2006 年都排在第三位,到 2013 年下降至最后一位。

根据《中国连片特困区发展报告(2013)》将武陵山片区分为恩施片区、怀化片区、黔江片区、邵阳片区、铜仁片区、湘西片区和张家界片区共 7 个子片区。统计每子片区的交通优势度情况,见表 6-4。

表 6-4 武陵山片区各子片区交通优势度均值及增速

片区	1999 年	2006 年	2013 年	1999~2006 年/%	2006~2013 年/%
恩施片区	0.89	0.93	1.12	4.0	21.0
怀化片区	0.93	1.11	1.23	19.6	10.5
黔江片区	0.80	0.88	1.13	11.0	27.6
邵阳片区	0.99	1.13	1.19	14.3	4.9
铜仁片区	0.82	0.90	0.99	9.9	10.3
湘西片区	0.82	0.93	1.05	13.5	13.4
张家界片区	1.12	1.26	1.28	11.9	2.0
武陵山片区	0.89	1.00	1.21	10.1	12.2

从表中可以看出：武陵山片区交通优势度稳步上升，且 2006~2013 年交通优势度增速快于 1999~2006 年，表明国家对于贫困地区的交通建设越来越重视。张家界片区交通优势度始终是最高，原因是张家界是著名的旅游景点，因此周边交通设施比较好，区内有张家界机场。由于其基础较好，提升的速度相对较慢。怀化片区和邵阳片区紧随其后。其中怀化市是武陵山地区最大的城市，南接广西，西连贵州，素有"黔滇门户""全楚咽喉"之称，是湖南的西大门。拥有武陵山片区唯一的铁路一等站（怀化站）。怀化市区交通优势度始终处于武陵山片区领先地位。邵阳片区北部地区紧邻娄底市区和邵阳市区，处于武陵山片区边缘地区，为江南丘陵向云贵高原的过渡地带，交通条件相对较好。恩施片区交通优势度处于中等位置，恩施市作为片区内最早的两个拥有机场的县区，交通优势度处于领先水平，且在一定程度上对周边区县有辐射作用。长阳县和秭归县邻近宜昌市区，受宜昌市辐射，交通也比较便利，一直处于第一等级。但在 2006 年前提升并不算太快。但在之后，随着沪渝高速的通车和宜万铁路的运行，带动了恩施片区的快速发展。黔江片区和湘西片区相对较低，但黔江片区在 2006~2013 年交通优势度提高很快，这得益于近些年重庆市经济的高速发展，在基础设施的建设方面的投入很多，黔江机场的修建更是大大提升了黔江区及其周边的区域的交通优势度。湘西片区位于武陵山片区中心地带，缺少交通设施和高等级公路。交通优势度稳步提升，但速度并不快。铜仁片区交通优势度始终处于最差水平，而且在增速上也没有优势，慢于片区平均水平，与其他子片区的差距越来越大。

按等间隔将交通优势度划分为好、中、差，分别统计 1999~2006 年和 2006~2013 年各等级相互转化的县域数量，结果见表 6-5 和图 6-3。

表 6-5　1999～2006 年及 2006～2013 年交通优势度分级数量变化

1999年 / 2006年	好	中	差	2006年 / 2013年	好	中	差
好	19	4	0	好	21	2	0
中	3	16	4	中	1	16	6
差	1	3	19	差	1	5	17

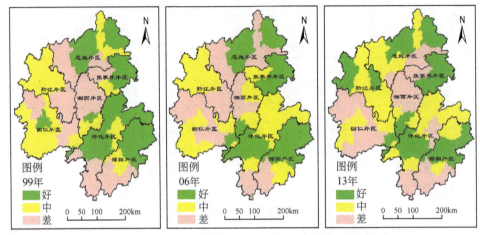

图 6-3　武陵山片区 1999～2013 年交通优势度分级图

从表 6-5 和图 6-3 可以看出：武陵山片区交通优势度格局变化不大，具有明显变化的区县不到总数的 1/4。大致呈现东部高，西部低的分布格局。到 2013 年，形成了四条由东北向西南延伸的高低相间的条带。

交通优势度最差的地区主要集中在两个区域，一个是湘西片区（北部）、黔江片区（东南部）和铜仁片区（绝大部分）的交界处，二是怀化片区与邵阳片区的南部。其中第一个区域相对变化较大，且逐渐向铜仁片区移动。铜仁片区交通优势度差的个数由 7 个增加到 8 个，再增加到 10 个。铜仁片区除了铜仁市区交通优势度相对较好，其余地方都偏差。反映了铜仁市对其腹地的拉动能力较差，辐射范围较小。铜仁片区西部三县湄潭县、凤冈县和余庆县由于靠近遵义市，受到遵义市的辐射，交通优势度处于中等水平。

黔江片区的东南部在 2006 年之前都处于最低水平，但在 2006 年之后，伴随着重庆经济的高速发展，渝湘高速公路的建成通车，黔江武陵山机场的建设，黔江地区交通优势度增长迅速。黔江区由差跃升为好，且带动周边县区交通条件的提升。交通优势度差的区域由 4 个减少到 1 个，好的由 1 个增加到 3 个。

湘西片区交通优势度南部明显优于北部，南部地区紧邻铜仁市区和怀化市区，交通条件相对较好。北部地区位于黔江、恩施市、张家界市的中间，且相距相对较远，受到周边辐射较少。1999～2006 年湘西片区交通优势度提升相对较快，交通优势度中等的数量由 3 个增加到 5 个，差的由 4 个减少到 2 个。主要得益于湘西北部地区省道的增加。但在 2006～2013 年，其发展相对减缓。虽然渝湘高速也通过湘西州，但没有通过北部地区，并没有对其北部地区交通条件造成太大影响，该区域交通条件落后的状态并没有得到太大改善。

第二个区域相对稳定，主要集中在靖州、通道、绥宁、城步县及其周边区域。该区域以山地为主，山地约占 90%，自然环境比较恶劣，没有高速公路，仅有一条国道连接至怀化市。且该区域属于少数民族聚集区，经济发展较差，对道路建设的投资力度不够。

6.2.3 交通优势度时空分异变化

6.2.3.1 基于空间自相关的集聚性分析

在 ArcGIS 软件中对武陵山片区 1999～2013 年交通优势度进行空间自相关分析。三年全局空间自相关指数分别为 0.457、0.488 和 0.398。局部空间图自相关 LISA 图见图 6-4。

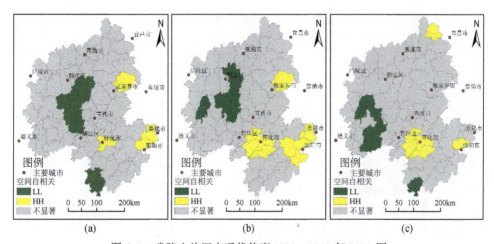

图 6-4　武陵山片区交通优势度 1999～2013 年 LISA 图

从全局空间自相关指数可以看出，武陵山片区具有较强的空间自相关性，交通优势度分布格局具有空间集聚性。其中 1999～2006 年指数小幅增加，2006～

2013年有所下降,在一定程度上反映了武陵山片区交通优势度差异先增大,后减小。从1999年空间分布上来看,片区内部高-高集聚的区域主要集中在怀化市区、张家界市慈利县、邵阳市区和娄底市区周边的涟源市、冷水江市和新邵县。低-低集聚的区域主要有两块,第一块主要集中在四省市相互交界的地带,包括重庆的酉阳县、秀山县、湖北的来凤县、湖南的龙山县和贵州的松桃县。第二块分布在怀化南部的靖州县和通道县。2006年与1999年相比,高-高聚集的区域有所扩大。特别是怀化市区周边的县市,反映了怀化市作为区域内交通枢纽地位的增强。低-低集聚区域逐渐向西部移动,形成了围绕黔江区的半月形低值区。到2013年,高-高集聚的区域仍然主要集中在怀化市区周围,由于近些年宜昌市的迅速发展,其周边县市受到宜昌市区的辐射,形成了高值集聚的区域,张家界市、邵阳市和娄底市由于发展放缓,没有呈现出显著的高-高集聚。低-低集聚的区域进一步向西部移动,全部集中于贵州省内,反映了贵州省对于交通建设的投入力度不够,需要进一步地加强。从总体来看,片区内部交通优势度集聚格局变化不大,主要形成了以怀化市区为中心的高值集聚区。低值区域主要集中于四省市相互交界处,并逐渐向西部移动。

6.2.3.2　基于基尼系数的各维度分异分析

对武陵山片区交通优势度进行基尼系数的运算,并对各维度进行分解,得到表6-6。

表6-6　武陵山片区交通优势度基尼系数及其分解

年份	基尼系数	路网密度		可达性		邻近度	
		集中指数	贡献度/%	集中指数	贡献度/%	集中指数	贡献度/%
1999	0.1074	0.0547	16.64	0.0807	45.70	0.5611	34.18
2006	0.1173	0.0582	14.62	0.0632	33.00	0.5785	45.82
2013	0.1101	0.0491	12.03	0.0545	31.03	0.5472	51.49

从总体来看,武陵山片区交通优势度基尼系数先增大,后减小,由1999年的0.1074增长到2006年的0.1173,再到2013年小幅下降至0.1101。虽然武陵山片区交通优势度基尼系数有所变化,但变化幅度比较小,且基尼系数值比较小,反映了武陵山片区各县域交通条件差别不算太大,没有明显的交通优势极的存在,整体处于较低水平的均衡状态。

分项来看,路网密度与可达性指数相对集中指数小于1,邻近度的相对集中指数大于1,说明路网密度与可达性对基尼系数起促减作用,邻近度的差异对基尼系数起促进作用。其中路网密度的贡献度最低,且从1999~2013年以来,集中指数与贡献度总体上呈下降趋势,由于在道路密度中占主导地位的是低等级的公路,因此反映了国家近些年对于农村地区交通建设的重视,村村通工程初有成效。可达性指标的贡献度由1999年的第一位下降至2006年和2013年的第二位,由45.7%下降到31.03%。且集中指数也有明显下降。可达性指标主要受高等级公路影响,因此反映了近些年区域内部及周边高速公路等的建设,大大增强了武陵山片区内外的联系,使得交通优势度趋于平均。邻近度指数的贡献度由1999年的第二位上升至2013年的第一位,到2013年,其贡献度达到51.49%,超过了50%,是影响交通优势度均衡性的主要原因。1999年片区内部只有恩施、张家界两个机场,且由于路网,其交通设施影响范围较小。片区整体邻近度都很低,随着经济的发展,机场、车站等交通设施建设的加快,邻近度开始出现分异,各县交通优势度差距加大。但随着最后交通设施的完善,其覆盖范围的扩大,各县邻近度差距又会缩小。

对武陵山片区交通优势度变化进行基尼系数的分解,得到表6-7。

表6-7　武陵山片区交通优势度基尼系数变化及其分解

年份	基尼系数变化	结构效应	集中效应				综合效应
			总效应	道路密度	可达性	邻近度	
1999~2006	0.009 89	0.014 03	-0.008 38	0.001 14	-0.010 66	0.001 14	0.000 29
2006~2013	-0.007 1	0.005 68	-0.010 88	-0.002 7	-0.005 28	-0.002 9	-0.000 2

从整体变化来看,结构效应为正,是差异促增;集中效应为负,是差异促减,综合效应相对很小,可以忽略。从1999~2006年,基尼系数增大,结构效应占主导,从2006~2013年,基尼系数减小,集中效应占主导。且结构效应的正值在减小,集中效应的负值在增大。结构效应是由道路密度、可达性和邻近度三者的份额变化所引起的,邻近度是差异性产生的重要原因,邻近度在三者中的比例增大,是导致结构效应为正的重要原因。集中效应是由交通基础建设均衡性引起的。随着高速公路网络的逐步完善,车站、机场等交通设施的增加,使得交通资源分布更加合理,区域差异逐渐减小。在集中效应中,可达性一直为负数,且在三者中占主导地位,说明高速公路的修建,可以有效地加强区域间的联系,使得交通优势度更加均衡。道路密度和邻近度的集中效应先为正后为负,反映了1999~2006年,由于片区内各县域条件不同,财政条件较好的县更加有能力进行路网的建设,路网密度差异有所扩大。随着村村通工程的实施,国家对于贫困地区的投入加大,使得条件较差的县在路网建设上有所提高,使差距减小。由于武陵山片区位于偏远山区,缺少火车站、机场等交通设施,从无到有,必然会增大差异性,但当交通设施由少到多,其服务范围越来越广,将缩小差异。片区内

机场由1999年的2个增长到2013年的5个，特别是随着2010年黔江武陵山机场和2012年遵义新舟机场的通航，弥补了片区西部地区的劣势，邻近度出现了转折点。

6.2.3.3 基于泰尔指数的各区域分异分析

对武陵山片区交通优势度进行泰尔指数的计算，并按照区域进行分解，结果见表6-8。

表6-8 武陵山片区交通优势度泰尔指数及其分解

年份	泰尔指数	区域内		区域间	
		泰尔指数	贡献率/%	泰尔指数	贡献率/%
1999	0.0473	0.0375	79.3	0.0098	20.7
2006	0.0538	0.0494	91.8	0.0045	8.2
2013	0.0477	0.0354	74.2	0.0123	25.8

从总体来看泰尔指数先增大，后减小，与基尼系数反映的规律一致，表明1999~2013年，武陵山片区交通优势度差异先变大后缩小，经过14年的螺旋式上升发展，由低水平的均衡，上升为较高水平的均衡。从分解情况来看，各子区域间的差异相对较小，区域内部的差异相对较大，构成差异的主要部分。同时我们也要看到，区域间泰尔指数先减小，后增大，与总的泰尔指数变化规律相反。说明各子区域间并没有形成统一的规划联动，这也正是国务院提出连片特困区规划的原因所在。

对武陵山子区域交通优势度进行泰尔指数的计算，结果见表6-9。

表6-9 武陵山各子片区交通优势度泰尔指数

区域内泰尔指数	1999年	2006年	2013年
恩施片区	0.0056	0.0051	0.0048
怀化片区	0.0054	0.0087	0.0093
黔江片区	0.0013	0.0011	0.0011
邵阳片区	0.0062	0.0133	0.0051
铜仁片区	0.0143	0.0170	0.0114
湘西片区	0.0045	0.0037	0.0035
张家界片区	0.0003	0.0004	0.0001

就武陵山片区内部各子片区而言，其泰尔指数有明显差别。铜仁片区属于武

陵山的腹地，最高峰位于该子片区内部，地理环境最为恶劣。差异最大，铜仁片区除铜仁市区交通优势度很高外，其余地方大多都处于最低水平，差异明显。铜仁片区西部三县湄潭县、凤冈县和余庆县由于靠近遵义市，受到遵义市的辐射，交通优势度处于中等水平。由于缺少高速公路的连通，使得其中心城市铜仁市的辐射有限，建议修通遵义到铜仁一线的高速公路，加强其大部分地区与周边遵义和铜仁市的联系。

张家界片区和黔江片区的差异最小，反映了张家界和黔江片区在其内部交通的连通性较好，其子区域中心在其区域内的辐射能力较强（也与其所辖县较少有关）。

怀化片区与邵阳片区的泰尔指数相对较高，但与铜仁片区不同的是，其片区整体交通优势度水平较高。特别是怀化市区和邵阳市区沿沪昆高速一线，在武陵山片区中都处于最高水平。但其南部地区的靖州、通道、绥宁、城步等县，并没有形成较大联系，需要对该区域加大开发力度。怀化市作为武陵山片区内部最大的市，其泰尔指数还在不断增加，反映了怀化市作为交通枢纽的地位仍在增强，可以将其作为武陵山片区的交通枢纽进行规划。

湘西片区和恩施片区的泰尔指数一直处于中等水平，且都有小幅下降。湘西片区由于整体水平不高，区域中心交通有不太明显的优势，差异相对不大。恩施片区中心城区具有相对较高的交通优势度，且中心城市的辐射能力逐渐增强，除南部来凤县、五峰县交通优势度相对较低外，其余差距在逐渐缩小。

从分布来看，南部各子片区内部的差异相对较大，北部各子片区内部差异相对较小。说明片区北部的交通联系更加紧密，且南北方缺少交通联系，片区内三条主要的高速公路都是东西走向的，缺少纵向的联络。以后规划中需要加强片区南北的交通联系。

6.3 武陵山片区交通优势度与区域经济耦合分析

6.3.1 区域经济整体分析

采用上述因子分析法，对武陵山片区区域经济进行评价。为了更好地对比经济的发展变化，将3个时间节点的综合经济指数放在一起，采用自然断点法进行分类，得到图6-5。

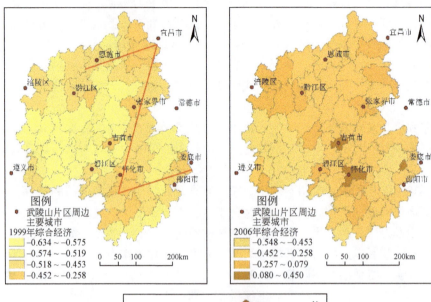

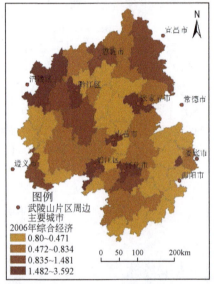

图 6-5 武陵山片区 1999~2013 年综合经济指数分布图

6.3.2 分年整体对比统计

从图 6-5 可以看出，从 1999~2013 年，武陵山片区经济稳步发展，片区经济水平不断提高。其中 2006~2013 年经济发展比 1999~2006 年要快。2006 年比

1999年大约提升了两个等级，而2013年比2006年提升了三个等级。从空间分部来看，1999年，武陵山片区综合经济最好的区域主要集中在片区东部和北部，大致以恩施—秭归—张家界—怀化—娄底为线呈Z字形分布，较差的区域集中分布于片区中部和西南部。到2006年，综合经济最高的区域出现在怀化市、吉首市和冷水江市等几个离散的城市，低值区域集中在片区西南部，且邵阳区域经济发展相对缓慢，出现了最低值的区域。另一方面，黔江地区的经济发展迅速，提升较快。到2013年，武陵山片区综合经济分布进一步离散，中心城区发展明显好于其他周边区域。怀化市、吉首市、张家界市、黔江区、碧江区等中心城区都成为片区综合经济发展较好的区域。各资源向中心城区集中的现象十分明显，总体呈中心-外围分布结构。

6.3.2.1 分区域统计对比

武陵山片区各省综合经济均值如表6-10所示。

表6-10 武陵山片区各省综合经济均值

省份	1999年综合经济	2006年综合经济	2013年综合经济
湖北省	−0.465	−0.362	0.741
湖南省	−0.485	−0.292	0.695
重庆市	−0.526	−0.171	1.749
贵州省	−0.572	−0.409	0.761

从分省来看，片区内部1999年湖北省的经济最好，贵州省的经济最差，片区东部省份经济要优于西部，但整体差距不大。到2006年，重庆市综合经济上升为第一，贵州省经济整体仍然最差，片区东高西低的经济格局有所改变。到2013年，重庆市经济进一步快速发展，整体水平远远高于其余省份，贵州省经济发展速度也很快，上升到第二位，片区西部经济开始高于东部。

武陵山片区各子片区综合经济均值见表6-11。

表6-11 武陵山片区各子片区综合经济均值

子片区名	1999年综合经济	2006年综合经济	2013年综合经济
恩施片区	−0.465	−0.362	0.741
怀化片区	−0.465	−0.307	0.735
黔江片区	−0.526	−0.171	1.749
邵阳片区	−0.471	−0.284	0.636
铜仁片区	−0.572	−0.409	0.761

续表

子片区名	1999年综合经济	2006年综合经济	2013年综合经济
湘西片区	−0.539	−0.333	0.565
张家界片区	−0.472	−0.189	0.993

从分子片区来看，1999年，各子片区综合经济相对接近，整体差距不大，处于低水平的均衡状态，其中东部的恩施片区、怀化片区、邵阳片区和张家界片区经济基础较好，综合经济发展水平相对较高，铜仁片区经济最差。到2006年，各子片区综合经济差距有所扩大，铜仁片区经济仍然在武陵山片区最为落后，黔江片区在重庆直辖的影响下，经济飞速发展，成为片区经济发展最好的区域。恩施片区发展最慢，由1999年的第一降到了第六。至2013年，各子片区差距进一步扩大，黔江片区仍然保持高速发展，在片区内部综合经济最好，而且远远高于第二名张家界片区。张家界片区受张家界景区的影响，旅游业发达，经济水平较高。邵阳片区的经济发展最慢，由2006年的第三下降为2013年的第六位，主要在于邵阳片区多以矿业为支柱产业，资源型城市受矿产资源的制约，当资源枯竭时，经济发展减缓。

6.3.2.2　空间自相关分析

1999年武陵山片区综合经济空间自相关指数为0.26，且通过检验，表明在经济十分落后的情况下，经济受自然资源环境的影响较大，经济发展空间集聚性较强。到2006年和2013年，空间自相关指数分别为0.017和0.072，且未通过检验。虽然经济都有所增长，但增长得不平衡。受行政区划的影响，中心城区往往集中了更多的政策和资源投入，使得中心城区发展更快。但由于武陵山片区原本属于落后的不发达地区，中心城区的规模较小，辐射能力有限，导致形成了许多孤立的点，分布较为离散。

6.3.3　交通优势度与区域经济相关分析

对交通优势度相关及其各维度与区域综合经济进行相关分析，得到表6-12。

表6-12　交通优势度及其各维度与综合经济相关系数

维度	相关系数	维度	相关系数
1999年交通优势度与综合经济	0.484	1999年可达性与综合经济	0.199
2006年交通优势度与综合经济	0.394	2006年可达性与综合经济	0.343

续表

维度	相关系数	维度	相关系数
2013年交通优势度与综合经济	0.331	2013年可达性与综合经济	0.383
1999年道路密度与综合经济	0.411	1999年邻近度与综合经济	0.452
2006年道路密度与综合经济	0.283	2006年邻近度与综合经济	0.258
2013年道路密度与综合经济	0.06	2013年邻近度与综合经济	0.250

从表中可以看出1999年、2006年、2013年交通优势度与区域经济都呈现正相关关系，三年相关系数分别为0.48、0.39和0.33，属于弱相关，且相关性逐渐减弱。反映了交通对经济起到一个支持性作用，但不是决定性作用。在经济落后的地区，改善交通对经济增长的乘数效用更加明显。因此，加大对贫困山区的交通基础设施建设，对扶贫开发是有利的。分维度来看，1999年道路密度和邻近度与综合经济相关性最大。道路密度主要反映了低等级道路的作用，邻近度主要反映了交通设施的作用，说明在初期加大道路网络密度和交通设施建设，有利于经济发展。但随着村村通工程和机场车站等交通设施的建设，其与综合经济的相关性开始下降，而可达性与综合经济的相关性逐渐增大，2013年，可达性与综合经济的相关性上升至第一位。可达性反映了高等级道路的作用，说明现阶段加大高速公路的建设，最有利于促进区域经济的发展。

根据2013年交通优势度的分级，分别统计各等级所包含的县域个数、GDP总数和人口数，得到表6-13。

表6-13 武陵山片区分年分段交通优势度与GDP人口占比统计表

2013年交通优势度	个数	GDP/亿元	平均GDP/亿元	人口/万人	平均人口/万人
差	21	923.3	43.97	691.55	32.93
中	21	1368.6	65.17	985.82	46.94
良	18	1849.88	102.77	850.26	47.24
好	9	1112.82	123.65	566.7	62.97
2006年交通优势度	个数	GDP/亿元	平均GDP/亿元	人口/万人	平均人口/万人
差	34	580.59	17.08	1467.89	43.17
中	18	437.85	24.33	935.18	51.95
良	11	384.93	34.99	586.32	53.30
好	6	258.38	43.06	423.77	70.63

续表

1999年交通优势度	个数	GDP/亿元	平均GDP/亿元	人口/万人	平均人口/万人
差	46	424.07	9.22	1920.29	41.75
中	16	286.16	17.89	1020.74	63.79
良	7	208.57	29.80	415.68	59.38
好					

从表中可以看出交通优势度较高的区域，平均GDP也较高，经济发展水平与交通发展水平呈正相关。而且交通条件较好的区域人口也比较集中，交通优势对人口有一定聚集作用。

6.3.4 基于耦合协调度的时空演变分析

6.3.4.1 耦合协调度整体评价

根据上面提到的耦合协调度计算方法，按照年份一一对应，分别计算1999年、2006年和2013年武陵山片区交通优势度和区域经济综合指数的耦合协调指数。各县市协调度指数的大小，以0.3、0.4、0.5、0.6、0.7、0.8和0.9为分界把交通与经济耦合系统的协调度分为8种类型并分别可视化表达。结果见图6-6。

从图6-6可以看出，1999年武陵山片区交通优势度与综合经济耦合协调度整体东高西低，协调度较高的区域主要分布在秭归—张家界—怀化—邵阳一线，该区域位于武陵山片区东部边缘，处于二三级阶梯边界，地势相对平坦，交通条件较好。与外围宜昌市、娄底市、常德市等城市联系密切，这些城市工业基础好，相对发达。受这些城市的影响，该区域经济基础在武陵山片区内部较好，经济相对发达。耦合协调度较低的区域主要位于片区西南部地区。该区域海拔较高，交通不便，缺少与外界连通的高等级道路和铁路。周边缺少大城市的辐射，经济基础较差。且是少数民族聚居区，贫困程度较深。2006年耦合协调度空间分布与1999年类似，整体上仍然是东高西低。怀化—邵阳一线的高值区域范围有所缩小，在其南部还出现了中度失调的区域。原有耦合协调度的低值区进一步向西南方向偏移，反映了1999~2006年该区域发展仍然较为落后。另一方面片区西北部发展较快，特别是黔江区周边区域，由原来的失调状态转为协调状态。2013年耦合协调度空间分部进一步变得离散，耦合协调度高值区域主要分化为两个，原西南部的高值区域进一步缩小，形成一个集中于怀化、吉首和铜仁三市的三角

第6章 贫困地区交通与经济发展协调性评价

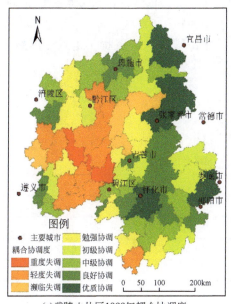

(a)武陵山片区1999年耦合协调度

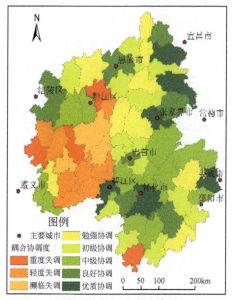

(b)武陵山片区2006年耦合协调度

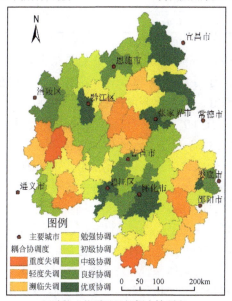

(c)武陵山片区2013年耦合协调度

图6-6 武陵山片区1999~2013年耦合协调度分布图

核心区,另一个位于片区北部,形成黔江—恩施—秭归—张家界一个半弧形区域。低值区域主要有三个区域,西南区域的低值区范围有所缩小,主要集中于务川县附近。另一个位于片区东南部,范围有所扩大,反映该区域发展速度较慢,由原来的协调状态逐渐向失调状态转换。还有一个位于黔江、吉首、张家界和恩施四市的中心区域,属于四市的中空区,受边缘效应的影响,相对发展较为滞后。

6.3.4.2 分区统计分析

表 6-14 分年各子片区耦合协调度。

表 6-14 分年各子片区耦合协调度

分年单独耦合协调度	1999 年	2006 年	2013 年
恩施片区	0.70	0.63	0.68
邵阳片区	0.79	0.75	0.57
张家界片区	0.82	0.87	0.79
怀化片区	0.75	0.74	0.71
湘西片区	0.57	0.66	0.56
黔江片区	0.60	0.69	0.83
铜仁片区	0.50	0.50	0.59

从子片区来看,1999 年耦合协调度最高的是张家界片区,为 0.82,其次是邵阳片区和怀化片区,分别为 0.79 和 0.75。说明该区域经济基础和交通基础在武陵山片区内部相对较好。耦合协调度最差的是铜仁片区,仅为 0.50,其次是湘西片区和黔江片区,分别为 0.57 和 0.60。该区域发展水平较为低下,相对落后。到 2006 年,武陵山片区耦合协调度整体格局变化不大,张家界片区、邵阳片区和怀化片区耦合协调度仍然位居前三,铜仁片区仍然位居最后。湘西片区和黔江片区的耦合协调度都有 0.9 的提升,而恩施片区有 0.7 的下降,落到了倒数第二。到 2013 年,武陵山耦合协调度有了较大幅度变化。黔江片区耦合协调度大幅提升 1.4,达到 0.83,成为第一。邵阳片区大幅下降 1.8,成为倒数第二。铜仁片区增加 0.9,从倒数第一上升至第五位。张家界和怀化片区耦合协调度有所下降,但仍然位于前三位。总体来说,张家界片区与怀化片区交通与经济在武陵山区域内部发展一直相对较好,排位较高。黔江片区受重庆直辖的影响,近十多年来一直快速发展,稳步提升。邵阳片区发展相对滞后,虽然基础较好,但缺乏新的增长动力,产业需要转型和升级。

6.3.4.3 空间自相关分析

武陵山片区交通优势度与综合经济耦合协调度全局空间自相关指数分别为

0.47、0.42、0.32，且通过检验，说明存在空间上具有集聚性。但空间自相关指数在不断减小，说明集聚效应越来越弱，分布越来越分散，区域发展相对更加均衡。武陵山片区 1999～2013 年耦合协调度 LISA 图如图 6-7 所示。

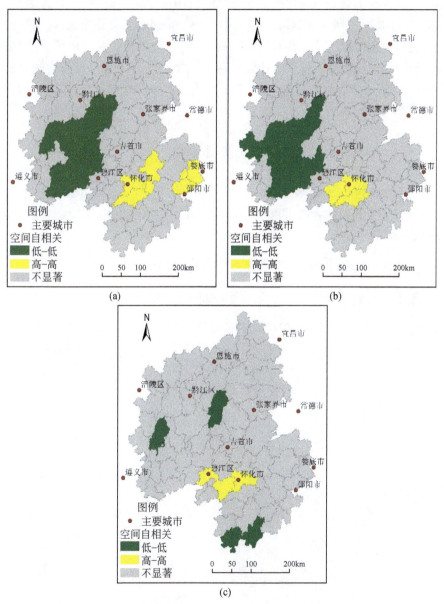

图 6-7 武陵山片区 1999～2013 年耦合协调度 LISA 图

从局部空间自相关分布来看，1999 年高-高聚集的区域分布在怀化—娄底、邵阳一线，包括以怀化为中心的怀化市区、洪江市、溆浦县和以娄底冷水江市为中心的冷水江市、涟源市、新邵县两部分。低−低聚集的区域集中在片区西南部。2006 年高−高聚集的区域发生了一定变化，只剩下以怀化为中心的连片区域，且聚集中心向西部移动，包括怀化市区、洪江市和芷江县。低−低聚集区域仍是集中在片区西南部，且向西南部有稍许偏移。到 2013 年高−高聚的区域继续向西移动，包括怀化市区、芷江县和铜仁市碧江区，高−高聚集区域由原来的怀化—娄底、邵阳一线逐渐变为现在的怀化—铜仁一线。低−低聚集的区域有很大变化，范围缩小，变得更加分散，形成了务川县、龙山县和通道县—城步县为中心的三个低值聚集区域。

6.3.5 基于重心点的时空演变分析

以武陵山片区各县域为研究单元，结合重心点模型，计算出每年的交通优势度、区域综合经济和耦合协调度重心坐标，并利用 ArcGIS10.1 绘制武陵山片区各项重心移动图。

6.3.5.1 交通优势度重心点迁移变化分析

武陵山片区交通优势度重心点移动图如图 6-8 所示。

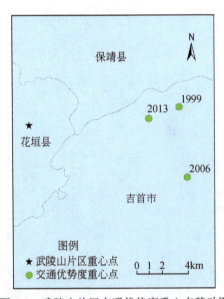

图 6-8　武陵山片区交通优势度重心点移动图

计算结果显示如下。

1) 1999～2013年武陵山片区交通优势度重心点一直位于吉首市界内，且在片区重心点东侧，说明武陵山片区东侧交通情况要优于西部。与片区重心点相比，东西方向的距离要远远超过南北方向。东西距离重心点距离在 9.5～13.5km，南北距离重心点距离在 1.5～4km，说明武陵山片区内部南北之间交通差距小于东西差距，且整体上北部交通略好。

2) 交通优势度重心点先向东南方向移动，后向西北方向移动。整体趋势向着接近武陵山片区重心点的方向移动，反映了片区交通优势度有逐渐均衡的趋势。

3) 交通优势度重心点变化总体较小，1999～2013年交通优势度重心点仅仅移动了 2.5km，表明武陵山片区整体交通优势格局变化不大。

6.3.5.2 综合经济指数重心点迁移变化分析

武陵山片区综合经济指数重心点移动图如图 6-9 所示。

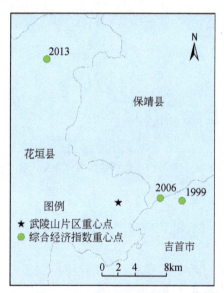

图 6-9　武陵山片区综合经济指数重心点移动图

计算结果显示如下。

1) 1999～2013 年，武陵山片区综合经济指数重心点从吉首市移动到保靖县再到花垣县。且都在片区重心点的北侧，说明片区北部经济一直优于南部经济。

2) 经济重心点一直向西北方向移动，1999～2006 年相对移动距离较小，略微向西北方向移动了约 2.7km。2006～2013 年相对移动距离较大，移动了19.5km。说明 2006 年后片区经济变化较大。

3) 1999~2006 年，武陵山片区综合经济指数重心点位于片区重心点的东侧，到了 2013 年，武陵山片区综合经济重心点位于片区重心点的西侧。反映了片区经济重心逐渐向西移动，与交通优势度的移动方向大致相一致。

6.3.5.3 耦合协调度重心点迁移变化分析

武陵山片区耦合协调度重心点移动图如图 6-10 所示。

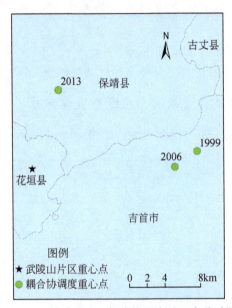

图 6-10 武陵山片区耦合协调度重心点移动图

计算结果显示如下。

1) 1999 年和 2006 年，耦合协调度重心点在吉首市境内，2013 年移动至保靖县境内。

2) 1999~2006 年，交通与区域经济耦合协调度重心点先向西南方向移动，2006–2013 年，耦合协调度又向西北方向移动。

3) 1999~2013 年，耦合协调度重心点总体一直向西移动，反映了片区西部在这些年间经济和交通发展更快，但与此同时，耦合协调度的重心点仍然在片区重心点东侧，说明片区东部仍然有优势。虽然东部经济与交通相对较好，但与西部差距在逐渐缩小，耦合协调度重心点与武陵山片区的重心点在东西方向上的差距由 1999 年的 18.6km 缩减至 2006 年的 16km，再到 2013 年的 3km。片区东西部发展有逐渐均衡的趋势。

4) 耦合协调度虽然在 2006 年略微有所向南偏移，但在南北方向上总体处于片区北部。特别是2013年耦合协调度片区重心点位于武陵山重心点北部7.6km,且有增大趋势,反映了北方交通与经济的发展程度更快,南部地区有所落后。

6.3.5.4 重心点迁移综合分析

统计武陵山片区各年各指标重心点坐标,结果见表6-15。

表6-15 武陵山片区各年各指标重心点坐标　　　　（单位：m）

项目	X	Y
武陵山重心点坐标	446863	3004190
1999年交通优势度重心点坐标	458584	3005563
2006年交通优势度重心点坐标	459210	3000208
2013年交通优势度重心点坐标	456243	3004673
1999年综合经济重心点坐标	454734	3004410
2006年综合经济重心点坐标	452047	3004710
2013年综合经济重心点坐标	438070	3021547
1999年单独耦合协调度重心点坐标	465469	3006062
2006年单独耦合协调度重心点坐标	462957	3004344
2013年单独耦合协调度重心点坐标	449850	3012798

注：重心点坐标值是在Albers投影下计算获得,标准纬线为25°和47°,中央经线为105°。

1999~2013年交通重心点和综合经济重心点距离逐渐变大,1999年,两者东西方向相差约3.8km,南北差约1.1km。2006年,两者东西相距约7.2km,南北相距约4.5km。到2013年,交通重心与经济重心东西差距扩大到18km,南北扩到17km。反映了交通与经济的相关关系越来越小,越是在经济发展水平低下的情况下,交通对经济的影响才更强。当交通与经济发展到一定程度时,交通只是作为影响经济发展的一个因素,受边际效应的影响,对经济的支持作用的重要性会有所下降。

6.4　武陵山片区交通优势度发展与区域经济增长预测和评价

6.4.1　预测分析

6.4.1.1　基于交通规划的武陵山片区交通优势度预测

根据武陵山片区规划,全国机场规划和铁路规划预测,重庆市、湖北省、湖南省和贵州省三省一市的交通规划，在 ArcGIS 中对这些规划进行矢量化，建立相应的交通数据库。根据前面的研究方法对武陵山片区 2020 年交通优势度进行预测，按照 2013 年的交通优势度自然断点分类间隔，进行显示，并在图 6-11 中反映出来。

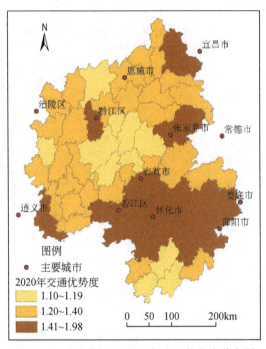

图 6-11　武陵山片区 2020 年交通优势度分布图

从分布上来看，片区外围交通优势度要明显高于内部区域。高值区主要集中在怀化、铜仁、吉首；冷水江市、邵阳；秭归、长阳、张家界两团一线区域。此外，重庆的黔江区、遵义的湄潭县和余庆县也具有较高的交通优势度。最大的低值区位于片区中部，处于黔江片区的南部、铜仁片区的北部和湘西片区北部的交界处。另一低值区主要位于怀化片区和邵阳片区的南部。

6.4.1.2　武陵山片区区域经济增长预测

自从改革开放以来，中国经济突飞猛进，整体呈指数增长。因此，本书根据过往年份的经济数据，对武陵山片区县域区域经济增长采用指数模型进行外推预测，拟合优度都在 0.9 以上。对预测后的各指标采用因子分析法，得到 2020 年武陵山片区县域区域综合经济指数。将结果与对应区域连接，在 ArcGIS 中按照自然断点法，得到 2020 年预测的武陵山综合经济分布图，见图 6-12。

第6章 贫困地区交通与经济发展协调性评价

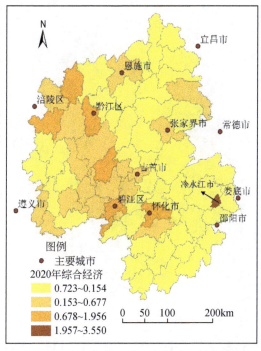

图 6-12 武陵山片区 2020 年综合经济预测图

从图 6-12 可以看出武陵山片区整体经济较差，整体水平较低。经济最好的位于冷水江市，主要得益于冷水江市是资源城市，素有"世界锑都"和"江南煤海"之称，形成了钢铁、有色、煤电、煤化、建材等五大传统支柱产业。冷水江市人口较少，人均经济有着资源城市普遍存在的较高的特点。其他高值区域主要分布在黔江区、怀化市、铜仁碧江区等中心城市市区，恩施市、吉首市、张家界市，也在各自的区划内具有相对优势。总体来看，武陵山片区综合经济分布相对离散，区域间经济联系较弱。中心城区综合经济相对较好，大致以中心城区向边缘扩散，呈中心–外围结构。

6.4.1.3 耦合结果预测

将预测的武陵山片区 2020 年交通优势度与 2020 年综合经济值进行耦合协调度的计算，得到武陵山片区 2020 年预测的耦合协调度图，如图 6-13 所示。

从图 6-13 可以看出，根据预测，武陵山片区交通优势度与经济耦合协调度最高的区域位于怀化市、洪江市、铜仁市碧江区、玉屏县和湘西凤凰县。耦合协调度最低的地方位于湘西的龙山县、永顺县和怀化的通道县。从整体来看，协调度较高的区域位于怀化—铜仁—遵义一线、秭归—长阳—张家界一线和黔江—涪

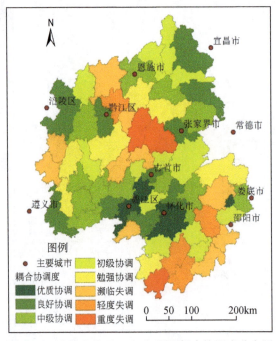

图 6-13 武陵山片区 2020 年预测耦合协调度分布图

陵一线。低值区主要位于片区中部和片区东南部。

6.4.2 与现状对比分析

从表 6-16 可以看出,按照规划,武陵山片区交通优势度较 2013 年有较大提升。2013 年片区平均交通优势度约为 1.158。1999 年,2006 年到 2013 年片区平均交通优势度提高约为 0.1。2020 年较 2013 年提升了 0.25。表明武陵山片区交通规划整体效果比较明显,大大改善了武陵山片区交通落后的现状。

表 6-16 武陵山片区交通优势度均值

年份	1999 年	2006 年	2013 年	2020 年
交通优势度	0.935	1.043	1.158	1.409

从空间分布上来看,原有的交通条件较好的地区交通优势度进一步加强,形成了以怀化和邵阳为中心的两大高值区,且连接成片。片区西南部的铜仁片区交通优势度提升最为明显,由 2013 年最差的地区提升了两个等级。片区中部交通发展最为落后,规划对其促进作用较小。

从经济上来看，各项经济指标较 2013 年基本实现了翻翻，区域经济有了较快发展。但从空间格局上来看，变化不大，依然是中心城市发展更好，呈中心-外围结构。黔江、怀化、铜仁经济相较于吉首、恩施、张家界发展更快，后者经济中心地位在片区内部有所下降。

根据预测结果，做出 2020 年武陵山片区交通优势度、综合经济指数和耦合协调度的重心点分布，并与 2013 年进行比较，得到图 6-14 和表 6-17。

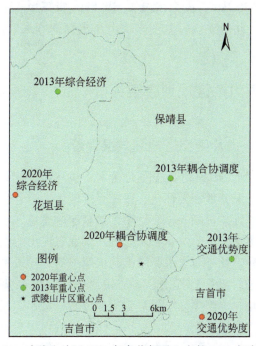

图 6-14　武陵山片区 2020 年各指标重心点较 2013 年变化图

表 6-17　武陵山片区 2020 年和 2013 年各指标重心点坐标　（单位：m）

项目	X	Y
武陵山重心点坐标	446863	3004190
2013 年交通优势度重心点坐标	456243	3004673
2013 年综合经济重心点坐标	438070	3021547
2013 年份年单独耦合协调度重心点坐标	449850	3012798
2020 年交通优势度重心点坐标	453111	2998835
2020 年综合经济重心点坐标	433637	3011141
2020 年耦合协调度重心点坐标	444605	3006101

注：重心点坐标值是在 Albers 投影下计算获得，标准纬线为 25°和 47°，中央经线为 105°

从图 6-14 可以看出，2020 年交通优势度、区域综合经济、耦合协调度相较于 2013 年同时向西南方向进行移动，表明规划对片区西南区域促进作用最大，而东北地区发展相对较慢。其中交通优势度较 2013 年移动了 6.6km，综合经济重心点移动了 11.3km，耦合协调度重心点移动了 8.5km。2020 年交通与综合经济重心点的差距有小幅缩小，从 2013 年的 24.8km，缩减至 23km。2020 年各指标重心点距片区重心点距离都有所接近，其中交通优势度重心点与区域重心点距离从 9.4km 缩减至 8.2km，综合经济从 19.5km 缩减至 15km，耦合协调度从 9.1km 缩减至 3km。表明到 2020 年武陵山片区交通和经济发展在整体上更加均衡。

6.4.3　武陵山片区规划效果评价

6.4.3.1　武陵山片区交通规划效果评价

《武陵山片区规划》中提到要加强交通主干道建设，建设"两环四横五纵"交通主通道。建设和完善黔江、怀化、张家界等区域性综合交通枢纽，加快形成连接重庆、武汉、长沙、贵阳等中心城市的综合运输通道。各省根据自己省内的实际情况，提出了更进一步的细化要求。其中湖北省提出：确立以恩施州城、宜昌市"1 小时交通圈"及与周边主要城市的快速连通。建设恩施、利川、来凤等区域性综合交通枢纽。湖南省提出：要加快"一环三横二纵"交通建设，培育吉首、张家界、怀化、邵阳等区域性综合交通枢纽。贵州省提出把碧江区建设成为连接贵州省、湖南省通道上的节点城市。重庆市规划中提出：要提速建设以黔江为核心的综合交通枢纽，增强对外通道疏解能力。形成贯通武陵山片区、连通武汉、长沙等周边中心城市的重要综合交通枢纽。

将武陵山片区交通提出的"两环四横五纵"交通主通道规划反映在 2020 年武陵山片区交通优势度预测图上，如图 6-15 所示，可以清楚地看出规划的效果。其中外环和内环两条环线比较明显，内环是连接武陵山片区中心城区的环线，是区域内部物资、人员、信息交流的核心，内环沿线县域交通优势度较高，形成了等级较高的圈层结构。外环是武陵山外围区域的连接通道，虽然外围间相互联系不如内部紧密，但是是对武陵山片区区域联系、交流的一个很好的补充。外环线交通优势度提升明显，虽然没有内环圈层高，但也形成了相对较低水平的圈层结构。此外，轴线上的县域交通条件提升也相对明显，特别是多条轴线的交汇处，交通优势度等级较高。分省来看，湖北省宜昌附近的长阳县、秭归县交通优势度相对较高，而恩施市的交通枢纽地位并不十分明显，利川、来凤两县交通优势度等级也并不高,湖北省整体的交通规划效果不是特别显著。湖南省提出的"一环三横两纵"战略效果明显,大大加强了其武陵山片区内部县域与湖南中心城市的联系,吉首、张家界、怀化、邵阳在区域内交通优势明显,综合交通枢纽地位加强。贵州省的碧江区位于三条规划轴线的交汇点,成功连通了遵义—铜仁—怀化—邵阳一线,成为贵州省、湖南省连接通道上的重要节点城市。黔江区在其分区内部交通优势地位进一步加强,交通优势度等级最高,枢纽地位明显。但其向南辐射的能力有限,影响范围较小。

总体来讲,规划效果实施的结果比较理想,交汇点枢纽作用体现明显,轴线提升显著,圈层结构清晰。但是规划结果在武陵山片区内部圈层形成了一个"洼地"。该"洼地"正好位于湖北、湖南、贵州、重庆三省一市的相互交界处,属于各省管理最为薄弱的区域,与本省中心城市联系最为困难。此外规划的几条轴线正好从其边缘穿过,受益相对较小,交通优势度提升较慢,成为落后区域,形成洼地。

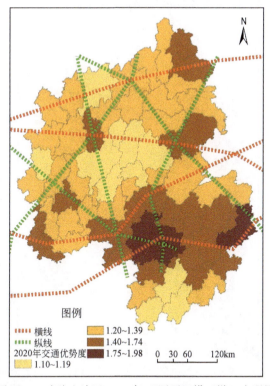

图6-15 武陵山片区2020年"两环四横五纵"交通图

6.4.3.2 武陵山片区经济规划效果评价

《规划》中提到要加强与重庆主城区、武汉市、贵阳市、长沙市和长三角地区、成渝经济区、长株潭城市群、武汉城市圈等周边重要城市及重点经济区的经济联系，构建"六中心四轴线"经济带格局。

将规划中反映的"六中心四轴线"经济带展示在2020年武陵山片区经济预测图上，如图6-16所示。我们可以看出，按照原有发展轨迹，六中心目标基本可以实现，怀化市、铜仁市、吉首市、张家界市、恩施市和黔江区作为武陵山片区的中心城市，经济发展水平在各自片区内部都较高，中心地位体现得比较明显。但是四条经济带的发展并不是特别理想，四轴线中只有一条基本实现，即万州—黔江—铜仁—凯里，该轴线上经济整体发展较好。有两条轴线实现了一半即重庆—黔江和贵阳—铜仁—怀化部分。另外一半黔江—恩施—宜昌和怀化—邵阳—长沙轴线发育不好。剩下一条轴线发育不完全，只是孤立的几个经济中心点，并没有连成一线，形成连片发展的格局。

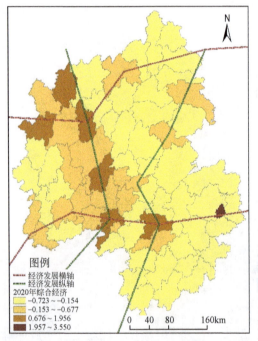

图6-16 武陵山片区2020年"六中心四轴线"经济格局图

当然，这只是根据以往的经济发展水平进行的推算，并没有考虑到政策导向的影响。特别是发育不完全的第二条纵向轴线，其经济基础原本较好，但是由于其大部分属于资源型城市，随着资源的不断开采，资源枯竭现象逐渐严重，加上产业结构的不合理，可持续发展能力不强，随着时间经济发展才逐渐落后。因此，该区域经济发展急需转型，改变以往单一依靠资源支撑的发展的模式，加大政策支持力度，大力扶持接续替代产业发展，进一步优化经济结构，提高经济发展的质量和效益。该区域交通相对便利，应该充分利用这个优势，发挥政府投资带动作用与市场自动调节激励作用，形成新的经济增长点，支撑经济轴线的发展。

6.4.3.3 武陵山片区交通枢纽规划效果评价

交通枢纽反映了其交通优势的辐射范围，本书以空间自相关来判断枢纽程度。用县与县之间的时间成本构建空间自相关的连接矩阵。分别以 1 小时、1.5 小时、2 小时、2.5 小时、3 小时作为间隔点，作为判断空间连接矩阵的条件。通过空间自相关公式，计算每个时间间隔点的交通优势度局部空间自相关指数，以 $p<0.01$ 为置信区间，得到如图 6-17～图 6-20 所示的武陵山片区不同时间间隔的交通优势度 LISA 图。

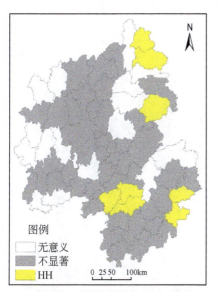 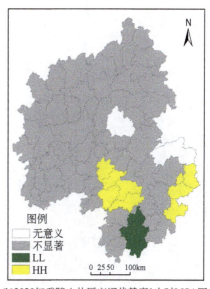

(a) 2013年武陵山片区交通优势度1小时LISA图　(b) 2020年武陵山片区交通优势度1小时LISA图

图 6-17　武陵山片区交通优势度 1 小时 LISA 图

从图 6-17～图 6-21 可以看出，随着时间间隔的增加，区域聚集区域范围先增加后减小，这反映了区域中心的影响范围。当时间间隔较小时，根据时间间隔判断的邻接矩阵并没有完全包括区域中心的影响辐射范围，因此时间间隔增加，

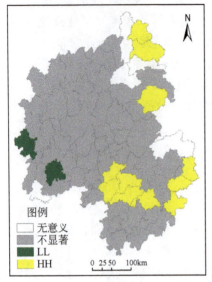 

(a)2013年武陵山片区交通优势度1.5小时LISA图　　(b)2020年武陵山片区交通优势度1.5小时LISA图

图 6-18　武陵山片区交通优势度 1.5 小时 LISA 图

 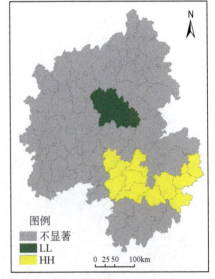

(a)2013年武陵山片区交通优势度2小时LISA图　　(b)2020年武陵山片区交通优势度2小时LISA图

图 6-19　武陵山片区交通优势度 2 小时 LISA 图

聚集区范围也会随之增加。当时间间隔较大时，超过了区域中心的辐射影响范围，会包含一些低值区域，从而使计算值变低，未通过显著性检验，聚集区范围

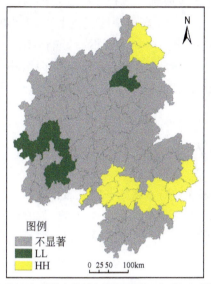
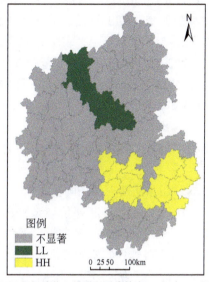

(a)2013年武陵山片区交通优势度2.5小时LISA图　　(b)2020年武陵山片区交通优势度2.5小时LISA图

图 6-20　武陵山片区交通优势度 2.5 小时 LISA 图

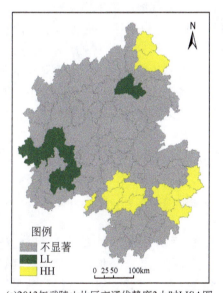
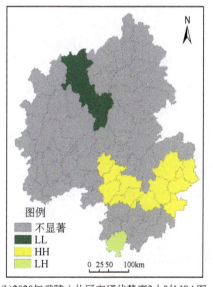

(a)2013年武陵山片区交通优势度3小时LISA图　　(b)2020年武陵山片区交通优势度3小时LISA图

图 6-21　武陵山片区交通优势度 3 小时 LISA 图

会缩减。因此，这个区域范围最大的时间间隔点，就对应着聚集中心的辐射影响范围。

2013年和2020年交通优势度高–高聚集区域都主要位于怀化市附近。表明怀化市是整个武陵山片区的交通枢纽。2013年高–高聚集区域在1.5~2小时有增加，2~2.5小时稳定，表明2013年怀化市作为区域交通枢纽影响范围约为2小时。2020年高–高聚集区域范围在2~2.5小时有增加，2.5~3小时减小，表明2020年怀化市作为交通枢纽的影响范围扩大至2.5小时。反映了通过规划，到2020年，怀化市综合交通枢纽地位加强。

6.5　本章小结

本章在总结前人研究的基础上，以国家连片特困区之一的武陵山片区为研究区域，构建交通优势度评价模型和区域经济评价模型，以1999年、2006年和2013年三个时间节点，多时相、多角度分析其时空演变格局和相互关系，并结合《规划》对规划实施效果进行评价。

通过以上研究，得到如下结论。

1）武陵山片区交通优势度稳步上升，且后期交通优势度增速快于前期，片区东部交通优势度明显高于西部，高值区沿东部边缘呈L形分布。武陵山片区交通优势度分布格局具有空间集聚性，片区内部交通优势度集聚格局变化不大，主要形成了以怀化市区为中心的高–高集聚区。低–低集聚区域主要集中于四省市相互交界处，并逐渐向西部移动。片区交通优势度差异先增大，后减小，武陵山片区各子区域间的差异相对较小，区域内部的差异相对较大，构成差异的主要部分。南部各子片区内部的差异相对较大，北部各子片区内部差异相对较小。道路的修建可有效缩小武陵山片区内部交通差异，交通设施的集聚可增大差异，高速公路的合理建设是促进交通均衡发展的重要途径。

2）武陵山片区经济稳步发展，片区经济水平不断提高。但经济发展集聚性不强，呈散点分布，中心城区发展明显好于其他周边区域，且有逐渐向中心城区集中的趋势。西部地区经济发展更快，东部基础虽然较好，但大部分属于资源型城市，经济后续发展动力不足。

3）交通与经济呈正向相关关系，但相关关系逐渐减弱，表明交通对经济的发展起基础作用，但经济受其他因素的影响，特别是资源型城市，交通对其经济的持续增长支撑作用相对较弱。现阶段高等级公路的建设，对综合经济的发展促进作用最大。从空间上来看，片区东部交通和经济都相对优于西部地区，但差距逐渐缩小，并趋于均衡。西部地区发展更快，东部基础虽然较好，但大部分属于资源型城市，经济后续发展动力不足，经济发展落后于交通建设。西部地区在交通改善的条件下，突破了交通限制的瓶颈，经济发展逐渐提速，与交通的协调性逐渐增大。

4）武陵山片区西南部受规划影响最大，提升最为明显。"两环四横五纵"交通规划基本实现，交汇点枢纽作用体现明显，轴线提升显著，圈层结构清晰。但在武陵山片区内部圈层四省市相互交界处形成了一个"洼地"，需要进一步打破行政壁垒，统筹规划，加强不同行政边界城市间的联系。怀化在区域中的综合交通枢纽地位显著，黔江、张家界交通枢纽地位还需要进一步增强。"六中心四轴线"经济带格局中"六中心"目标可以基本实现，但轴线发育不好，以点带轴效果并不显著。特别是片区东部的县域需要产业转型和升级，利用原有较好的经济基础和交通条件，培育新的主导产业，支撑轴线的发展。

第7章 贫困地区农村基本公共服务与经济发展协调性评价

　　基本公共服务与经济发展之间存在着密切的相互作用联系。中国全面建设小康社会的宏伟蓝图要求农村经济与社会公共服务的协调同步发展。近年来，随着国家扶贫力度的不断加深，中国农村贫困人口大幅减少，收入水平稳步提高，但是农村区域发展不平衡问题日益突出，制约贫困地区发展的深层次矛盾依然存在，其中基本公共服务供给的不足和非均衡化发展深层次制约着区域扶贫成效的稳固性和持续性，全面加强贫困地区农村基本公共服务的制度建设显得非常紧迫。"新纲要"也要求大力推进农村基本公共服务和社会经济协调同步发展，并将农村基本公共服务均衡化发展水平作为未来十年贫困县扶贫成效监测的核心指标之一。在此背景下，如何客观综合评判各个片区贫困县的农村基本公共服务发展水平及其与经济的协同发展水平，成为"新纲要"背景下一个亟待研究的重要议题。鉴于此，本研究以满足当前"新纲要"精准扶贫开发战略需求为目标，分别选取武陵山区及大兴安岭南麓山区、秦巴山区等连片特困区作为研究区，采用贫困县农村社会发展监测数据，结合研究区区位条件设计农村基本公共服务评价指标体系，构建面向"新纲要"扶贫开发战略的连片特困地区贫困县农村基本公共服务评价模型及农村基本公共服务与县域经济发展综合评价模型，并借助GIS空间分析方法、计量地理方法，从片区间宏观尺度逐步微观化到县域角度评价研究区农村基本公共服务综合发展水平，多角度分析"新纲要"实施以来五大片区农村基本公共服务与县域经济二者之间的协调及同步发展程度，以期为农村基本公共服务资源的均衡化配置、促进农村基本公共服务与县域经济协调发展提供技术支持与辅助决策参考，为后续指导县域发展、缩小区域发展差距的扶贫资源优化配置及差异化扶贫决策提供瞄准贫困对象的前瞻性依据。

7.1 农村基本公共服务评价方法

7.1.1 农村基本公共服务评价指标体系的构建

7.1.1.1 农村基本公共服务评价指标体系的构建

《国家基本公共服务体系"十二五"规划》认为基本公共服务一般包括保障基本民生需求的教育、就业、社会保障、公共卫生、计划生育、住房保障、文化体育等领域的公共服务。本书借鉴国内外学者的研究报告，遵循指标体系建立的科学性、目的性、系统性、可操作性等原则，参考"新纲要"中关于基本公共服务的监测指标与任务，结合研究区的区位特点，同时考虑评价体系的完整性和数据的可获得性，构建了由基础教育、环境保护、公共安全服务、公共文化、公共卫生、社会保障、一般公共服务、农村基础设施 8 个维度综合而成的基于贫困地区农村基本公共服务评价指标体系（表 7-1）。这是现阶段农民共同需求的最基本的公共服务，也是依据法律法规和政策规定政府必须面向公众并为农业生产和农民生活提供的基础性服务。

7.1.1.2 指标的判别能力识别与筛选

为了衡量指标的判别能力，采用内部一致性系数来鉴别指标区分评价对象的特征差异能力，公式如下：

$$V_i = \frac{\overline{X}}{S_i} \tag{7-1}$$

式中，$\overline{X}$ 为所有评价对象指标的平均值，S_i 为评价对象指标的标准差。若 V_i 的值越大，则说明该指标反映的一致性越好，也就是说该指标的判别能力越差；相反，则说明该指标的判别能力越好。

7.1.1.3 基本公共服务指标标准化处理

在构建的农村基本公共服务指标体系中，所有指标数据的量纲不同不能直接用于计算。通过线性变换对指标数据进行归一化处理，转换为无量纲的数值。公式如下：

$$X'_{ij} = \frac{X_{ij} - X_{ij\min}}{X_{ij\max} - X_{ij\min}} \tag{7-2}$$

式中，X_{ij} 为样本数据，$X_{ij\max}$ 为样本数据的最大值，$X_{ij\min}$ 为样本数据的最小值。$i = 1, 2, \cdots, 64$；$j = 1, 2, \cdots, 28$。

7.1.2 农村基本公共服务综合指数的测定

农村基本公共服务综合指数是可以定量评价区域基本公共服务整体发展水平的综合性指标，综合指数越大表明该区域的基本公共服务整体水平发展较好，综合指数越小表明该区域的基本公共服务整体水平发展较差。

7.1.2.1 基于博弈论的主客观权重法

常用的权重确定方法有主观法和客观法，层次分析法（AHP）是一种典型的主观赋权法，它依赖专家经验和已有知识来确定指标的重要程度，主观性强；熵值法（EVM）是一种典型的客观赋权法，它根据指标数据的波动性确定各个指标的重要程度。本书用 AHP 法和 EVM 法确定满足主客观条件的指标权重，既弥补 AHP 法主观性强的缺点，使权重客观，也能满足研究者对指标的偏好；并基于博弈论思想，即极小化可能的权重跟各基本权重之间的各自偏差，在不同权重之间寻找一致或妥协，得到一组优化权重值（表 7-1）。

由 AHP 法确定的指标主观权重向量为

$$W = (W_1, W_2, \cdots, W_m) \tag{7-3}$$

利用熵值法确定的客观权重向量为

$$U = (U_1, U_2, \cdots, U_m) \tag{7-4}$$

优化模型的矩阵形式如下：

$$\begin{bmatrix} W \cdot W^T & W \cdot U^T \\ U \cdot W^T & U \cdot U^T \end{bmatrix} \begin{bmatrix} \alpha w \\ \alpha u \end{bmatrix} \begin{bmatrix} W \cdot W^T \\ U \cdot U^T \end{bmatrix} \tag{7-5}$$

故组合权重值为

$$W = \alpha w \cdot W + \alpha u \cdot U \tag{7-6}$$

αw 为 AHP 的权重值；αu 为 EVM 的权重值。此外，应该保证指标体系中所有维度的权重值和为 1。

表 7-1 农村基本公共服务指标权重体系

维度	维度权重	评价指标及单位	主观权重	客观权重	主客观权重
基础教育（A）	0.154	学前三年教育毛入园率/%，A_1	0.026	0.011	0.026
		高中阶段教育毛入学率/%，A_2	0.130	0.007	0.097
		有幼儿园或学前班的行政村比率/%，A_3	0.026	0.018	0.030

续表

维度	维度权重	评价指标及单位	主观权重	客观权重	主客观权重
环境保护（B）	0.154	绿化覆盖率/%，B_1	0.037	0.003	0.029
		有生产生活垃圾集中堆放点的行政村比率/%，B_2	0.010	0.040	0.033
		有垃圾填埋场地的行政村比率/%，B_3	0.010	0.050	0.039
		有专职保洁员的行政村比率/%，B_4	0.005	0.077	0.053
公共安全服务（C）	0.137	有警务室的行政村比率/%，C_1	0.030	0.069	0.066
		有社区民警的行政村比率/%，C_2	0.030	0.077	0.071
公共文化（D）	0.123	有文化/体育活动广场的行政村比率/%，D_1	0.005	0.043	0.031
		有健身器材的行政村比率/%，D_2	0.005	0.057	0.040
		通广播电视的行政村比率/%，D_3	0.025	0.006	0.022
		通宽带网络的行政村比率/%，D_4	0.025	0.018	0.029
公共卫生（E）	0.148	有卫生室的行政村比率/%，E_1	0.081	0.006	0.062
		千人卫生机构床位数，E_2	0.081	0.044	0.086
社会保障（F）	0.246	千人社会福利院床位数，F_1	0.014	0.050	0.042
		千人参加新型农村合作医疗保险数，F_2	0.067	0.011	0.055
		千人参加新型农村社会养老保险数，F_3	0.067	0.085	0.103
		有社区服务中心的行政村比率/%，F_4	0.014	0.057	0.047
一般公共服务（G）	0.113	有农民专业合作经济组织的行政村比率/%，G_1	0.030	0.031	0.042
		有贫困村互助资金组织的行政村比率/%，G_2	0.030	0.077	0.071
农村基础设施（H）	0.282	通水泥/沥青公路的行政村比率/%，H_1	0.065	0.009	0.052
		通电的行政村比率/%，H_2	0.075	0.001	0.055
		通客运班车的行政村比率/%，H_3	0.009	0.012	0.014
		有农家超市的行政村比率/%，H_4	0.007	0.023	0.020
		自来水普及率/%，H_5	0.065	0.019	0.059
		有设施农业大棚的行政村比率/%，H_6	0.014	0.040	0.036
		有设施畜牧业大棚的行政村比率/%，H_7	0.014	0.057	0.046

7.1.2.2 农村基本公共服务综合指数

基于上述的工作，已经获得了农村基本公共服务评价指标体系、权重分布、标准化数据值。通过下述公式计算农村基本公共服务综合指数：

$$\text{RBPS}_i = \sum_{j=1}^{n} X'_{ij} w_j \tag{7-7}$$

式中，X'_{ij}为标准化后的农村基本公共服务指标值；w_j为每一类指标的权重值。

利用韩增林等在城市质量特征差异分析中提出的通过城市得分与平均值的距离测度各城市质量差异，对武陵山片区农村基本公共服务综合指数进行分级，公式如下：

$$D = \frac{\text{RBPS}_i - \overline{\text{RBPS}}}{\sigma} \tag{7-8}$$

式中，$\overline{\text{RBPS}}$为农村基本公共服务综合指数平均值，σ为标准差。以1个标准差为单位，划分4个等级，分别为富集区（$D \geq 1$）、均衡区（$0 \leq D < 1$）、短缺区（$-1 \leq D < 0$）、严重短缺区（$D < -1$）。

7.2 农村基本公共服务发展水平的差异分析方法

7.2.1 基于基尼系数的农村基本公共服务均衡化水平的差异分析

反映均衡化程度的统计指标有变异系数、基尼系数、泰尔指数等，本书选用基尼系数来反映武陵山片区及省级范围农村基本公共服务的整体差异水平。基尼系数最早由基尼提出并用于衡量一个地区居民收入分配差距情况。现将基尼系数用于农村基本公共服务的研究，可以较客观、细致地反映武陵山片区及省的农村基本公共服务各维度的总体不均衡程度和各维度之间的差距。一般认为，基尼系数处于0.3以下的农村基本公共服务的维度为最佳的平均状态；处于0.3~0.4为正常状态；超过0.4为警戒状态；达到0.6以上则为高度不公平的危险状态。公式如下：

$$G = \sum_{i=1}^{n} Y_i X_i + 2 \sum_{i=1}^{n-1} Y_i (1 - V_i) - 1 \tag{7-9}$$

式中，Y_i为各县的人口数占总人口数的比例；X_i为各县的维度值占总维度值的比例；V_i为按人均指标排序后X_i从$i=1$到i的累计数。

7.2.2 基于LSE的农村基本公共服务发展水平的差异分析

本书引入LSE（least square error，最小方差法）模型反映武陵山片区64个县之间农村基本公共服务的差异水平，确定农村基本公共服务维度指标对各县的主要影响程度，将维度进行空间上的分解。LSE最初由美国地理学家提出，根据方差的特性，通过实际分布与理论分布之间偏差最小的样本数量来反映一个地区的实际情况（孙才志，2012），公式如下：

$$S^2 = \frac{1}{n}\sum_{i=1}^{n}(X_i - \overline{X})^2 \tag{7-10}$$

式中，S^2 为方差；X_i 为样本数据；$\overline{X}$ 为样本的平均值；n 为样本数。

7.3 武陵山片区农村基本公共服务均衡化发展的结果分析

7.3.1 研究区与研究数据

武陵山片区，国家14个连片特困区之一，位于湖北、湖南、重庆、贵州四省的交界地区，依据《武陵山片区区域发展与扶贫攻坚规划（2011—2020年）》，共包括71个县（市、区）。其中湖北11个县市、湖南37个县市区、重庆7个县区和贵州16个县市。国土总面积为17.18万 km^2，共确定11303个贫困村，占全国的7.64%。片区71个县（市、区）中有42个国家扶贫开发工作重点县，13个省级重点县，贫困发生率为11.21%，比全国高7.41个百分点。武陵山片区的教育、文化、卫生、体育等方面软硬件建设严重滞后，城乡居民就业不充分。人均教育、卫生支出仅相当于全国平均水平的51%。中高级专业技术人员严重缺乏，科技对经济增长的贡献率低。武陵山片区集革命老区、民族地区和贫困地区于一体，是跨省交界面大、少数民族聚集多、贫困人口分布广的连片特困地区，也是重要的经济协作区。对武陵山片区农村基本公共服务进行全方面研究，加强武陵山片区农村基本公共服务的制度建设，有利于贫困人口整体脱贫致富，有利于缩小地区发展差距，对深入探索区域发展和扶贫攻坚新机制、新体制和新模式，以及为新阶段全国集中连片特殊困难地区扶贫攻坚提供示范具有十分重要的意义。

本研究所采用的数据包括研究区社会经济数据和基础地理数据。社会经济数据主要来自国务院扶贫办发布的13个片区分县统计资料，调查内容包含了2010年13个片区的基本情况和发展状况；由于数据限制，本书选用武陵山区连片特困区64个扶贫重点县的文化、教育、卫生和社会保障等基本信息；基础地理数据来自1:25万全国数据库（图7-1）。

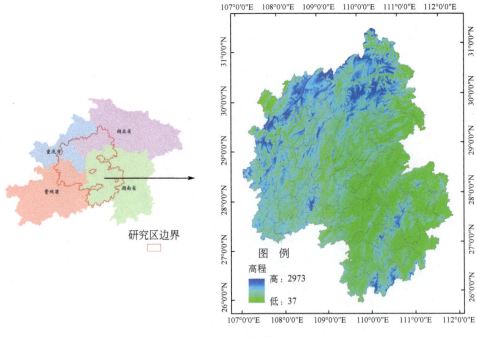

图 7-1 研究区概况

7.3.2 农村基本公共服务综合水平分析

利用综合指数 RBPS 对武陵山片区农村基本公共服务总体发展水平进行评价（图 7-2），从整体分布特征上可以看出武陵山片区农村基本公共服务的空间分异程度较高，各区域之间呈现明显的不平衡性。根据武陵山片区农村基本公共服务综合指数，将武陵山片区划分为以下 4 种区域类型：①富集区，该区域农村基本公共服务程度高，教育文化设施先进、卫生医疗设施齐全、社会保障健全、基础设施完备、生态环境良好；②均衡区，该区域农村基本公共服务程度较高，教育文化设施较为先进、卫生医疗设施比较齐全、拥有较为健全的社会保障和基础设施、生态环境较好；③短缺区，该区域农村基本公共服务程度一般，教育文化设施和卫生医疗设施相对薄弱、社会保障和基础设施需要进一步完善建设、生态环境水平需要提高；④严重短缺区，该区域农村基本公共服务水平最低，教育文化设施和卫生医疗设施不完善、社会保障水平和基础设施水平落后、生态环境水平亟待提高。各个等级之间存在一定差距，富集区与均衡区、短缺区、严重短缺区之间的相差较大。

第 7 章　贫困地区农村基本公共服务与经济发展协调性评价

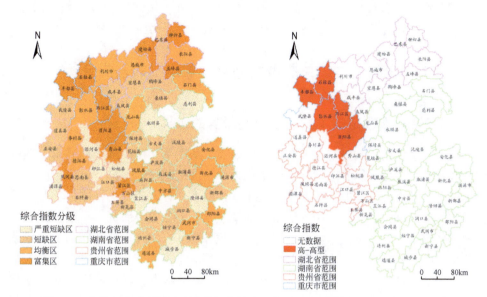

图 7-2　武陵山片区农村基本公共服务综合指数分级图和综合指数的 LISA 聚类图

单从武陵山片区不同等级区域空间分布的绝对位置来看，富集区集中分布在武陵山片区的北部和西北部；均衡区分布得较为零散；短缺区则主要分布在武陵山片区的西部和南部，而严重短缺区主要集中在武陵山片区的西南部。片区内部的黔江区作为市中心所在地，发展相对较好，基本公共服务综合指数高于其周边地区，整体大致以中心向四周递减。从各等级空间分布的相对位置来看，均衡区集中在富集区的两翼，使得这两个区域较为集中地呈片状分布，集聚现象明显；严重短缺区总体被短缺区包围，形成一个较为明显的低值区域。从整体来看，武陵山片区的农村基本公共服务水平呈现出明显的西北高东南低的态势。

从分省来看，湖北省和重庆市的农村基本公共服务综合水平整体较高，大部分县域都处于富集区与均衡区，且连接成片；"高-高"区域以丰都县、石柱县、彭水县、黔江区、酉阳县为中心显著集聚于重庆，这个集聚区的农村基本公共服务程度最好，其中重庆市 71.4% 的县市处于富集区。湖南省、贵州省的农村基本公共服务综合水平相对较低，除了凤冈县和铜仁地区的农村基本公共服务综合指数相对较高外，其余大多数地区都属于短缺区和严重短缺区。

从结构上看，评价单元数量整体向低值偏移，农村基本公共服务综合指数最低值位于松桃县，为 0.248，最高值在秭归县，为 0.752。富集区包括秭归县、黔江区等 10 个县市，均衡区包括新化县、德江县等 16 个县市，短缺区包括玉屏县、桑植县等 29 个县市，严重短缺区包括慈利县、印江县等 9 个县市，说明大部分指标在各县市间的差距明显。武陵山片区基本公共服务综合指数小于平均得

257

分 0.436 的行政单元有 38 个，占总数的 59.4%。处于短缺区的县市数量较多，武陵山片区的农村基本公共服务综合指数得分呈现低多高少的趋势。

7.3.3 农村基本公共服务均衡化发展水平的差异分析

7.3.3.1 省级范围农村基本公共服务的差异分析

将基尼系数用于农村基本公共服务的研究，从图 7-3 可以清晰地看出，武陵山片区农村基本公共服务维度指标的基尼系数呈现很明显的差异。重庆市的农村基本公共服务维度指标的基尼系数都处于 0.3 以下，省内的农村基本公共服务已实现均衡化发展，在 4 个省中发展最好；湖北省的公共安全服务、一般公共服务基尼系数都处于 0.6 以上，而公共卫生的基尼系数小于 0.1，维度之间的基尼系数差异显著，省内农村基本公共服务的发展水平非常不均衡；湖南省的公共安全服务、一般公共服务的基尼系数大于 0.4，处于警戒状态，其他维度指标为最佳的平均状态，初步达到均衡化发展；贵州省的公共文化基尼系数小于 0.1，发展良好，而公共安全服务、一般公共服务基尼系数都处于大于 0.4，处于警戒状态。

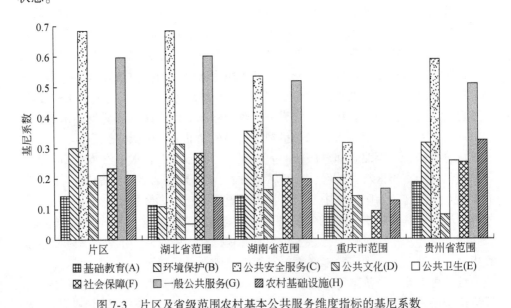

图 7-3 片区及省级范围农村基本公共服务维度指标的基尼系数

片区的基础教育、环境保护、公共文化、公共卫生、社会保障、农村基础设施的基尼系数较小，处于 0.3 以下，为最佳的平均状态，整个武陵山片区在基础教育、公共文化、公共卫生、社会保障等方面的农村基本公共服务发展水平达到均衡化。公共安全服务、一般公共服务维度的基尼系数都显著性地超过了 0.4，达到 0.6 以上则为高度不公平的危险状态，这些维度所代表的农村基本公共服务的发展水平非常不均衡，存在着特别大的差异性。这可能由于武陵山片区基础教育和医疗卫生服务能力在全面提升，生态环境得到改善，社会保障体系初步完善，文体活动的发展和基础设施的建设均已满足居民的需求，总体资源在片区得到合理的配置。而片区的安全服务无法保证，贫困人口的生活水平得不到地方政府的支持力度。应多予以生活水平上的资金补助，努力提高农村低保对象补助的标准以保障农村居民的最低生活水平。

7.3.3.2 县级范围内农村基本公共服务的差异分析

通过引入农村基本公共服务 LSE 模型（图7-4）反映武陵山片区 64 个县之间农村基本公共服务的差异水平，确定农村基本公共服务维度指标对各县的主要影响程度。麻阳县的农村基本公共服务受农村基础设施和基础教育双维度支配，农村基础设施和基础教育发展较好，而环境保护、公共安全服务、公共文化、公共卫生、社会保障、一般公共服务的发展水平较差，需要适当加强麻阳县居住区附近环境卫生建设、加强在文化/体育活动建设、合理地配置卫生医疗总体资源、加快卫生设施的建设、进一步健全医疗保险体制以满足当地人口的基本医疗需求、应多予以生活水平上的资金补助以保障农村居民的最低生活水平，缩小与其他省市之间存在的差距。黔江区是八维度联合型，该地区的农村基本公共服务已达到均衡化发展水平，需要进一步宏观调控。大多数县市是四维度主导型（占25%）、五维度主导型（占 34.4%）、六维度协同型（占 21.9%），这些县市农村基本公共服务的整体水平发展较好，各区域内的单一维度的发展水平有待提高，需要因地制宜，加强农村基本公共服务薄弱维度的发展。

7.3.4 武陵山片区农村基本公共服务维度的空间分布分析

利用 Global Moran's I 指数评价武陵山片区农村基本公共服务维度指标的空间聚集状况，取显著性水平为 0.05，通过统计量 Z 来进行检验。当 $Z>1.96$ 且统计显著时，表示区域的农村基本公共服务存在正的空间自相关现象，即空间集聚；当 $Z<-1.96$ 且统计显著时，表示区域的农村基本公共服务存在负的空间自相关现象，即空间分散；若 $Z=0$，则代表区域农村基本公共服务的空间分布是独立且随机的。

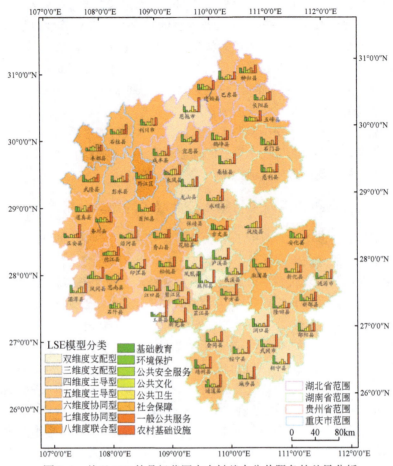

图 7-4 基于 LSE 的县级范围内农村基本公共服务的差异分析

表 7-2 农村基本公共服务维度的空间测算

测算指标	Global Moran's I	Z 值
基础教育（A）	0.260	3.519
环境保护（B）	0.036	0.699
公共安全服务（C）	0.085	1.324
公共文化（D）	0.183	2.594
公共卫生（E）	−0.033	−0.226
社会保障（F）	0.275	3.750
一般公共服务（G）	0.218	3.110
农村基础设施（H）	−0.029	−0.167

从表 7-2 得出,环境保护、公共安全服务、公共卫生和农村基础设施的 Z 值都小于 1.96,说明各个县的公共安全服务、公共文化、公共卫生和农村基础设施处于离散状态,不具有集聚性,各个县之间的联系不是很密切。基础教育、公共文化、社会保障以及一般公共服务都通过了检验,说明其在空间上呈现都很明显的集聚态势,离散程度见图 7-5 ~ 图 7-8。公共文化的 Global Moran's I 指数达到了 0.183,说明武陵山片区公共文化呈现出集聚态势,且各个县市之间存在着较大的空间差异。社会保障的 Global Moran's I 指数达到了 0.275,各个县市之间空间差异性比较小。

(1) 基础教育:中部高,西南部低。"高–高"区集聚在秀山县、黔江区、邵阳县,以来凤县为中心的"低–高"区发展具有异质性,来凤县的基础教育发展水平明显低于周围县市,呈现出"冷点"现象,"低–低"集聚在西南部一带的正安县、务川县、德江县等地,因优秀教育资源的流失,教育文化设施较为落后,基础教育水平普遍偏低。

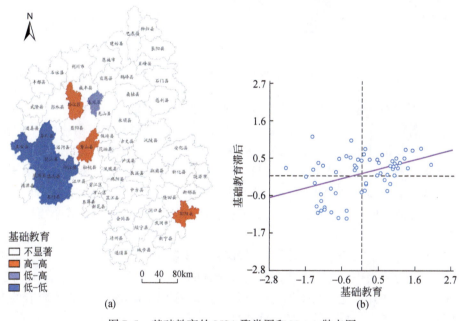

图 7-5 基础教育的 LISA 聚类图和 Moran 散点图

(2) 公共文化:西部高,南部低。"高高"区域以丰都县和石柱县,酉阳县、秀山县和花垣县为中心显著集聚于西部地区,这两个集聚区公共文化发展得最好;"低低"区以绥宁县、城步县为中心,成片地显著集中在武陵山片区的南部,此区域公共文化水平整体明显落后,需要进一步加强公共文化的投入力度,满足当地居民对于公共文化的需求，提高片区的社会信息化程度。

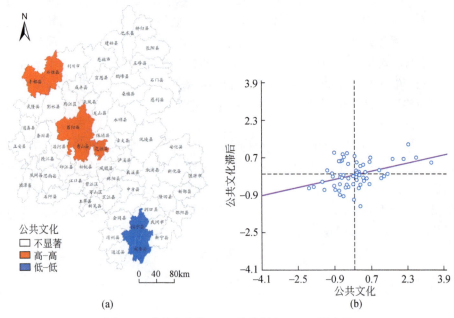

图 7-6 公共文化的 LISA 聚类图和 Moran 散点图

（3）社会保障：西北、东南部高，南部低。以丰都县、石柱县、利川市、彭水县和黔江区为中心形成社会保障的"高-高"区集聚在武陵山片区西北部，以新化县、新邵县、涟源市形成的"高-高"区集聚在东南部，这两个集聚区社会保障水平最高，保障体系完备；以碧江区为中心的"高-低"区发展具有异质性，形成社会保障发展的塌陷；以靖州县、通道县、绥宁县为中心的"低-低"区在社会保障上的发展严重滞后，急需完善社会保障体系，进一步健全社会保障体制。

（4）一般公共服务：西部高。以武隆县、丰都县和石柱县，黔江区、酉阳县和秀山县分别为中心形成两个一般公共服务的"高-高"区集聚在武陵山片区西部，且连接成片；这些县市均为改善贫困人口的生活水平加大了地方政府的支持力度，保障了农村居民的最低生活水平。

第 7 章 贫困地区农村基本公共服务与经济发展协调性评价

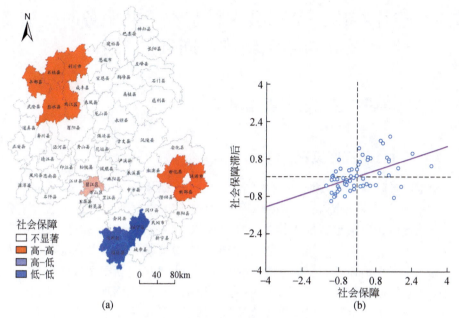

图 7-7 社会保障的 LISA 聚类图和 Moran 散点图

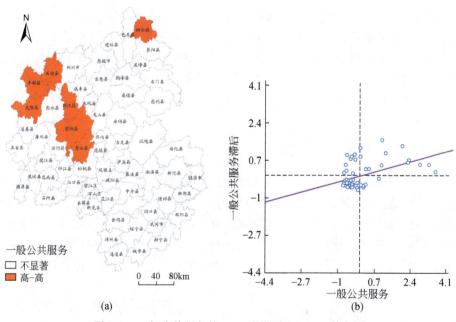

图 7-8 一般公共服务的 LISA 聚类图和 Moran 散点图

7.4 连片特困区贫困县农村基本公共服务时空演变及其与县域经济协同发展关系

7.4.1 研究区概况与数据源

7.4.1.1 研究区概况

根据国务院2011年颁布的《中国农村扶贫开发纲要（2011—2020年）》，按照"集中连片、突出重点、全国统筹、区划完整"的原则，考虑国家对革命老区、民族地区、边疆地区加大扶持力度的要求，借鉴"一带一路"战略所圈定的西北、东北、西南、东南及内陆五个方位的规划布局，并兼顾在地理学和人口学上起着画龙点睛作用的胡焕庸线，本书选取西北地区—新疆南疆三地州、东北地区—大兴安岭南麓山区、西南地区—滇西边境山区、东南地区—罗霄山区、内陆地区—秦巴山区等五个位于胡焕庸线两侧的连片特困区作为研究区，以期以点带面地展现贫困地区农村基本公共服务的发展状况。

如图7-9所示，研究区共涉及五个片区，13省41市，211个县，地域跨度大、致贫因素复杂。新疆南疆三地州是典型的集中连片深度贫困地区；大兴安岭南麓山区是东北地区老工业基地；滇西边境山区位于我国西南边陲；秦巴山区集大型水库库区和自然灾害易发多发区于一体，罗霄山区是著名的革命老区。相较全国平均水平而言，研究区农村教育设施整体滞后、师资力量不足，农村医疗卫生条件差，文化体育及广播电视事业基础设施落后，社会保障体系不完善，扩面提质困难。

7.4.1.2 数据概况与预处理

本研究所使用的研究区数据包括社会经济数据和基础地理数据。前者主要来自国务院扶贫办发布的2010~2012年年度贫困县农村社会经济发展统计监测专项资料，包含了县域经济发展状况以及村级统计尺度上的文化、教育、卫生和社会保障等社会公共服务基本信息；后者来自1:25万全国基础地理空间数据库。本书在数据使用前对两部分数据进行了筛查、裁剪、地理配准等预处理工作。

7.4.2 农村基本公共服务水平与经济发展协调性评价方法

在县域经济评价方面，考虑县域经济发展受到多方面因素的制约，单一指标

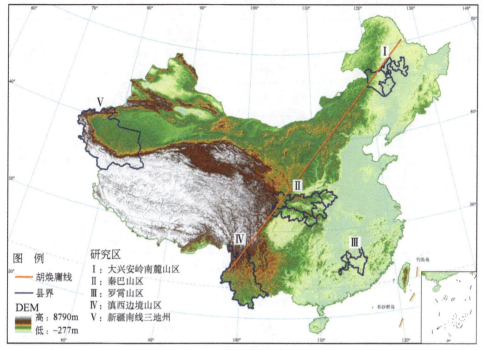

图 7-9 研究区概况

难以全面衡量县域经济发展的实际情况,通过查阅统计年鉴与国务院扶贫办片区核心经济监测数据,参考相关研究成果,经多次对指标筛选和整理,最终确定由表 7-3 下部分的人均地区生产总值、人均财政一般预算收入、人均财政一般预算支出、人均纯收入与人均可支配收入 5 项指标构成连片特困地区县域经济发展水平评价指标体系,从不同角度系统反映研究区的经济发展状况。其中,前三个指标是从政府角度衡量当地经济的综合发展实力,后两个指标代表的是个人性质的收入,可衡量居民实际生活水平。对这 5 个指标选择 AHP 法进行集成得到县域经济综合指数(RE)。

$$\mathrm{RE}_i = \sum_{j}^{n} y_{ij} u_j \tag{7-11}$$

式中,y_{ij} 为标准化后的 i 县域第 j 类县域经济指标度量值;u_j 为第 j 类指标的权重值,$n=1, 2, \cdots, 5$,共 5 类指标;RE_i 为 i 县域经济综合指数,各片区/省的县域经济综合指数值为其所辖县域综合指数的均值。

表 7-3　集中连片特困地区农村基本公共服务综合评价指标及县域经济指标描述性统计

	维度	评价指标及单位
农村基本公共服务评价体系	农村基础教育	学前三年教育毛入园率（%）、高中阶段教育毛入学率（%）、有幼儿园或学前班的行政村比率（%）
	农村环境保护	绿化覆盖行政村比率（%）、有生产生活垃圾集中堆放点的行政村比率（%）、有垃圾填埋场地的行政村比率（%）
	农村公共安全服务	有警务室的行政村比率（%）、有社区民警的行政村比率（%）
	农村公共文化	有文化/体育活动广场的行政村比率（%）、通广播电视的行政村比率（%）、通宽带网络的行政村比率（%）
	农村公共卫生	有卫生室的行政村比率（%）、千人卫生机构床位数
	农村社会保障	千人社会福利院床位数、千人参加新型农村合作医疗保险数、千人参加新型农村社会养老保险数、有社区服务中心的行政村比率（%）
	农村基础设施	通水泥/沥青公路的行政村比率（%）、通电的行政村比率（%）、通客运班车的行政村比率（%）、自来水普及率（%）、有设施农业大棚的行政村比率（%）、有设施畜牧业大棚的行政村比率（%）
县域经济发展水平评价体系		人均地区生产总值（万元）
		人均财政一般预算收入（万元）
		人均财政一般预算支出（万元）
		人均纯收入（万元）
		人均可支配收入（万元）

在协同发展关系方面，利用基于泰森多边形的 GIS 邻近分析方法，采用圈层结构形式分析片区发展规划的重点建设中心县市对周围邻近区域的提升辐射带动效能；利用 Tapio 脱钩模型揭示农村基本公共服务区与县域经济的协同发展关系。

脱钩模型被广泛用于研究经济增长、资源消耗等问题，表示相互联系的变量之间响应关系淡化甚至完全脱离的现象。Tapio 脱钩模型作为以时期为时间尺度的弹性分析方法，本书引入该模型用来分析农村基本公共服务发展与县域经济发展间的脱钩背离关系，以便评判"新纲要"实施以来农村基本公共服务与区域经济的协调及同步发展程度。模型结构为

$$\text{EC}_t = \frac{\Delta \text{RBPS}_t}{\Delta \text{RE}_t} = \frac{\text{RBPS}_{ts} - \text{RBPS}_{te}}{\text{RE}_{ts} - \text{RE}_{te}} \quad (7\text{-}12)$$

式中，ΔRBPS_t、ΔRE_t 分别为 t 时期片区农村基本公共服务综合指数和县域经济变化率；RBPS_{te}、RBPS_{ts} 分别为 t 时期始年和末年农村基本公共服务综合指数；RE_{te}、RE_{ts} 分别为 t 时期始年和末年县域经济水平。参考 Tapio 的研究，根据 EC_t

脱钩程度及其含义将各县农村基本公共服务和县域经济的协同发展程度划分为三大类8小类，如表7-4所示。

表7-4 基于脱钩模型的协同发展状态

脱钩程度	分类依据	差异类型	含义
负脱钩	$\Delta RBPS_t>0$ $\Delta RE_t>0$ $EC_t>1.2$	扩张负脱钩	公共服务增长型
	$\Delta RBPS_t>0$ $\Delta RE_t<0$ $EC_t<0$	强负脱钩	经济受损型
	$\Delta RBPS_t<0$ $\Delta RE_t<0$ $0<EC_t<0.8$	弱负脱钩	经济滞后型
脱钩	$\Delta RBPS_t>0$ $\Delta RE_t>0$ $0<EC_t<0.8$	弱脱钩	经济增长型
	$\Delta RBPS_t<0$ $\Delta RE_t>0$ $EC_t<0$	强脱钩	公共服务受损型
	$\Delta RBPS_t<0$ $\Delta RE_t<0$ $EC_t>1.2$	衰退脱钩	公共服务滞后型
连结	$\Delta RBPS_t>0$ $\Delta RE_t>0$ $0.8<EC_t<1.2$	增长连结	协同发展型
	$\Delta RBPS_t<0$ $\Delta RE_t<0$ $0.8<EC_t<1.2$	衰退连结	协同共损型

7.4.3 农村基本公共服务水平评价分析

7.4.3.1 片区-省-县级农村基本公共服务综合发展水平整体评价

根据国务院2011年颁布的《中国农村扶贫开发纲要（2011–2020年）》，按照"集中连片、突出重点、全国统筹、区划完整"的原则，考虑国家对革命老区、民族地区、边疆地区加大扶持力度的要求，借鉴"一带一路"战略所圈定的西北、东北、西南、东南及内陆五个方位的规划布局，并兼顾在地理学和人口学上起着画龙点睛作用的胡焕庸线，本书选取西北地区—新疆南疆三地州、东北地区—大兴安岭南麓山区、西南地区—滇西边境山区、东南地区—罗霄山区、内陆地区—秦巴山区等五个位于胡焕庸线两侧的连片特困区作为研究区，以期以点带面地展现贫困地区农村基本公共服务的发展状况。应用上述评价指标和方法，利用表征农村基本公共服务综合发展水平的综合指数，对五大片区2010–2012年3个时间截面的农村基本公共服务发展水平进行测算与分析，如图7-10、表7-5和表7-6所示。

从分片区来看，自2010~2012年，表征各片区农村基本公共服务发展水平的综合指数均在不断提升，且2011~2012年基本公共服务水平环比增速快于2010~2011年，表明国家对于连片特困区农村基本公共服务建设越来越重视。罗霄山区发展水平历年均最高；新疆南疆三地州则最弱，与其他片区相比存在较大差距，但期间有了最大幅度的提升，这是由于该片区基础较差，而"新纲要"

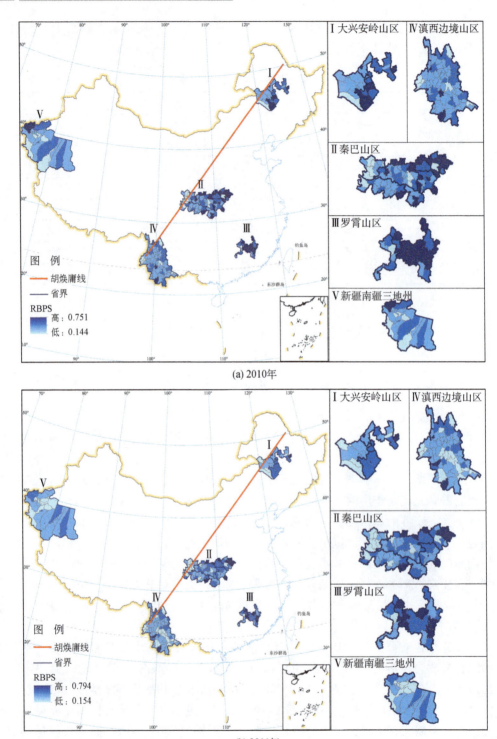

第7章 贫困地区农村基本公共服务与经济发展协调性评价

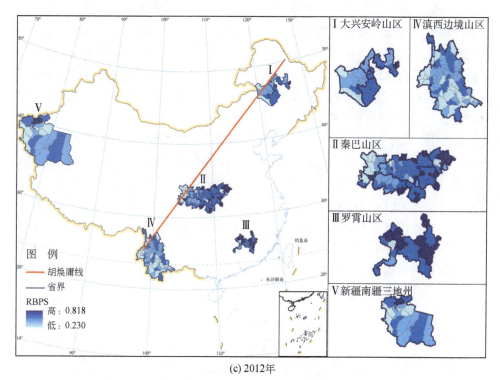

(c) 2012年

图7-10 五大片区2010~2012年农村基本公共服务综合指数

扶贫战略实施以来则明确提出对于该片区实施特殊扶贫政策加快发展，而对其他连片特困地区则采取了"捆绑"的统一化政策模式；大兴安岭南麓片区和秦巴山区发展居中，2010年前者发展水平高于后者，但2011~2012年则被后者反超。滇西边境山区农村基本公共服务综合指数也很低，2010~2011年，其发展水平高于新疆南疆三地州，但2011~2012年却出现了微弱的下降，被后者反超。

表7-5 五大片区农村基本公共服务综合指数及环比增速

片区	2010年	2011年	2012年	均值	2010~2011年	2011~2012年
新疆南疆三地州	0.405	0.437	0.502	0.448	7.90%	14.87%
秦巴山区	0.477	0.516	0.572	0.522	8.18%	10.85%
罗霄山区	0.549	0.579	0.618	0.582	5.46%	6.74%
滇西边境山区	0.417	0.456	0.474	0.449	9.35%	3.95%
大兴安岭南麓片区	0.481	0.492	0.528	0.500	2.29%	7.32%
均值	0.459	0.493	0.535			

从分省来看，各省农村基本公共服务发展水平也在逐年递增。其中，江西省和河南省内对应片区贫困县发展水平整体较高，历年来均排前列。内蒙古和甘肃省内贫困县发展水平整体最低，排名靠后。2010 年，研究区 13 个省中有 7 个省平均发展水平超过均值，而截止到 2012 年已经有 9 个省超过均值。秦巴山区内既下辖发展水平整体较高的河南所辖片区县，也下辖综合水平整体最低的甘肃所辖片区县，其片区内部发展的不均衡性清晰可见。

从分县来看，2010~2012 年，发展水平最低值均分别位于新疆南疆三地州的塔什库尔干塔县（2 次）、麦盖提县（综合指数度量值分别为 0.144、0.154、0.230），最高值则分别在秦巴山区河南省的南召县（2 次）、四川宣汉县（度量值分别为 0.751、0.794、0.818），高低差值悬殊分别为超过 5 倍、5 倍和 3 倍；基本公共服务综合指数超过平均得分（分别为 0.459、0.493、0.493）的行政单元分别有 89、94、113 个，占比分别达到 42.2%、44.5%、53.6%。说明农村基本公共服务质量虽然总体不高，但整体都在朝良性方向发展；虽然县域间发展并不均衡，但高低悬殊在逐渐缩小。

表 7-6　片区内各省农村基本公共服务综合指数及排名

片区	省级单位	2010 年		2011 年		2012 年	
		综合指数	排名	综合指数	排名	综合指数	排名
新疆南疆三地州	新疆	0.405	11	0.437	11	0.503	10
秦巴山区	甘肃	0.345	13	0.371	13	0.432	13
	河南	0.576	2	0.603	2	0.635	2
	湖北	0.527	4	0.547	4	0.632	3
	陕西	0.484	6	0.523	5	0.584	5
	四川	0.442	8	0.505	8	0.545	8
	重庆市	0.469	7	0.519	6	0.595	4
罗霄山区	湖南	0.423	9	0.463	9	0.536	9
	江西	0.592	1	0.617	1	0.645	1
滇西边境山区	云南	0.417	10	0.456	10	0.474	11
大兴安岭南麓片区	黑龙江	0.496	5	0.514	7	0.548	7
	吉林	0.560	3	0.568	3	0.573	6
	内蒙古	0.387	12	0.389	12	0.455	12
均值		0.459		0.493		0.535	

7.4.3.2 农村基本公共服务发展水平分级评价

利用标准差的分级方法对研究区片区内各县农村基本公共服务发展水平进行分级，其分布如图7-11（a）～（c）所示。可以看出，2010年五片区农村基本公共服务综合发展水平主要以短缺区和严重短缺区为主，大致分布于胡焕庸线西部的新疆南疆三地州、大兴安岭南麓片区西部、秦巴片区西以及滇西边境山区。而2011年五大片区短缺区、严重短缺区和均衡区、富集区的数量大致相同，分别分布于胡焕庸线的两侧。2012年主要以均衡区、富集区为主，东部则明显高于西部。这表明随着"新纲要"的实施，扶贫开发深入推进，片区内县域农村基本公共服务得到快速发展，片区内大多数县域的基本公共服务水平从严重短缺区、短缺区过渡到均衡区、富集区。截至2012年，罗霄山区内已54.17%的县市处于基本公共服务富集区；大兴安岭南麓山区内消灭基本公共服务严重短缺区。但五大片区整体东高西低的格局没有改变。

高值区域主要集中于大兴安岭南麓片区东部边缘、秦巴片区东部以及罗霄山区，大致沿西北—东南走向递增、沿胡焕庸线从西南到东北递增的态势。分片区比较，秦巴片区发展相对较好，但片区内等级格局分布差异较大；罗霄山区高于其周边地区，新疆南疆三地州、大兴安岭、滇西山区存在大面积的短缺区，且分布零散。

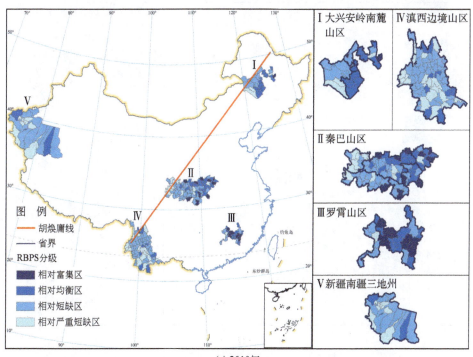

(a) 2010年

基于 GIS 的县级多维贫困监测与评价

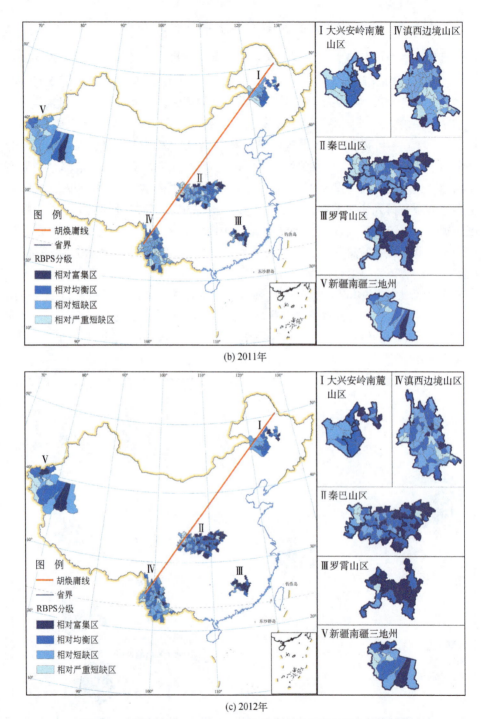

(b) 2011年

(c) 2012年

图 7-11　五大片区 2010~2012 年农村基本公共服务综合指数分级

7.4.3.3 农村基本公共服务集聚性特征分析

采用全局Moran's I指数和局部G系数对五大片区农村基本公共服务进行空间自相关测算。片区2010~2012年农村基本公共服务的Moran's I指数分别为0.30、0.30、0.32，呈现较强的空间自相关性，在空间上呈现明显的正相关集聚态势。

局部G系数测算结果如图7-12所示，片区内高值集聚区与低值集聚区主要集中在胡焕庸线两侧，呈现显著西北低—东南高的空间异质分布。显著高值集聚区域主要集中在罗霄山区，滇西边境山区是主要的显著低值集聚区域，秦巴山区的东、西两侧分别分布高值区域和低值区域，东部明显好于西部。大兴安岭、新疆南疆三地州未呈现显著聚集效应。

2010~2012年连续三年的监测表明，五大片区农村基本公共服务空间集聚格局整体变化并不显著。大兴安岭北部以及南疆三地州北部低值集聚区范围缩小。秦巴山区高-高聚集区域有所扩大、低值区域有所减少，显著高值集聚区剧增且仍然集中在东部。滇西边境山区低-低集聚区域分别集中在西北一带和东南一侧，且随着低-低集聚区域移动，到2012年连接成片，形成了围绕滇西边境山区中心的低值区，进一步说明该区需要加大基本公共服务投入力度。

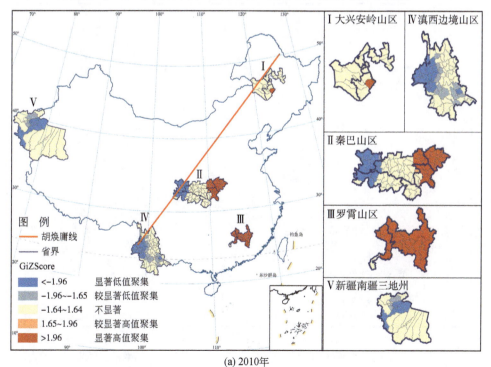

(a) 2010年

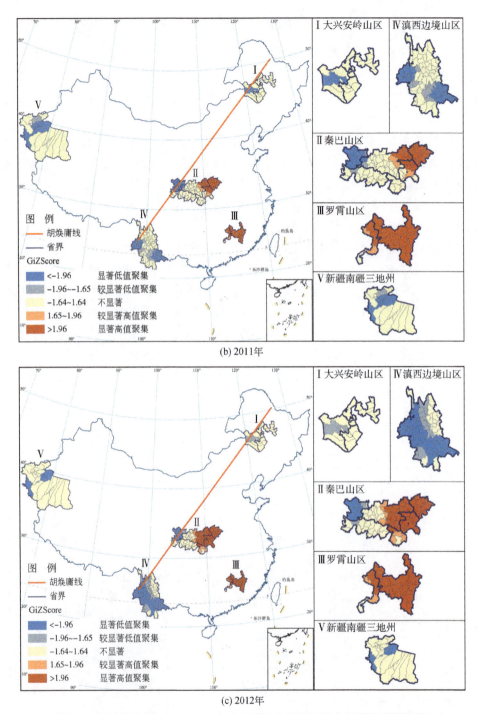

图 7-12 五大片区 2010~2012 年农村基本公共服务综合指数的空间集聚

7.4.4 基于空间辐射圈层结构的农村基本公共服务与县域经济关联特征

依据各片区发展规划中圈定的中心县市作为中心点,采用泰森多边形的邻近分析法,依据距离中心点的远近,分别将五个片区的 211 个县域空间划分为四个圈层(图 7-13):将中心县市所在地作为中心圈层,以距中心县市最近的一层为内圈层,其次是中圈层,外圈层为距中心县市最远的一层。根据此圈层结构探索各个圈层中农村基本公共服务与县域经济之间关系(表 7-7)。

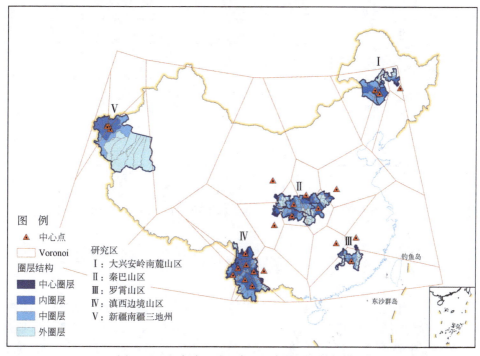

图 7-13 五大片区基于中心县市的圈层结构模型

由表 7-7 可看出,距离中心圈层越远,县域经济逐渐减弱,农村基本公共服务平均水平逐渐降低。三年间二者之间的相关系数(R)均达到 0.9 左右(图 7-14),且通过检验。主要原因是受圈层结构的影响,中心县市区域内的辐射能力较强,距离越近,经济越发达,农村基本公共服务水平发展越好;越远离中心县市,县域经济和农村基本公共服务水平越差,发展也越差,二者呈显著的正相关关系。同时,三年间二者之间的相关系数逐渐减小,其相关性减弱,说明农村基本公共服务与县域经济的协调发展稍微受阻。

表 7-7　各个圈层结构中农村基本公共服务综合指数与县域经济

城市圈层	2010 年		2011 年		2012 年	
	县域经济综合指数	农村基本公共服务综合指数	县域经济综合指数	农村基本公共服务综合指数	县域经济综合指数	农村基本公共服务综合指数
1	0.8418	0.4777	1.0022	0.4991	1.1713	0.5535
2	0.7943	0.4747	0.9386	0.4988	1.1189	0.5422
3	0.7286	0.4648	0.8867	0.4973	1.0371	0.5327
4	0.6456	0.4643	0.7706	0.4827	0.8127	0.5221

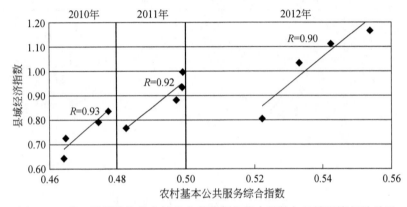

图 7-14　基于圈层结构的农村基本公共服务综合指数与县域经济相关关系

7.4.5　农村基本公共服务与县域经济的协同发展关系

如图 7-15 所示，分片区看，大兴安岭 22 个县域中的 19 个县域处于弱脱钩状态（相对脱钩），罗霄山区 24 个县域中的 21 个处于弱脱钩、新疆南疆三地州 24 个县中的 17 个处于弱脱钩，均隶属经济增长型，说明这些片区各县的农村基本公共服务综合水平与县域经济发展水平均在提高，但前者发展速度快于后者增长速度。滇西边境山区各县农村基本公共服务与县域经济之间以弱脱钩和强脱钩为主，分别占据 70.3% 和 21.9%，隶属公共服务受损型，说明县域经济发展水平显著提升，但农村基本公共服务综合水平没有得到对应发展。秦巴山区各县以弱脱钩和增长连结为主，分别占据全区的 81.8% 和 10.4%，表明该地农村基本公共服务综合水平与县域经济发展水平均在提高，且大致以同等速率递增协调同步发展。

整体来看，近几年五大片区农村基本公共服务发展水平与县域经济发展之间

第 7 章　贫困地区农村基本公共服务与经济发展协调性评价

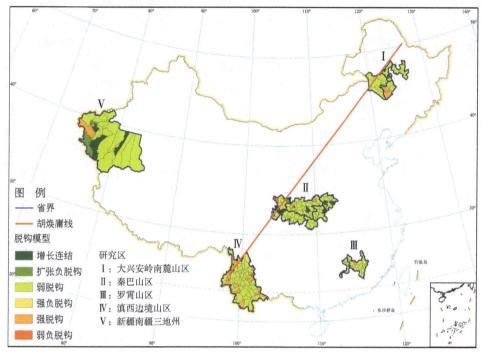

图 7-15　五大片区 2010~2012 年农村基本公共服务与县域经济的脱钩关系

以弱脱钩为主，二者均在提高，但前者发展滞后于后者，远未达到理想的协同发展型。同样，二者之间关系没有处于衰退脱钩、衰退连结状态，没有呈现协同共损的趋势。说明"新纲要"实施期间研究区扶贫工作取得了初步成效，但与经济发展水平的进程相比，农村基本公共服务发展水平仍然较低。因此在后续进程中，应当采取更加积极有效的对策协调二者关系，对于处于强负脱钩的县域，应加强县域经济的发展；对于强脱钩的县域，应加强县域经济向农村基本公共服务的倾斜投入。

7.5　本章小结

　　集中连片特困地区农村基本公共服务的均衡化发展是新阶段农村扶贫开发"新纲要"的重要方向之一。本章设计农村基本公共服务综合评价指标体系，对武陵山片区 2010 年农村基本公共服务水平进行了评价，从片区—省—县尺度上多角度分析了武陵山片区的农村基本公共服务均衡化发展水平的差异。选取西北地区—新疆南疆三地州、东北地区—大兴安岭南麓山区、西南地区—滇西边境山区、东南地区—罗霄山区、内陆地区—秦巴山区等五个位于胡焕庸线两侧的连片

277

特困区作为研究区，对五大片区 2010~2012 年 3 个时间截面的农村基本公共服务发展水平进行测算与分析，在此基础上构建连片特困区农村基本公共服务与县域经济协同发展评价模型，并运用圈层结构和脱钩模型，从宏观与微观相结合的角度系统分析"新纲要"实施以来研究区农村基本公共服务与县域经济二者之间的协调与同步发展程度和时空演变，为农村基本公共服务资源的均衡化配置及其与县域经济协同发展提供技术参考和辅助决策依据。研究结果表明如下。

1）武陵山片区的农村基本公共服务的质量水平整体不高，空间分异程度偏高，片区农村基本公共服务的富集区集中分布在武陵山片区的北部和西北部；短缺区则主要分布在武陵山片区的西部和南部；从整体来看，片区的农村基本公共服务水平大致以中心向四周递减，呈现出明显的西北高东南低的态势。武陵山片区基础教育、环境保护、公共文化、公共卫生、社会保障、农村基础设施维度指标发展较好；公共安全服务、一般公共服务维度指标发展不均衡，存在着特别大的差异性。麻阳县受双维度支配，黔江区是八维度联合型，其他大多数县市是四维度主导型、五维度主导型、六维度协同型。

2）2010~2012 年，五大片区农村基本公共服务的发展呈现空间非均衡性和时间稳定性状态，各片区农村基本公共服务综合发展水平总体质量不高，县域间发展并不均衡，但均处于稳步上升状态，并呈现出明显的西低东高的态势，高值集聚区与低值集聚区主要集中在胡焕庸线两侧，罗霄山区发展最为突出，新疆地区发展最弱。

3）农村基本公共服务与县域经济协同发展水平均有所提高，但随圈层空间辐射作用的减弱，二者均呈显著正相关的降低状态，且呈现出以弱脱钩（相对脱钩）为主的脱钩状态特征，农村基本公共服务的发展整体滞后于县域经济的发展。

第8章 多维贫困识别空间信息系统

通过建立综合反映人口、经济、社会、生态等多个维度贫困状况的贫困精准识别系统，实现由点到面、从贫困片区到贫困农户个体、从单一维度到多维度综合的贫困逐级逐类精准识别，实现基于空间时空分析技术的贫困动态变化监测和评价。提高贫困开发工作的信息化水平，引导各项资源向贫困对象精准配置，提高针对性和有效性。

8.1 系统概要设计

设计综合反映人口、经济、社会、生态等多个维度贫困状况的贫困精准识别系统，开发数据输入、数据管理、多维贫困分析、时空分析、精准识别、统计输出等模块功能。实现由点到面、从贫困片区到贫困农户个体、从单一维度到多维度综合的贫困逐级逐类精准识别。

8.1.1 系统需求分析

8.1.1.1 用户需求分析

基于空间技术的贫困精准识别系统的用户可以分为两大类：贫困精准识别管理部门管理员、业务工作人员。

贫困精准识别管理部门领导主要包括国家扶贫办、省级扶贫办、市级扶贫办和县级扶贫办的各级领导。一般情况下，贫困精准识别管理部分的领导只关心本辖区的贫困精准识别情况，在对辖区内的贫困机制深入分析的基础上，对辖区的贫困及贫困精准识别情况进行监测和评估，为拟定资金扶贫分配方案和贫困精准识别工作的政策提供科学依据。

贫困精准识别业务工作人员主要包括各级地方从事贫困精准识别工作的人员。该类用户主要希望通过贫困精准识别系统能够共享获取到业务工作所需要的数据资源，开展数据管理、贫困状况精准识别、多维贫困分析、数据输出等业务，并将相关成果进行发布。本文档重点对满足贫困精准识别工作管理部门领导和业务工作人员的功能进行设计。

此外，贫困精准识别应用平台的用户还包括数据管理员、系统管理员等。基于空间技术的贫困精准识别平台用户如图 8-1 所示。

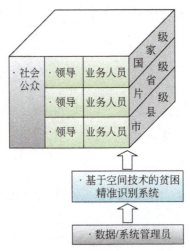

图 8-1　基于空间技术的贫困精准识别系统的用户分析

8.1.1.2　功能需求分析

根据用户分析以及对国务院扶贫办及相关部门的调研，基于空间技术的贫困精准识别系统的功能需求主要集中在以下 3 个方面。

1）贫困县的精准识别：在片区的级别上，通过单指标中的贫困强度、贫困发生率、贫困等级、贫困线指数进行精准识别。

2）贫困村的精准识别：在县级基础上，对村级指标包括交通状况、自然资源、基础设施、人口贫困状况和社会保障进行测算，对贫困村精准识别。

3）贫困人口的精准识别：在县级基础上，对指标包括生活水平、教育、健康等指标进行测算，对贫困人口精准识别。

8.1.1.3　性能需求分析

贫困识别示范应用系统需要管理、处理分析海量的空间数据、调查、监测数据等，由此带来的相关性能需求如下。

响应时间：空间数据的查询、地图浏览、评价分析等事务响应没有明显的用户感觉得到滞慢现象。

并发访问量：具有 50 个以上的并发访问能力，适应多个用户同时对基于空间技术的贫困精准识别系统的访问。

可靠性与稳定性：能够有效保护、恢复由于误操作、断电、迁移等造成的数据破坏、丢失等现象。

兼容性：采用标准的 SQL 语句兼容不同的数据库，能够与已有的软件系统进行兼容性对接，实现数据的交换与整合发布。

开放性：在安全认证的基础上，基于空间技术的贫困精准识别系统提供的基础性服务能够方便被其他业务应用系统调用。

可扩展性：从软件架构、技术实现（如采用配置文件、字典表等形式）等方面，保证系统的可扩展性，以便适应软硬件、场地的升级，部门人员、业务事项的变更等。

8.1.1.4 接口需求分析

（1）与原有系统应用接口

与"贫困农户信息管理系统"和"片区县、重点县扶贫统计监测系统"等具有外部接口。

（2）与其他软件接口需求

当基于空间技术的贫困精准识别系统在单机环境下时，需要读取本地数据，运行时的接口如下。

①与业务数据接口。

可以通过打开通过对象引用或 OLE 对象链接嵌入的方式打开一些通用的业务数据格式，如 Excel、Word、Access 等。其中对于 Access 的访问可以通过 ADO 的方式。

②与遥感数据接口。

通过二次开发的方式，可以输入遥感数据并进行处理。

③与地理信息数据接口。

软件包可打开一些通用的 GIS 数据格式，如 shp、e00、tab、mid/mif、gml 等。对于通用 GIS 数据格式可采用底层开发的方式对文件进行直接读取，对于专用数据可采用二次开发的方式读取。

④与其他系统产品数据接口。

根据其他系统产品的详细说明和数据格式，利用底层开发的方式对数据进行读取。

8.1.1.5 其他需求分析

（1）可靠性需求

可靠性由系统的坚固性和容错性决定。稳定性包括系统的正确性、健壮性，一方面应保证该系统长期的正常运转，另一方面系统必须有足够的健壮性，在发生意外的软、硬件故障等情况下，能够很好地处理并给出错误报告，并且能够得到及时的修复，减少不必要的损失。

（2）开放性和先进性需求

基于空间技术的贫困精准识别系统必须具备开放性，只有开放的系统才有兼容性和可扩充性，使系统容易地升级和扩充。系统应当采用当今国内、国际上先进的体系结构和软件工程技术，使基于空间技术的贫困精准识别系统能够最大限度地适应今后技术发展变化和业务发展变化的需要。

（3）标准化需求

标准化是系统建设的基础，也是系统与其他系统兼容和进一步扩充的根本保证，基于空间技术的贫困精准识别系统复杂庞大，应制定并遵循代码、术语等系统开发规范与标准，保证系统建设顺利开展。

（4）安全性需求

系统应能有效防止各种病毒攻击和恶意攻击，能够进行严格、细致的访问和操作权限管理、数据访问等控制措施。

（5）可维护性需求

基于空间技术的贫困精准识别系统应当具备可扩充性和易维护性，保证系统长期稳定、可靠运行。各软件包的开发应按照逐层分解、模块化、组件化来组织软件开发，使其具备可拆卸/组装、灵活扩展的能力。

8.1.2 系统总体设计

8.1.2.1 设计原则

为了科学合理、高效经济地完成基于空间技术的贫困精准识别系统的建设，并充分考虑对已有系统的兼容和未来系统的扩展维护，平台总体设计遵循以下主要原则。

（1）实用性和扩展性相结合的原则

从功能实现的角度，系统应该能够提供满足不同用户需要的正确、简便、友好的功能，这是基于空间技术的贫困精准识别系统存在的价值。在此基础上，在体系架构上保持良好的可扩展性，以便平台能够进行灵活的定制和不断的扩展，适应部门用户和业务模式等的发展变化，这是基于空间技术的贫困精准识别系统得以推广的基础。

（2）高效性和安全性相结合的原则

从性能的角度，系统应该具备多用户并发访问、高效响应、容错恢复、稳定的能力，为用户提供一个高性能的服务平台。同时，又要保障数据和系统的安全，防止系统非法访问、非法入侵和宕机，以及数据的损坏、丢失等现象，为用户提供一个安全的使用环境。

(3) 开放性和可维护性相结合的原则

为了能够兼容已有软件系统，整合集成更多的数据资源和功能服务，同时系统的功能服务及其底层数据资源也能够为其他业务应用系统提供服务，系统必须具备很好的开放性。与此同时，要能够对相关的信息资源、功能组件进行很好的控制和维护，做到有序、可控的开放。

(4) 标准规范与个性化相结合的原则

系统的设计和建设要参照国家及相关部门等有关信息化标准规范和国际上相关的标准规范，使系统与国家、行业以及国际上的信息化发展方向保持一致。尽量采用 XML、GML、SQL、Web Services、OGC（open geospatial consortium，开放地理空间信息联盟）地理信息规范等通用标准，确保系统与其他应用系统的数据交换和接口。同时，要根据贫困精准识别系统应用服务的特点，在现有标准规范的基础上，进行个性化的扩展，从而提供更好的贫困精准识别信息服务。

(5) 先进性与成熟性相结合原则

在技术选型上，既要充分利用当今国内外先进的计算机软硬件技术，使得平台能够最大限度地适应今后技术发展的变化和业务发展的需要，又要注意技术方法本身的成熟度和产品的市场化程度，确保平台运行的稳定性和可靠性，以及持续的售后服务、技术咨询与更新升级。

(6) 绿色机房与经济性相结合的原则

在与平台相关的机房及其供配电系统、UPS、制冷设备、服务器等建设中，要保证最大化的能源效率和最小化的环境影响，实现绿色机房。同时，保护现有软硬件的投资，充分挖掘现有的系统软硬件设备的使用潜力。尽可能以最低成本来完成基于空间技术的贫困精准识别系统的建设。

8.1.2.2 系统总体框架

为了实现系统的建设目标，即实现贫困精准识别数据的有机集成和有序共享、贫困县精准识别、贫困村精准识别、贫困人口精准识别以及贫困精准识别结果"一张图"可视化服务，系统采用"分布集成、统一管理、集中服务"的总体架构模式，在管理办法、标准规范和指标体系的指导和约束下，具体由分布式的贫困精准识别数据集成系统，统一的贫困精准识别系统构成。贫困精准识别信息服务系统总体架构如图 8-2 所示。

在贫困精准识别开发数据中心的基础上，构建统一的贫困精准识别信息服务基础支撑系统，为系统其他部分提供统一的用户管理、权限认证、贫困精准识别数据目录导航、查询检索、地图操作等服务。同时，也为扶贫工作管理单位的业务应用系统或其他第三方系统提供贫困精准识别数据查询、获取等基础性功能服务。

在贫困精准识别信息服务基础支撑系统的基础上，面向领导决策和业务管理，按照贫困精准识别"贫困现状监测与评估→信息服务→效果评估→可视化服务"的思路，依托互联网、三维 GIS 等技术，重点构建集中式的贫困精准识别的可视化服务系统，实现单指标的贫困县、单维度和多维度的贫困村以及贫困人口的识别。提供精准贫困识别的"一张图"可视化服务。

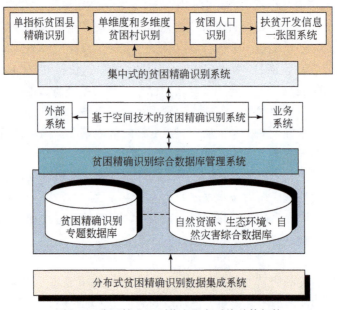

图 8-2 贫困精准识别信息服务系统总体架构

8.1.2.3 系统逻辑层次

从逻辑结构上看，贫困精准识别信息服务系统自底层向上可分为基础设施层、数据资源层、功能层、服务层和用户层等 5 个层次，如图 8-3 所示。

基础设施层：是支撑系统运行的基础，主要包括互联网/内部网络、卫星定位导航系统、移动通信网络、数据存储设备和计算机服务器、大屏幕显示设备等。

数据资源层：是系统服务的内容，主要包括综合基础地理数据、多源遥感数据、野外实测数据及社会经济统计调查数据等，涵盖资源环境和社会经济多个维度的信息。

功能层：是系统提供服务的枢纽，通过对底层数据资源的调度、处理，将结果反馈给用户。主要包括两个层面的功能：一是管理功能，如用户注册管理、单点登录与权限认证、数据汇总集成与更新维护；二是服务功能，如数据更新维护、贫困状况精准识别、多维贫困分析、专题地图输出等。

服务层：是系统开放扩展的保障。基于功能层，利用 COM 技术、Web Service 技术将核心功能封装成组件和服务，为贫困精准识别信息服务应用系统或其他第三方系统，提供贫困精准识别基础性功能服务，如贫困精准识别数据目录服务、基础地理信息、地理空间分析服务等。

用户层：是系统服务的目标。从用户所属部门来分，用户包括国务院扶贫办公室、地方各级扶贫办公室、中国国际扶贫中心等扶贫研究机构、其他相关部委/地方政府、社会公众等；从分工职责的角度，又可分为系统管理员、数据管理员和普通用户等。

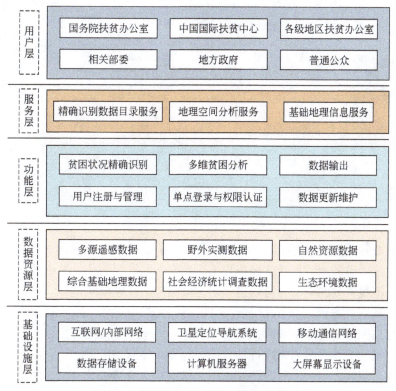

图 8-3 贫困精准识别服务系统逻辑结构

8.1.2.4 系统功能布局

根据调研结果，贫困精准识别信息服务系统功能具有明显的层次性，主要分为片区层次（贫困县精准识别）、县级层次（贫困村精准识别和贫困人口精准识别）。

核心业务功能分布在三个层面上，分别为片区层面和县级层面。不同层面上对贫困精准识别信息服务平台的需求不同，如图 8-4 所示的贫困精准识别服务系统功能布局。

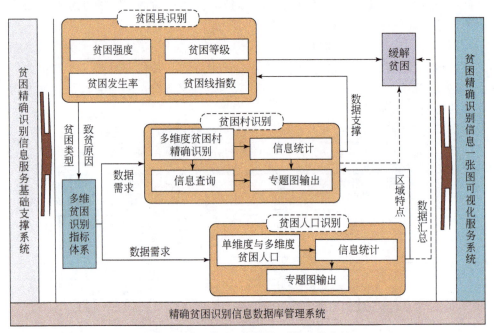

图 8-4 贫困精准识别服务系统功能布局

在建立贫困精准识别信息综合数据库的基础上，贫困县的精准识别实现：①贫困现状动态监测。在片区的级别上对所有县的贫困强度、贫困等级、贫困发生率、贫困线指数四个指标可以进行动态监测。②贫困现状评估。在对贫困现状进行动态监测的基础上，计算片区（省）内的贫困指数，对贫困现状进行实时评估，使得国家和各级地方部门领导能及时、准确了解贫困状况。③信息输出。在对贫困识别的结果可以将属性信息导出与专题地图输出。

贫困村识别实现：①贫困测算指标。包括社会致贫指数、自然致贫指数、经济缓贫指数、MPI 多维贫困指数。还包括自然资源、交通情况、基础设施、人口贫困状况、社会保障、劳动力技能培训、收入。对全国和片区（省）内的自然致贫因素（自然资源、生态价值以及自然灾害等）、社会致贫因素（历史因素、文化因素以及制度因素等）以及经济缓贫因素（资本投入、劳动力素质、产业结构以及市场化程度等）进行动态监测。②贫困现状评估。在对贫困现状进行动态监测的基础上，计算县的贫困指数，对贫困现状进行实时评估，使得国家和各级地方部门领导能及时、准确了解贫困状况。③贫困信息输出。对贫困精准识别的结果进行属性数据的输出和专题图的导出。

贫困人口识别实现：贫困人口可以分为单维度和多维度的贫困精准识别。①贫困测算指标。多维度的有：MPI（多维贫困指数）、A（平均被剥夺份额）、H（多维贫困发生率）。单维度的是贫困发生率。对贫困村的生活水平（房屋结构、燃料类型、饮水情况、通电情况、资产、人均纯收入），教育（平均教育年龄、儿童入学率）健康（家庭健康）进行动态监测。②贫困现状评估。在对贫困现状进行动态监测的基础上，计算贫困人口的贫困指数，对贫困现状进行实时评估，使得国家和各级地方部门领导能及时、准确了解贫困程度状况。③贫困信息输出。对贫困人口精准识别的结果进行属性数据的输出和专题图的导出。

8.1.2.5 系统内外接口

根据贫困精准识别信息服务系统的接口概念模型，系统内外接口主要包括：①与部门外部系统的接口；②与部门内部已有业务系统的接口；③系统内部系统的接口。这三类接口具体落实到系统中的情况如图8-5所示。

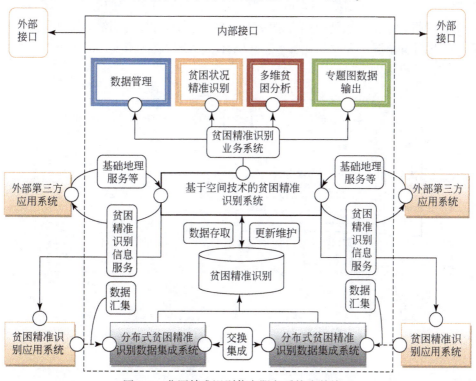

图8-5 贫困精准识别信息服务系统内外接口

内部接口主要包括：①分布式贫困精准识别数据集成系统相互之间的接口，通过这些接口实现各级地区扶贫办之间贫困精准识别数据的交换集成；②基于空间技术的贫困精准识别系统通过接口，为用户注册管理、单点登录与权限认证以及贫困精准识别的贫困状况精准识别、多维贫困分析、数据输出等基础贫困识别信息服务。

外部接口包括两个相对的方向：①平台对外部信息资源或功能服务接口的调用，包括：分布式贫困精准识别数据集成系统对基于空间技术的贫困精准识别系统的接口调用，实现对贫困精准识别应用系统底层数据资源的整合；贫困精准识别信息服务基础支撑系统对第三方授权系统的接口调用，实现第三方基础信息资源和功能服务的整合。②外部系统对平台功能服务接口的调用，包括贫困精准分析应用系统和授权的第三方应用系统对基于空间技术的贫困精准分析提供的贫困精准识别数据目录导航、数据查询等基础服务接口的调用。

8.1.2.6 系统接口

基于空间技术的贫困精准识别系统作为整个系统的支撑引擎和对外互操作的窗口，其内外部接口较多（图8-6）。一方面系统提供用户单点登录、权限认证、数据库访问操作、地图操作等功能支撑；另一方面也面向内部和外部系统（需要授权）提供贫困精准识别数据目录服务、数据查询服务、贫困精准识别空间信息服务、统计分析服务和空间化服务、贫困县、贫困村、贫困人口的单维度和多维度的贫困精准识别。

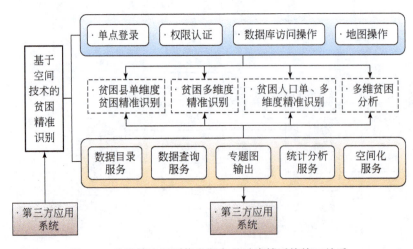

图8-6 贫困精准识别信息服务基础支撑系统接口关系

8.1.2.7 系统概述

基于空间技术的贫困精准识别系统为整个系统提供统一的用户注册管理、单点登录、权限认证、系统配置、字典表管理、贫困精准识别数据目录导航、数据查询访问、属性数据空间化、地图浏览操作、贫困县、贫困村、贫困人口的单维度和多维度的贫困精准识别、多维贫困分析、数据输出等功能服务。

8.1.2.8 系统逻辑层次

从逻辑结构上看，基于空间技术的贫困精准识别系统自底向上可分为数据库层、功能层、服务层和用户层。

数据库层：是系统的基础，主要包括贫困精准识别数据库和系统库。贫困精准识别数据库包括典型示范区的人口、经济、社会、生态、土地、森林、基础地理数据和多源遥感数据等。系统库主要存储支撑系统运行的用户、权限、目录、元数据、字典代码以及日志信息等。

功能层：是系统的核心，主要是为整个信息服务平台提供统一的用户注册管理、单点登录、权限认证，系统配置与字典表管理，为用户提供贫困精准识别数据目录导航与查询检索、贫困精准识别监测/调查数据空间化与地图操作浏览、贫困县、贫困村、贫困人口的单维度和多维度的贫困精准识别、多维贫困分析等功能。

服务层：是本系统与其他系统互操作的纽带，是指利用COM、Web Service等技术对系统核心功能的封装，使得其他系统能够访问调用这些功能服务。主要包括贫困精准识别数据目录服务、数据查询服务和空间分析服务等。

用户层：是系统服务的目标。本系统的用户分为两大方面：一是直接使用人员，包括系统管理员和业务人员；二是间接的应用系统。系统管理员利用本系统主要进行系统的初置化设置、更新维护工作，业务人员利用本系统主要进行贫困精准识别信息的查询浏览、空间分析、统计汇总等；应用系统主要是通过本系统提供的COM组件和网络服务（Web Service），将其提供的贫困精准识别基础性功能服务集成应用系统中，实现贫困精准识别信息访问、浏览的远程使用。

8.1.2.9 系统环境与安装

系统的安装部署环境如表8-1所示。

表 8-1　系统的安装部署环境

类型	软件名称	说明
操作系统	Windows Server 2003/XP	
基础平台	JDK 6	Update17 以上
	.NET 2.0	Sp2 和语言包
	Microsoft Office Excel	如果没有安装 VS，可能需要添加 .NET 可编程性支持组件
	Microsoft Office Word	将风险评估与预警软件包系统安装目录下 Properties 文件夹下 jacob.dll 文件复制到系统 System32 目录下，以提供 Word 支持
	DXperienceUniversal-10.2.3	DevExpres.NET 相关组件
专业软件平台	ArcGis Desktop9.3	完全安装（对比分析工具会用到其中的组件）
	ArcGis Engine Runtime9.3	完全安装（如果没有装 VS，可能需要添加 .NET Support 组件）

8.2　系统详细设计

秉承实用性和扩展性相结合、高效性和安全性相结合、开放性和可维护性相结合、标准规范与个性化相结合、先进性与成熟性相结合、绿色机房与经济性相结合的原则，采用"总-分-总"设计模式，通过元数据和数据目录，组织和集成多源异构贫困识别信息基础数据，以地理信息技术为核心，实现扶贫开发信息"一张图"可视化服务，提供统一的安全保障体系。

针对综合反映人口、经济、社会、生态等多个维度贫困状况的贫困精准识别系统的需求，完成了"基于空间信息技术的贫困精准识别系统"的详细设计。界定了"基于空间信息技术的贫困精准识别系统"的功能范围、业务定位、业务流程、运行环境、数据体系、逻辑结构设计、接口定义，设计了数据输入、数据管理、多维贫困分析、时空分析、精准识别、统计输出等模块功能。并对所有功能进行详细描述、对接口方式和规范进行详细描述和定义，确定了提交的软件产品的内容。同时也为系统的编码、测试和验收提供了依据。以期实现由点到面、从贫困片区到贫困农户个体、从单一维度到多维度综合的贫困逐级逐类精准识别。

8.2.1　总体方案设计

8.2.1.1　系统体系设计

根据现阶段贫困精准识别业务需求建立基于空间技术的贫困精准识别系

统,其应综合反映人口、经济、社会、生态等多个维度的贫困状况,实现基于时空分析技术的贫困动态变化监测和评价。开发数据输入、数据管理、多维贫困分析、贫苦状况精准识别、数据输出等模块功能。实现由点到面、从贫困片区到贫困农户个体、从单一维度到多维度综合贫困逐级逐类精准识别。整体设计思路如下:

(1) 采用"总–分–总"的设计模式

总体设计采用"总–分–总"的模式,在调研分析国内外相关研究和建设现状、全面掌握系统建设单位及其他用户需求的基础上,首先进行系统平台总体架构的设计,然后逐一进行分系统的研究分析与设计,最后进行系统数据库概念模型、总体集成方案、部署结构和应用模式等的设计。

(2) 通过元数据和数据目录,组织和集成多源异构扶贫开发数据

元数据是关于数据的数据,是对数据集标识、内容、时空范围、分发方式、质量信息等的描述。元数据是数据拥有者和使用者之间的桥梁,通过元数据,数据拥有者可以快速发布数据集,而使用者可以快速发现、获取到数据集。数据目录是按照一定的分类体系对元数据的有效组织,可以为用户提供分类导航服务。因此,平台通过元数据和数据目录相结合的方式,实现多源、异构扶贫开发数据的组织和集成。

(3) 以地理信息技术为核心,实现扶贫开发信息一张图可视化服务

扶贫开发示范涉及的数据资源包括:自然资源、生态环境、灾害系统(孕灾环境、致灾因子以及承灾体)、社会经济数据等等。这些数据资源格式不一、类型多样,为了能够方便地为不同的用户提供服务,平台将以地理信息技术为核心,实现调查监测数据的地理空间匹配和空间化转换,在统一的时空框架下,实现扶贫开发信息的"一张图"服务。对于异构地理空间数据,利用地理信息服务,实现有机的集成和统一的访问。

(4) 提供统一的安全保障体系

提供统一的用户注册管理、数据访问权限划分、单点登录和权限认证功能,为应用系统开发提供调用接口与控制机制,使整个扶贫开发示范应用系统基于统一的安全保障体系,一方面避免每个业务应用系统都需要开发安全管理模块的情况,另一方面也有效集中安全出入口,便于应用系统的安全控制。

8.2.1.2　用户设计

根据贫困精准识别系统的实际需要,系统分为国家扶贫办公室、省级扶贫办公室、市级扶贫办公室、县级扶贫办公室、乡镇扶贫办公室等五级管理用户,五级管理员用户设计表如图8-7所示。

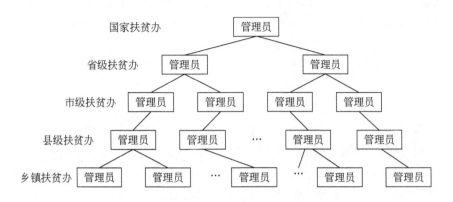

图 8-7　贫困精准识别系统管理员用户设计图

针对每一级别使用系统的权限，本系统采用各级管理员通过设置权限来分配用户的角色，不同角色拥有不同的功能，如业务人员可以使用数据上报等。具体如图 8-8 所示。

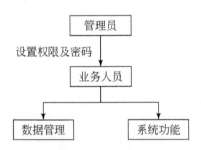

图 8-8　系统用户角色管理设图

8.2.1.3　总体功能设计

为了实现基于空间技术的贫困精准识别系统的建设目标，即：实现全国扶贫开发数据的有机集成和有序共享，贫困现状监测与评估，扶贫开发信息服务、扶贫效果评估，以及扶贫开发信息"一张图"可视化服务，平台采用"分布集成、统一管理、集中服务"的总体架构模式，在管理办法、标准规范和指标体系的指导和约束下，面向领导决策和业务管理，按照扶贫开发"贫困现状监测与评估信息服务效果评估可视化服务"的思路，设计除用户管理、数据管理、数据输出等基本 MIS 系统所具备的基本功能之外，重点开发包括与 GIS 相关的贫困精准识别、多维贫困分析等业务功能。系统功能结构如图 8-9 所示。

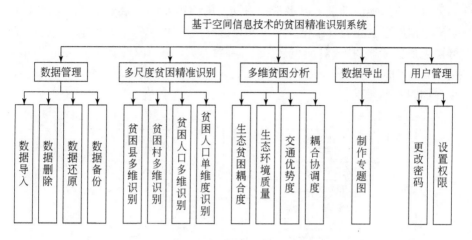

图 8-9　贫困精准识别系统功能结构图

主要功能实现流程设计如下。

（1）数据管理设计

根据贫困精准识别系统的实际数据管理需要，贫困识别数据分为属性数据和空间数据。数据来源规范要符合数据库表结构的标准，首先是数据的导入调用 InsertInto（）方法、数据的删除是 SQL 语句 Delete 命令实现、数据的备份用 Backup 命令实现、数据的还原用 Restore 命令实现。具体流程如图 8-10 所示。

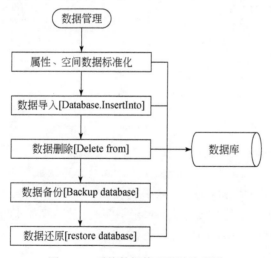

图 8-10　系统数据管理设计流程图

（2）贫困监测设计

根据贫困精准识别系统的需求，对贫困指标的监测，首先是选取识别的指标，可以使单指标识别也可以多指标识别。用 SQL 语句从属性数据中读取数据，与空间数据库建立相关，根据用户的需要选择监测的形式，包括面状、点状等地图可视化形式。与之相对应的是接口函数，如 List、SQL 语句、ArcEngine 的 BarRender、ClassRender、DotDensityRenderer、ProportionalRender 等接口。具体流程步骤如图 8-11 所示。

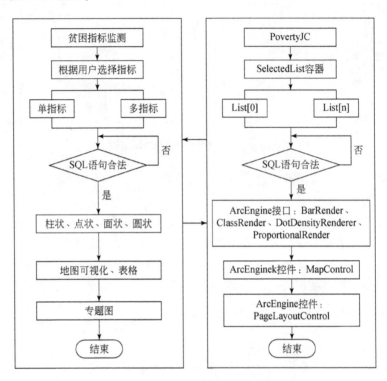

图 8-11　系统贫困监测功能详细设计流程图

基于贫困监测的详细设计的流程以及理论，对其具体实现过程进行设计。首先用户向界面 JCIndex 请求监测指标，调用函数 repest（）函数编写监测指标查询语句，调用类 DataBase 的 Datadispose（）函数，查询数据库并将监测指标结果返回给 JCIndex 和用户，最后 JCIndex 调用类 RenderMap 的 RenderIndex（）函数，对其结果渲染，选择合适的 ArcEngine 制图接口，最终实现监测数据空间可视化，并将结果返回给用户。具体的接口如图 8-12 所示。

（3）贫困精准识别设计

A. 贫困人口多维识别设计

根据贫困人口精准识别的理论，主要的流程包括用户选取测算指标、剥夺指标临界值、采用等维度等权重的思想进行识别，对应的技术如图 8-13 所示。

第8章 多维贫困识别空间信息系统

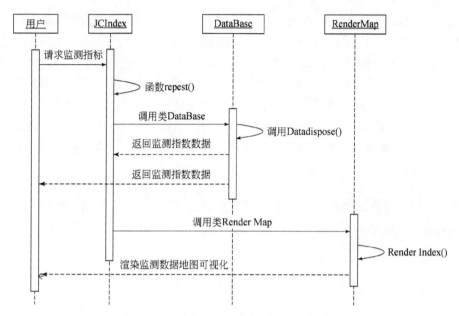

图 8-12 系统贫困监测功能详细设计时序图

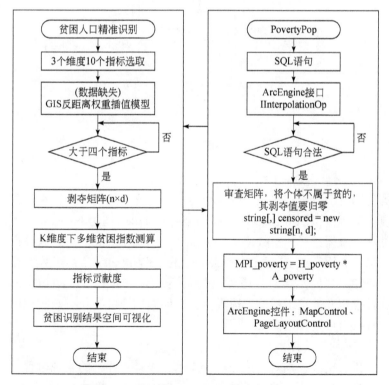

图 8-13 系统贫困人口精准识别设计流程图

在贫困人口精准识别的理论技术的基础上,对具体的实现进行详细设计。用户选择贫困人口识别的指标,调用 PopIndexDispose 类,使用基于 ArcEngine 的反距离权重插值模型函数 IDWIndex 对部分缺失数据进行客观插值,然后根据参数调用剥夺矩阵函数 deprive() 函数对贫困人口数据 [0,1] 剥夺。调用类 PopSelecteIndex,默认是等权重进行加权也可以自定义函数是 PopWeight()。最后将算出的数据结果返回给用户,同时调用类 RenderMap 的 RenderIndex() 函数进行贫困识别数据渲染,在地图上可视化展示,具体实现设计接口函数如图 8-14 所示。

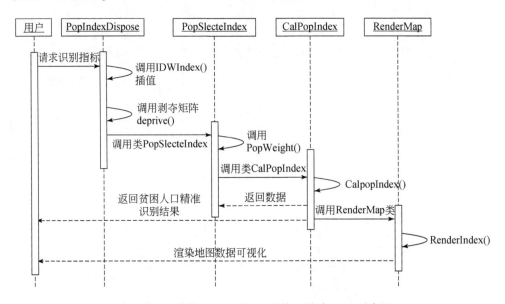

图 8-14　系统贫困人口精准识别接口设计 UML 时序图

B. 贫困村精准识别设计

根据贫困村精准识别的理论以及功能需求,详细的设计了识别过程,首先用户请求测算贫困村识别指标,在类 VillageSelecteIndex 调用 IndexNorm() 函数进行线性处理,根据选择的参数调用类 Weight 的 VillWeight() 函数进行主客观权重赋值,然后调用类 PoorIndexconDegreede 的 CalVillIndex() 函数计算贫困村的指数,并将结果返回给用户,还可以调用类 RenderMap 的 RenderIndex() 将结果渲染在精准识别的贫困村地图边界上,返回给用户可视化直观的地图结果。具体实现设计接口函数如图 8-15 所示。

C. 贫困县多维识别设计

按照贫困县精准识别的理论和功能需求,设计了详细的实现过程。首先用户请求县的精准识别指标,调用通过类 CountySlecteIndex 的 IndexNorm(),对指标

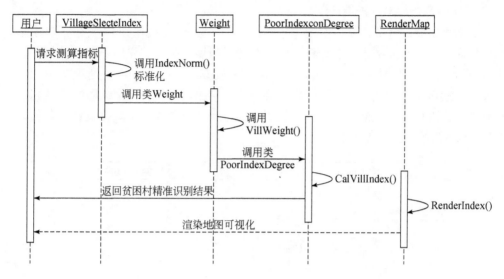

图 8-15　系统贫困村精准识别接口设计 UML 时序图

数据进行标准化。接着调用类 Weight 的 CountyWeight（）函数对指标进行权重赋值、维度赋值。最后调用类 CountyIndexconDegree 的 CalCountyindex（）函数得到识别的指数以及指标的贡献度情况。给用户返回数据结果,调用类 RenderMap 的 RenderIndex（）函数进行县边界渲染,数据以多种专题图形式显示在地图界面。具体实现设计接口函数如图 8-16 所示。

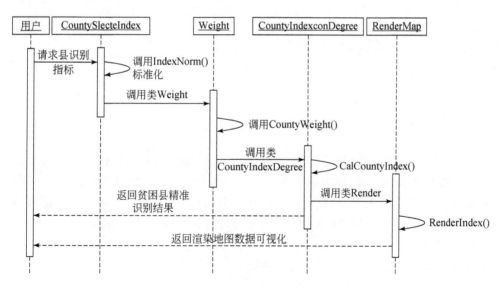

图 8-16　系统贫困县精准识别接口设计 UML 时序图

（4）多维贫困分析设计

根据系统设计的需要，本论文集成调用了多维贫困分析的成果。包括有生态质量评价、生态经济耦合度分析、以及交通优势度分析。首先用户选择计算的多维分析指标，调用类 MilSlecteIndex，利用函数 Indexargument（）处理接口的参数，最后调用实现的类库接口返回多维分析的结果数据，将数据调用渲染类 RenderMap，进行数据渲染，以多种专题图形式显示在地图界面。具体设计函数接口如图 8-17 所示。

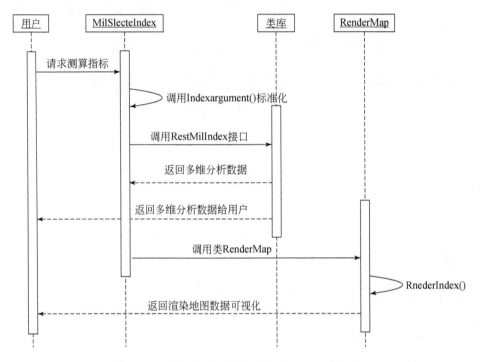

图 8-17 系统多维贫困分析接口设计 UML 时序图

（5）专题图制作设计

专题图是贫困精准识别系统重要的一个功能，也是数据输出的表达形式。首先用户对贫困精准识别的结果数据渲染专题图，对现有界面进行修改，利用 ArcEngine 中现有相关的接口和函数进行修饰地图。IPageLayout 接口是专题图的整体控制界面，调用 AddNorthArrow（）函数修地图的指北针、调用 AddSacleBar（）方法修改比例尺，调用 AddFrame（）方法修改边框、调用 Addlegend（）方法对地图图例进行修饰等。具体设计函数接口如图 8-18 所示。

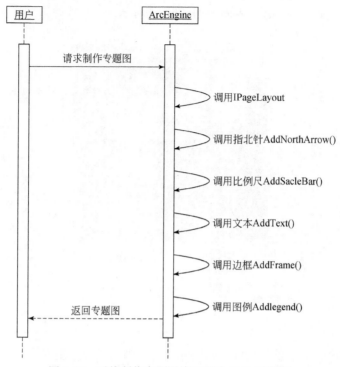

图 8-18　系统制作专题图接口设计 UML 时序图

8.2.2　详细功能及界面设计

8.2.2.1　系统登录

（1）功能概述

系统登录主要用于对进入系统的用户进行安全性检查，以防止非法用户进入该系统。在登录时只有合法的用户才能进入该系统，同时，系统根据登录用户的级别，给予其不同的操作权限。

（2）基本功能

①界面设计。表 8-2 为登录界面设计功能表。

表 8-2　登录界面设计功能表

界面内容	输入形式	输出内容
用户名称 用户密码 操作按钮	字符串	（1）输入正确，进入系统主界面 （2）输入错误，密码错误

299

②登录界面。系统登录界面图如图 8-19 所示。

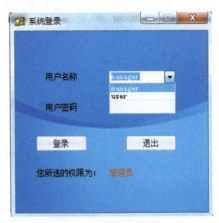

图 8-19　系统登录界面图

8.2.2.2　用户管理

（1）功能概述

用户管理模块主要包括修改密码和设置权限两部分。主要是对系统的现有用户的登录密码和权限进行修改。但要注意的是只有管理员有此权限，一般的用户只能进行基本操作。

（2）基本功能

Ⅰ. 更改密码

更改密码功能表如表 8-3 所示。

①界面设计。

表 8-3　更改密码功能表

功能项	输入项	输出项	处理过程
更改密码	旧密码	数据库中对应的数据表中产生新的密码	（1）根据系统登录得到的默认的管理员的用户名 （2）输入原始密码，再输入两次新的密码 （3）单击【确定】
	新密码		
	确认新密码		

②界面内容。更改密码界面如图 8-20 所示。

Ⅱ. 设置权限

表 8-4 为设置权限功能表。

①界面设计。

图 8-20　更改密码界面图

表 8-4　设置权限功能表

功能项	输入项	输出项	处理过程
设置权限	选择指定用户	数据库中指定用户的权限得到更改	（1）管理员登录之后选择指定的用户 （2）查询结果与地图进行关联 （3）查询结果导出（以 Excel 形式）
	选择指定权限		

②界面内容。设置权限界面图如图 8-21 所示。

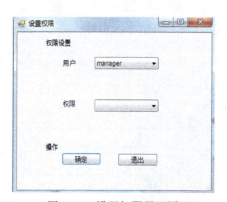

图 8-21　设置权限界面图

8.2.2.3　数据管理

（1）功能概述

基于系统数据库里面的数据表【数据来源：贫困县、乡镇、村基本信息表】，对其进行一些操作，主要包括数据导入、数据删除、数据备份和数据还原四部分。

(2) 基本功能

Ⅰ.数据导入

将系统外的数据（Excel 表）导入系统数据库中。

①输入项。系统显示、计算所需要的基本信息表。

②输出项。表 8-5 为数据导入功能表。

表 8-5 数据导入功能表

输出内容	输出形式	具体过程	触发方式
系统数据库中的基本表（dbo）	数据表	（1）进入数据导入界面，查看注意事项，单击【下一步】 （2）首先选择所要导入的数据表（默认为 Excel 表），然后选择所要导入到的数据库 （3）选择想要导入的字段，即数据表中的部分或全部字段，然后根据第一步的规则输入在数据库中存的数据表的名字，单击【下一步】 （4）系统提示导入成功	

③界面内容。数据导入界面图如图 8-22 所示。

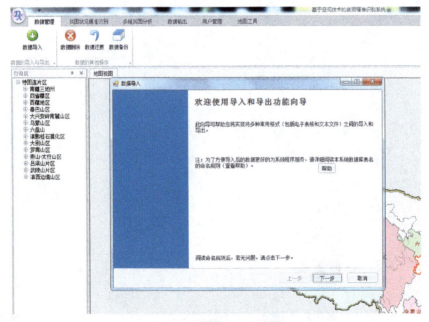

图 8-22 数据导入界面图

Ⅱ．数据删除

将系统数据库中的数据表内容清除，数据表的基本格式保留在数据库中。数据删除功能表如表 8-6 所示。

① 输入项。系统数据库中基本数据表。

② 输出项。

表 8-6　数据删除功能表

输出内容	输出形式	具体过程	触发方式
删除数据表	目标数据表被删除，并且保留表结构	（1）通过管理员权限登录系统后，进入数据管理—数据清理界面 （2）首先选择要操作的数据库，然后勾选所要删除的表 （3）单击【清理】，系统提示"数据清理成功"	

③ 界面内容。数据删除界面图如图 8-23 所示。

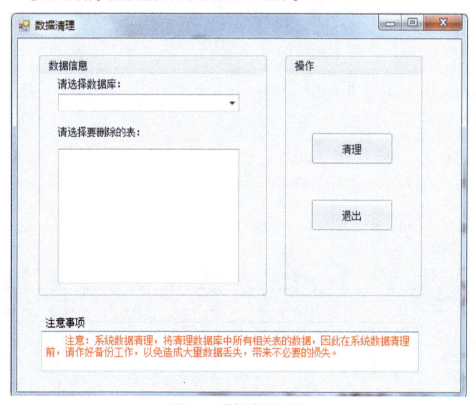

图 8-23　数据删除界面图

Ⅲ. 数据备份

将系统数据库中的数据表保存在其他存储介质中（表 8-7）。

①输入项。备份路径。

②输出项。

表 8-7　数据备份功能表

输出内容	输出形式	具体过程	触发方式
备份文件	以【.bak】后缀名结尾的备份文件	(1) 以管理员权限登录系统，进入数据备份界面 (2) 选择备份文件的路径，即存储备份文件的位置 (3) 单击【数据备份】，系统提示"备份成功"	

③界面内容。数据备份界面图如图 8-24 所示。

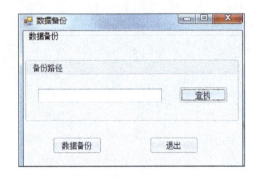

图 8-24　数据备份界面图

Ⅳ. 数据还原

将系统数据库中的备份的数据，还原到数据库中。数据还原功能表如表 8-8 所示。

①输入项。备份到存储设备中的数据或文件。

②输出项。

表 8-8　数据还原功能表

输出内容	输出形式	具体过程	触发方式
数据库	将系统数据库——"logDB_PervertyIdentify"还原到指定目录下	(1) 以管理员权限登录系统，进入数据还原界面 (2) 查找数据备份的文件 (3) 单击【数据还原】，系统提示"还原成功"	

③界面内容。数据备份界面图如图 8-25 所示。

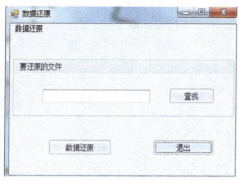

图 8-25　数据备份界面图

8.2.2.4　贫困状况精准识别

（1）功能概述

根据所选基本统计单元即通过扶贫办贫困农户建档立卡上报系统采集到的基本农户数据，计算贫困发生率、贫困强度指数、多维贫困指数、平均被剥夺份额、自然致贫指数、社会致贫指数和经济致贫指数等，实现对贫困县、贫困村和贫困人口的识别。（指标来源：国务院扶贫办中国国际扶贫中心）

（2）统计单元

以国家连片特困区中的县、乡（镇）、村为基本统计单元。

（3）基本功能

Ⅰ．贫困县识别

①基本内容。在现有片区基础数据的基础上对所包含的县进行分等级识别。表 8-9 为贫困县功能表。

表 8-9　贫困县功能表

功能项	输入项	输出项	处理过程
识别国家连片特困片区的贫困强度	单击【触发】	符合查询统计条件的识别记录	（1）查询结果进行高亮显示 （2）查询结果与地图进行关联 （3）识别结果可以以专题图形式导出
识别国家连片特困片区的贫困发生率			
识别国家连片特困片区的贫困等级			
识别国家连片特困片区的贫困线指数			

②界面内容。以国家连片特困区——秦巴片区为例，图 8-26 所示的结果是查询该片区贫困强度<0.8 的县的信息。

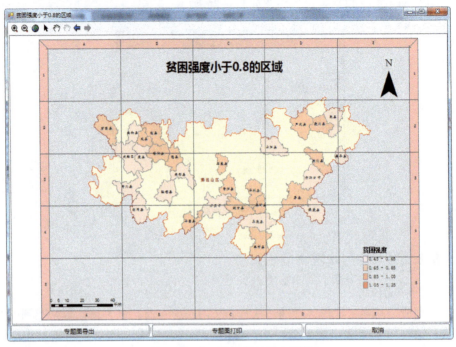

图 8-26　贫困县识别效果专题图

Ⅱ．贫困村识别

①基本内容。根据所选基本统计单元即通过扶贫办贫困农户建档立卡上报系统采集到的基本农户数据以及该地区其他相关数据，根据贫困村测算模型算法，测算出该地区相关贫困测算指标的结果。贫困村功能表如表 8-10 所示。

表 8-10　贫困村功能表

功能项	输入项	输出项	处理过程
贫困县各村社会致贫指数的计算	选择待测算的多维贫困村指标体系（自然、社会、经济）的部分或全部指标，以及测算的指标	符合测算条件的贫困村识别指标的测算结果	（1）测算结果在 Datagridview 控件中显示 （2）测算结果与地图进行关联，并且可以以专题图形式导出 （3）测算结果导出（以 Excel 形式）
贫困县各村经济致贫指数的计算			
贫困县各村自然致贫指数的计算			
贫困县各村 MPI（多维贫困指数）的计算			

②界面内容。以国家连片特困区——秦巴片区南阳市内乡县为例，图 8-27 所示的结果是计算该地区社会致贫指数的结果。

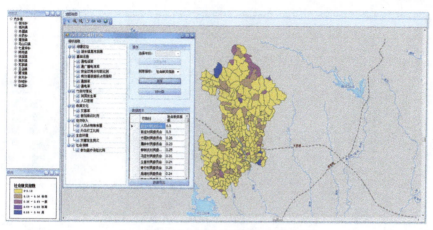

图 8-27　贫困村识别效果图

Ⅲ. 贫困人口识别

①基本内容。在现有片区基础数据的基础上对所包含的县进行分等级识别。贫困人口识别功能表如表 8-11 所示。

表 8-11　贫困人口识别功能表

功能项	输入项	输出项	处理过程
贫困县各村基于人口 MPI（多维贫困指数）的计算【多维度】	选择待测算的多维贫困村指标体系（生活水平、教育、健康）的4~9个指标，以及测算的指标	符合测算条件的贫困村识别指标的测算结果	（1）测算结果在 Datagridview 控件中显示 （2）测算结果与地图进行关联，并且可以以专题图形式导出 （3）测算结果导出（以 Excel 形式） （4）生成勾选基础指标对应的贫困贡献度（以图片形式）
贫困县各村基于人口 A（平均被剥夺额）的计算【多维度】			
贫困县各村基于人口 H（多维贫困发生率）的计算【多维度】			
贫困县各村基于人口 H（多维贫困发生率）的计算【单维度】	选择待测算的多维贫困村指标体系（生活水平、教育、健康）的单个个指标		（1）测算结果在 Datagridview 控件中显示 （2）测算结果与地图进行关联，并且可以以专题图形式导出 （3）测算结果导出（以 Excel 形式）

②界面内容。以国家连片特困区——秦巴片区南阳市内乡县为例，图 8-28 所示的结果是计算该地区多维贫困指数的结果（单维度测算与多维类似）。

307

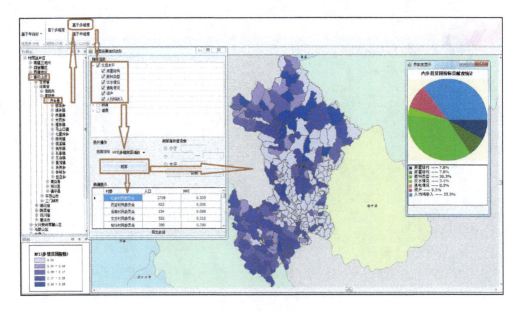

图 8-28　内乡县多维贫困人口识别效果图

8.2.2.5　数据输出

(1) 功能概述

与 GIS 功能结合,将贫困县、贫困村以及单维、多维贫困精准识别的部分测算结果以专题图的形式表达出来。

(2) 基本功能

Ⅰ. 基本内容

数据输出功能表如表 8-12 所示。

表 8-12　数据输出功能表

功能项	输入项	输出项	处理过程
生成专题图	根据所选择的模块(贫困县、贫困村、贫困人口识别)的查询或测算结果	对应渲染结果的专题图	(1) 选择操作模块 (2) 生成测算结果 (3) 单击【数据输出】,生成专题图(可以以图片的格式导出,也可打印)

Ⅱ. 界面内容

贫困村识别以重庆市黔江区为例,贫困人口以南阳市内乡县为例,图 8-29 ~ 图 8-31 为效果图的展示。

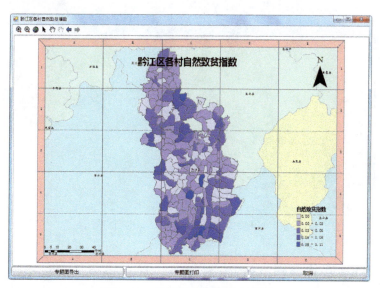

图 8-29　贫困村识别结果专题图

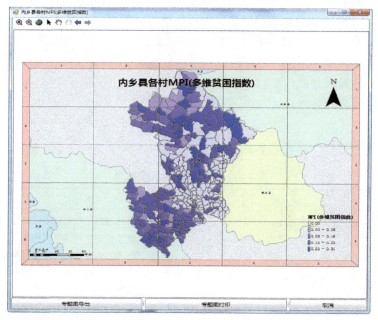

图 8-30　多维贫困人口 MPI 专题图

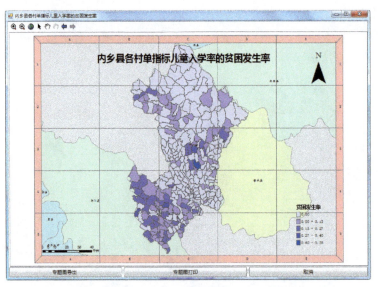

图 8-31 单维儿童入学率贫困发生率专题图

8.2.2.6 多维贫困分析

(1) 功能概述

根据国家连片特困片区的交通、生态环境等基础数据与矢量地图,将该地区的交通优势度、生态环境质量的贫困等级以专题图的形式表达出来。

(2) 统计单元

国家连片特困片区、县。

(3) 基本功能

Ⅰ. 基本内容

多维贫困分析功能表如表 8-13 所示。

表 8-13 多维贫困分析功能表

功能项	输入项	输出项	处理过程
生态-贫困耦合度	单击【触发】	以专题图形式输出	选择合适的耦合对象,使用已有的耦合度计算公式计算每个评价单元的耦合度,并得到空间分布。衡量生态环境质量的指标,使用前面计算出的结果,衡量贫困的指标选取表征贫困核心的贫困检测指标,在使用之前选择合适的方法进行空间化,使其从统计数据变为空间数据

续表

功能项	输入项	输出项	处理过程
生态环境质量	单击【触发】	以专题图形式输出	(1) 以实地调研的方式，请当地政府以及百姓对研究结果做评价 (2) 以当地扶贫开发规划为参考，验证研究结果与规划内容是否相符 (3) 与当地公布的实际情况对比，以差异作为验证精度的参考
交通优势度			以定量的手段从相对角度判别该区域交通条件的优劣以及级别的高低
交通－贫困耦合协调度			通过构建综合反映研究区"量"（交通网密度）、"质"（交通设施邻近度）、"势"（可达性）交通条件的交通优势度评价指标体系和评价模型，以县为研究单元，对研究区交通优势度进行评价。用该值与反映县域经济发展的重要指标之一——人均GDP进行耦合，并进一步分析其空间分布特征和相关关系
相对资源承载力			将选定资源承载力的理想状态作为参照区，以该参照区人均资源拥有量为标准，将研究区与参照区的资源存量进行对比，从而确定研究区内资源相对可承载的适度人口数量。相对资源承载力研究的先决条件是找到合适的参照区，一般情况下，参照区与研究区的区域条件相近但更接近理想状态
居民点空间分布离散度			从贫困村居民点空间分布离散程度出发研究内乡县各居民点空间分布格局。各行政村内部居民点空间分布聚集程度，以及各行政村与县城或者周边村或者乡镇政府的远近程度是影响各行政村人均纯收入的一个原因。从内部指标（本村内部空间离散度指标）和外部指标两方面出发，共有加权平均重心距离、加权平均间距、空间标准差和距乡镇政府的距离、距县城的距离、与周边村的距离平均值这六个指标来反映内乡县居民点空间分布离散程度。最后得到内乡县居民点空间分布离散度分布图

Ⅱ. 界面内容

选取全国连片特困区——武陵山片区、大别山区或秦巴片区的贫困县为示范片区或示范县，图 8-32 ~ 图 8-36 是功能项效果图的展示。

图 8-32　生态环境与贫困耦合度专题图

8.2.3　数据结构设计

8.2.3.1　数据体系

（1）数据标准

参考我国基础地理信息数据分级方案、全国土地利用规划数据库建设方案和我国各级扶贫机构设置方案，课题应用示范主要在国家、省、市、县和乡村五个层次上开展，不同层次上数据和产品的精度设计如表 8-14 所示。

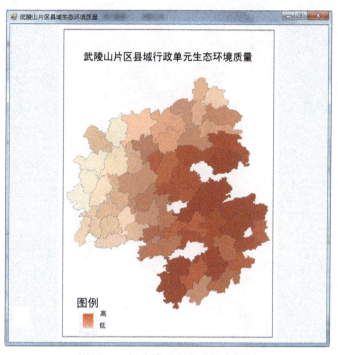

图 8-33 行政单元生态质量专题图

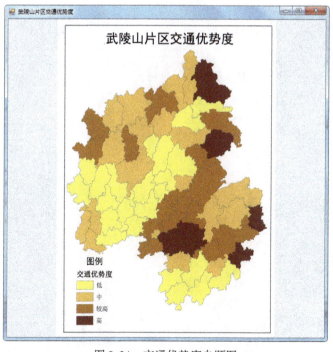

图 8-34 交通优势度专题图

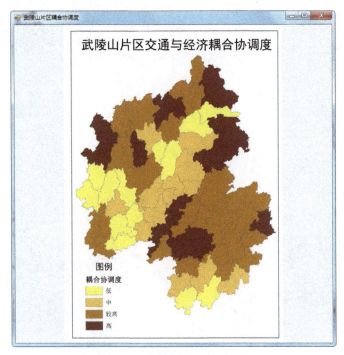

图 8-35　交通耦合协调度专题图

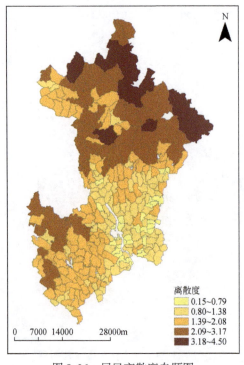

图 8-36　居民离散度专题图

表 8-14 五级示范体系下的数据和产品精度设计

示范层次	矢量数据（比例尺）	栅格数据/m
国家（片区）	1∶1000000	1000
省	1∶500000	500
市	1∶250000	100
县（旗）	1∶50000	25
乡（村）	1∶5000（500）	5（1）

投影系统：WGS84；

坐标类型：****度**分**.**秒；

数据格式：矢量 shp，图像 tiff，img，表 exel，文字 txt。

（2）基础数据

课题基础数据需求包括地理数据、社会经济数据和专题数据三块内容。

Ⅰ．基础地理数据

表 8-15 为基础地理数据表。

表 8-15 基础地理数据表

序号	输入数据			用途
	尺度	数据内容		
1	全国、片区、省、市、县、乡镇	土地利用分布图		贫困地区地理环境、自然资源、生态环境、社会经济发展状况的调查与评价
2				
3		国家基础地理数据	水系数据	
4			居民地及设施数据	
5			交通数据	
6			数字高程模型	
7			植被与土质数据	

Ⅱ．社会经济数据

①全国、片区、省、市级。表 8-16 为国家–片区–省–市级社会经济贫困指标分类体系。

表 8-16 国家–片区–省–市级社会经济贫困指标分类体系

序号	输入数据		用途
	尺度	数据内容	
1	全国、片区、省、市	贫困人口	计算示范区的社会致贫指数
2		贫困村数	
3		贫困人口占乡村人口比例	
4		贫困村占村委会数比例	
5		当年尚未解决饮水困难人数	
6		当年尚未解决饮水困难牲畜数	
7		年末实有耕地面积	计算示范区的经济消贫指数
8		人均公路里程	
9		农村用电量	
10		农业机械总动力	
11		地方财政收入	
12		新增公路里程	
13		农林牧渔产值	
14		人均 GDP	

②县级。表 8-17 为县（乡）级社会经济贫困指标分类体系表。

表 8-17 县（乡）级社会经济贫困指标分类体系表

类别	一级分类	二级分类	三级分类
基本情况	人口	年末总户数（户）	
		乡村户数（户）	
		年末总人口（人）	
		乡村人口（人）	
		少数民族人口（人）	
		人口自然增长率（‰）	
	行政辖属	乡（镇）个数（个）	
		行政村个数（个）	
		自然村个数（个）	
	扶贫政策享受状况	实施整村推进村个数	
		是否少数民族县	
		是否革命老区县	
		是否边境县	
		是否国家扶贫开发工作重点县	
		是否省定扶贫开发工作重点县	
		是否有帮扶单位	

续表

类别	一级分类	二级分类	三级分类
基础设施	通电情况	通电行政村个数（个）	
		通电自然村个数（个）	
	通广播电视情况	通广播电视行政村个数（个）	
		通广播电视自然村个数（个）	
	通宽带情况	通宽带的行政村个数（个）	
		通宽带的自然村个数（个）	
	饮用水情况	饮用入户管道水行政村个数（个）	
		饮用入户管道水自然村个数（个）	
	通路情况	通路行政村个数（个）	
		通路自然村个数（个）	
		通客运班车的行政村个数（个）	
		等级公路里程（km）	高速公路线路里程（km）
			一级公路线路里程（km）
			二级公路线路里程（km）
			三级公路线路里程（km）
			四级公路线路里程（km）
		等外公路里程（km）	
		有铺装路面里程合计（km）	沥青混装土（km）
			水泥混装土（km）
			简易铺装路面里程（km）
		未铺装路面里程合计（km）	

续表

类别	一级分类	二级分类	三级分类
收入	上年 GDP/万元		
	上年地方财政预算内收入/万元		
	上年地方财政一般预算支出/万元		
	上年农民人均纯收入/元		
	财政扶贫资金/万元		
	以工代赈资金/万元		
	信贷扶贫资金/万元		
生产生活条件	有塑料大棚/温室的行政村个数/个		
	有农民专业合作经济组织行政村数/个		
	耕地面积/亩		
	林果面积/亩		
	牧草地面积/亩		
	水面面积/亩		
	粮食作物产量/t	夏收粮食产量	小麦产量
			稻谷产量
			其他作物产量
		秋收粮食产量	玉米产量
			豆类产量
			其他作物产量
	经济作物产量/t	油料产量	
		烟叶产量	
		薯类产量	
		麻类产量	
		蔬菜产量	
		糖类产量	
		棉花产量	
		瓜果产量	
		其他作物产量	

续表

类别	一级分类	二级分类	三级分类
生产生活条件	园林果园产量/t	苹果产量	
		梨产量	
		枣产量	
		桃产量	
		柑橘产量	
		其他水果产量	
	肉类总产量/t	猪肉产量	
		牛肉产量	
		羊肉产量	
		禽肉产量	
	家禽出栏量	猪出栏头数	
		羊出栏头数（万头，万只）	
		牛出栏头数（万头，万只）	
		禽出栏头数（万头，万只）	
	禽蛋产量/t		
	奶类产量/t		
	水产品产量/t		
教育文化	学校	有幼儿园或学前班的行政村个数（个）	
		拥有高中学校的乡镇个数（个）	
		拥有初中学校的乡镇个数（个）	
		拥有小学学校的行政村个数（个）	
		农村普通中学学校数合计（所）	
		农村高中数量（所）	
		农村小学学校数（所）	
		农村幼儿园园数（所）	
		农村幼儿园班数（个）	

续表

类别	一级分类	二级分类	三级分类
教育文化	学生/人	农村普通中学在校学生数合计	
		普通中学在校农村学生数合计	
		农村高中在校学生数总计	
		普通高中在校农村学生数合计	
		农村小学在校学生数	
		小学在校农村学生数	
		在园幼儿数	
		幼儿园入园农村幼儿数	
	师资/人	农村普通中学教职工人数合计	
		农村普通中学专任教师数合计	
		农村小学教职工数合计	
		农村小学专任教师	
		幼儿教育专任教师	
		幼儿教育保健员	
	文化/个	拥有综合文化站的乡镇个数	
	经费投入/万元	教育经费合计	
		国家财政性教育经费	
		预算内国家财政性预算经费	
劳动力技能培训	劳动力数/人		
	外出务工人员/人		
	青壮年劳动力文盲人数		
	参加各类培训的人次		
	输出转移劳动力数		
医疗卫生健康	有卫生院的乡镇个数/个		
	有卫生室的行政村个数/个		
	农村卫生院医生人数		
	农村卫生室医生人数		
	卫生机构床位数/床		
	是否有地方病		
	如果是地方病区，是哪种病		

续表

类别	一级分类	二级分类	三级分类
社会保障	上年社会福利机构床位数（床）		
	上年参加新型农村合作医疗人数（人）		
	上年参加新型农村社会养老保险人数（人）		

③（乡）村级。表 8-18 为（乡）村级社会经济贫困指标分类体系。

表 8-18 （乡）村级社会经济贫困指标分类体系

类别	一级分类	二级分类	三级分类
基本情况	自然村数（个）		
	总户数（户）		
	总人口数（人）		
	少数民族人口（人）		
	是否少数民族聚集村		
	需搬迁户数		
	需搬迁人数		
	已搬迁户数		
	已搬迁人数		
	是否实施整村推进		
基础设施	饮水困难的自然村个数		
	通电户数		
	通广播电视户数		
	行政村是否通客运班车		
	行政村是否通宽带		
	通宽带的自然村个数		
	行政村是否通路		
	通公路的自然村个数		
	有铺装路面里程合计（km）	沥青混装土（km）	
		水泥混装土（km）	
		简易铺装路面里程（km）	
	未铺装路面里程合计（km）		

续表

类别	一级分类	二级分类	三级分类
收入	国家投入（万元）		
	村级集体经济收入（万元）		
	农民人均纯收入（元）		
生产条件	旱地面积（亩）		
	水浇地面积（亩）		
	水田面积（亩）		
	林果面积（亩）		
	牧草地面积（亩）		
	水面面积（亩）		
	粮食作物产量（t）	夏收粮食产量（t）	小麦产量（t）
			稻谷产量（t）
			其他作物产量（t）
		秋收粮食产量（t）	玉米产量（t）
			豆类产量（t）
			其他作物产量（t）
	经济作物产量（t）	油料产量（t）	
		烟叶产量（t）	
		薯类产量（t）	
		麻类产量（t）	
		蔬菜产量（t）	
		糖类产量（t）	
		棉花产量（t）	
		瓜果产量（t）	
		其他作物产量（t）	
	园林果园产量（t）	苹果产量（t）	
		梨产量（t）	
		枣产量（t）	
		桃产量（t）	
		柑橘产量（t）	
		其他水果产量（t）	
	肉类总产量（t）	猪肉产量（t）	
		牛肉产量（t）	
		羊肉产量（t）	
		禽肉产量（t）	

续表

类别	一级分类	二级分类	三级分类
生产条件	家禽出栏量	猪出栏头数	
		羊出栏头数（万头，万只）	
		牛出栏头数（万头，万只）	
		禽出栏头数（万头，万只）	
	禽蛋产量（t）		
	奶类产量（t）		
	水产品产量（t）		
生活条件	距最近乡镇集市的距离（km）		
	距最近的车站（码头）的距离		
	近三年新修钢筋混凝土和砖木结构住房户数		
	拥有农用机动车（摩托车、三轮车等）户数		
	饮用安全饮用水户数		
	使用固定或移动电话户数		
	有彩电户数		
	使用水冲式厕所户数		
	使用煤炭和清洁能源作为主要炊事能源户数		
	有塑料大棚/温室的户数		
	参加农民专业合作经济组织户数		
教育文化	劳动力的文盲、半文盲人数		
	距最近的六年制小学的距离（km）		
	是否有幼儿园或学前班		
	适龄人群九年制义务教育普及人数		
	适龄人群高中阶段受教育人数		
	适龄人群幼儿园入园人数		
	行政村是否有文化活动室		
劳动力技能培训	劳动力数（人）		
	外出务工人员（人）		
	参加各类培训的人次		
	输出转移劳动力数		

续表

类别	一级分类	二级分类	三级分类
医疗卫生健康	距最近的乡级医院的距离（km）		
	是否有卫生室		
	是否有地方病		
社会保障	上年参加新型农村合作医疗人数		
	上年参加新型农村社会养老保险人数		

Ⅲ. 专题数据

设计连片特困地区农村自然资源与生态环境调查指标体系（县、乡、村）如表 8-19 所示。

表 8-19　连片特困地区农村自然资源与生态环境调查指标体系（县、乡、村）

		一级指标	二级指标	三级指标	基础指标
资源	自然资源	土地资源	耕地	旱地	旱地	面积
						立地类型
						土壤类型
						土地质量
				水浇地	水浇地	同旱地
					菜地	同旱地
			水田	灌溉水田	面积
					立地类型
				望天田	同灌溉水田
			住宅用地	农村宅基地	农村宅基地	面积
			林地	防护林	水源涵养林	面积
					水土保持林	
					防风固沙林	
					农田牧场防护林	
					护岸林	
					护路林	
					其他防护林	
				特殊用途林	国防林	
					实验林	
					母树林	
					环境保护林	
					风景林	
					名胜古迹和革命纪念林	
					自然保护区林	

续表

		一级指标	二级指标	三级指标	基础指标
资源	自然资源	土地资源	林地	用材林	短轮伐期工业原料用材林	优势树种
						面积
						林龄
						株数
					速生丰产用材林	同短轮伐期工业原料用材林
					一般用材林	同短轮伐期工业原料用材林
				薪炭林	薪炭林	同短轮伐期工业原料用材林
				经济林	果树林	同短轮伐期工业原料用材林
					食用原料林	同短轮伐期工业原料用材林
					林化工业原料林	同短轮伐期工业原料用材林
					药用林	同短轮伐期工业原料用材林
					其他经济林	同短轮伐期工业原料用材林
			草地	草原	草甸草原	优势草种
						面积
						平均盖度
						等级
					典型草原	同草甸草原
					荒漠草原	
					高寒草原	
				稀疏草原	稀疏草原	
				草甸	典型草甸	
					高寒草甸	
					沼泽化草甸	
					盐生草甸	
				灌草丛	温性灌草丛	
					暖性灌草丛	

续表

一级指标			二级指标	三级指标	基础指标
资源	自然资源	水资源	地表水	河流	径流总量
					径流长度
					面积
				湖泊	总容量
					蓄水量
					面积
				水库	总容量
					蓄水量
			坑塘	养殖水面	面积
				坑塘水面	面积
		地下水	潜水	潜水	埋深
					蓄水量
					开采程度
			承压水	承压水	同潜水
	气候资源	太阳能	太阳能	太阳能	年平均太阳辐射能
					年平均日照时数
					开发程度
		热量资源	热量资源	热量资源	年平均气温
					有效积温
					无霜期
		降水资源	降水资源	降水资源	年降水量
					开发程度
		风能	风能	风能	风速
					年有效小时数
					有效风功率密度
					开发程度

续表

一级指标			二级指标	三级指标	基础指标
资源	自然资源	矿产资源	地热能	地热能	储量
					品位
					开发程度
			生物质能	生物质能	储量
					品位
					开发程度
			黑色金属矿产	黑色金属矿产	储量
					品位
					开发程度
			有色金属矿产	有色金属矿产	同黑色金属矿产
			贵金属矿产	贵金属矿产	
			稀有金属矿产	稀有金属矿产	
			稀土金属矿产	稀土金属矿产	
			化工原料非金属矿产	化工原料非金属矿产	
			建材原料非金属矿产	建材原料非金属矿产	
		煤炭资源	煤炭	煤炭	
		石油及天然气资源	石油	石油	
			天然气	天然气	
		核能资源	核能	核能	
	人文资源	旅游资源	综合自然旅游地	综合自然旅游地	基本类型
					开发程度
			沉积与构造	沉积与构造	同综合自然旅游地
		地文景观	地质地貌过程形迹	地质地貌过程形迹	
			自然变动遗迹	自然变动遗迹	
			岛礁	岛礁	
			河段	河段	
			天然湖泊与池沼	天然湖泊与池沼	
		水域风光	瀑布	瀑布	
			泉	泉	
			河口与海面	河口与海面	
			冰雪地	冰雪地	

续表

一级指标			二级指标	三级指标	基础指标
资源	人文资源	旅游资源	生物景观	树木	树木	
				草原与草地	草原与草地	
				花卉地	花卉地	
				野生动物栖息地	野生动物栖息地	
			天象与气候景观	光现象	光现象	
				天气与气候现象	天气与气候现象	
			遗址遗迹	史前人类活动场所	史前人类活动场所	同综合自然旅游地
				社会经济文化活动遗址遗迹	社会经济文化活动遗址遗迹	
			建筑与设施	综合人文旅游地	综合人文旅游地	
				单体活动场馆	单体活动场馆	
				景观建筑与附属型建筑	景观建筑与附属型建筑	
				居住地与社区	居住地与社区	
				归葬地	归葬地	
				交通建筑	交通建筑	
				水工建筑	水工建筑	
			旅游商品人文活动	地方旅游商品	地方旅游商品	
				人事记录	人事记录	
				艺术	艺术	
				民间习俗	民间习俗	
				现代节庆	现代节庆	
生态环境	地形条件		地形地貌	山地		
				丘陵		
				平原		
				高原		
				盆地		
			平均海拔			
			平均坡度			
			地形起伏度			

续表

	一级指标	二级指标	三级指标	基础指标
生态环境	植被条件	植被覆盖度	高植被覆盖度	
			中植被覆盖度	
			低植被覆盖度	
	土地退化	土壤侵蚀	面积	
			侵蚀程度	轻度侵蚀
				中度侵蚀
				重度侵蚀
		土地沙化	面积	
			沙化程度	轻度沙化
				中度沙化
				重度沙化
		土地盐碱化	面积	
			盐碱化程度	轻度盐碱化
				中度盐碱化
				重度盐碱化
		土地石漠化	面积	
			石漠化程度	轻度石漠化
				中度石漠化
				重度石漠化
	水环境质量	水质	地表水水质	Ⅰ类
				Ⅱ类
				Ⅲ类
				Ⅳ类
				Ⅴ类
			地下水水质	同地表水水质等级
		污染程度	地表水污染程度	重度污染
				中度污染
				轻度污染
				无污染
			地下水污染程度	同地表水污染程度

续表

一级指标		二级指标	三级指标	基础指标
生态环境	自然灾害	水灾	灾害风险程度	高风险	
				较高风险	
				中风险	
				低风险	
			灾害发生频次		
		干旱灾害	同水灾		
		冰雪和霜冻灾害			
		林火灾害			
		干热风灾			
		滑坡和泥石流灾害			
		地震			
		病虫害			
		动物疫情			
		其他灾害			

8.2.3.2 逻辑结构设计结构要点

（1）多维贫困村识别数据表结构，如表 8-20 所示。

表 8-20 多维贫困村识别数据表结构

序号	列名	数据类型	长度	小数位	标识	主键	允许空	默认值	说明
1	admVillage	nvarchar	10	0		是	是		行政村
2	natureIndex	float	8	0			是		自然致贫指数
3	societyIndex	float	8	0			是		社会致贫指数
4	economicIndex	float	8	0			是		经济致贫指数
5	MPI	float	8	0			是		多维贫困指数

（2）多维贫困人口识别测算结果数据表结构，如表 8-21 所示。

表 8-21　多维贫困人口识别测算结果数据表结构

序号	列名	数据类型	长度	小数位	标识	主键	允许空	默认值	说明
1	cunWei	nvarchar	50	0			是		村委
2	popu	int	4	0			是		人数
3	H	decimal	9	5			是		多维贫困发生率
4	A	decimal	9	5			是		平均被剥夺份额
5	MPI	decimal	9	5			是		多维贫困指数

（3）多维贫困人口识别数据表结构，如表 8-22 所示。

表 8-22　多维贫困人口识别数据表结构

序号	列名	数据类型	长度	小数位	标识	主键	允许空	默认值	说明
1	huma	nvarchar	50	0		是	是		户码
2	quXian	nvarchar	20	0			是		区县
3	xiangZhen	nvarchar	20	0			是		乡镇
4	cunWei	nvarchar	20	0			是		村委
5	xiaoZu	nvarchar	10	0			是		小组
6	memberSize	int	8	0			是		人数
7	fwjg	nvarchar	5	0			是		房屋结构
8	rllx	nvarchar	5	0			是		燃料类型
9	rjsr	nvarchar	5	0			是		人均收入
10	jkzk	nvarchar	5	0			是		健康状况
11	sftd	nvarchar	5	0			是		是否通电
12	ysqk	nvarchar	5	0			是		饮水情况
13	zc	nvarchar	5	0			是		资产
14	aveEdu	nvarchar	5	0			是		平均教育年限
15	enrollRate	nvarchar	5	0			是		儿童入学率

（4）单维贫困人口识别数据表结构，如表 8-23 所示。

表 8-23　单维贫困村识别数据表结构

序号	列名	数据类型	长度	小数位	标识	主键	允许空	默认值	说明
1	xiangzhen	nvarchar	15	0			是		乡镇
2	cunWei	nvarchar	15	0			是		村委
3	popu	int	4	0			是		人数

续表

序号	列名	数据类型	长度	小数位	标识	主键	允许空	默认值	说明
4	censoredincome	decimal	9	5			是		人均纯收入
5	censoredhousing	decimal	9	5			是		房屋结构
6	censoredwater	decimal	9	5			是		饮水情况
7	censoredelectr	decimal	9	5			是		是否通电
8	censoredfuel	decimal	9	5			是		燃料类型
9	censorededucation	decimal	9	5			是		平均教育年限
10	censorednutrition	decimal	9	5			是		家庭健康
11	censoredschooling	decimal	9	5			是		儿童入学率
12	censoredassert	decimal	9	5			是		资产

（5）系统用户数据表结构，如表 8-24 所示。

表 8-24　系统用户数据表结构

序号	列名	数据类型	长度	小数位	标识	主键	允许空	默认值	说明
1	userID	varchar	20	0		是	否		用户编号
2	userName	varchar	20	0			是		用户名称
3	userPwd	varchar	20	0			是		用户密码
4	userRight	char	10	0			是		用户权限

8.3　平台开发与测试

基于前述设计的多维贫困识别与监测数据组织方案与软件详细设计思路，自主研发了农户-村级-县级多维贫困识别原型系统，目前已经在实现多维贫困识别数据库管理与基础 GIS 平台功能的基础上，基于.Net 平台与 AE 技术，采用 SQLSERVER 数据库技术，实现了片区-省-县-村-农户各级尺度上的数据管理、多维贫困现状展示、多维贫困测算、多维贫困监测、农户信息上报、数据输出等专题功能，并以河南南阳市、广西河池市、内蒙古全区及翁牛特市为本阶段重点研究区，利用该系统可以实现各级各类贫困专题地图图件的分析、制作与报表生成，实现了对国家级、省级、地市级、县级扶贫业务部门的业务支持功能，并通过了内部测试，基本满足系统功能性能需求。

8.3.1 系统概况

基于空间技术的贫困精准识别系统包括用户管理、数据管理、数据输出等基本 MIS 系统所具备的基本功能，还包括与 GIS 相关的贫困精准识别、多维贫困分析等相关功能。系统功能结构图如图 8-37 所示。

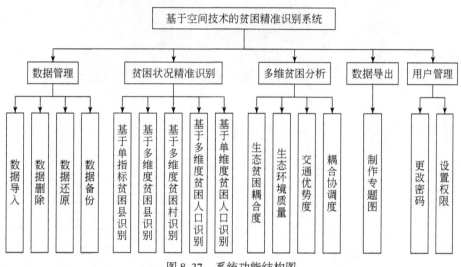

图 8-37　系统功能结构图

8.3.2　系统操作

8.3.2.1　总体界面和功能布局

系统登录界面，如图 8-38 所示，用户名：manger，密码：123。

扶贫开发空间信息系统采用 C/S 架构，客户端主要是在单机运行情况下为用户提供业务操作界面，辅助用户完成各级贫困信息管理以及识别与检测工作。单击总体界面上的按钮分别进入对应模块，如图 8-39 所示。

扶贫空间信息系统共包含以下三个部分。

贫困信息管理模块：其主要功能为各级贫困空间与属性信息的录入汇总，各级扶贫办业务信息的管理。

贫困监测与评估管理模块：不同级别监测指标体系的建立，主要包括年际变化、地区对比、支持各个指标专题信息的输出打印。

图 8-38　功能结构图

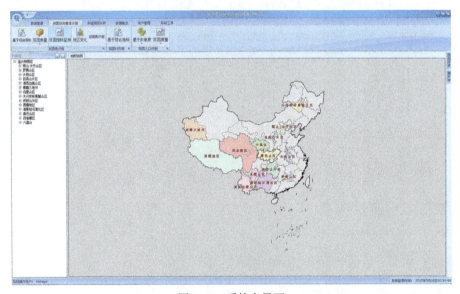

图 8-39　系统主界面

贫困识别模块：主要支持各级扶贫办对贫困地区的精准识别，包括多维度识别、单维度识别、贫困户识别。各个级别对应不同的识别对象，生成相应的识别结果导出。

8.3.2.2　系统基本视图介绍

（1）行政区导航条

行政区导航条如图 8-40 所示，按照内乡县的县、乡镇、村进行组织，方便用户直接定位到自己感兴趣的贫困地区，进行相应的业务操作。

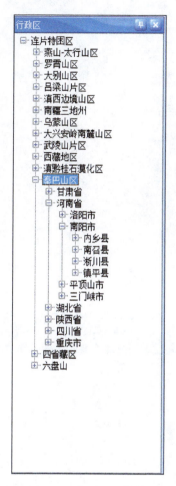

图 8-40　行政区划结构

（2）地图视图

地图视图如图 8-41 所示，地图视图能够展示识别监测的专题信息，各个贫困地区的基本介绍等，包括地图操作的工具条，能够对地图进行丰富的业务操作。

（3）属性视图

单击【属性视图隐藏】，属性视图与地图视图相关联，能够看到用户关心的识别以及监测指标。属性视图如图 8-42 所示。

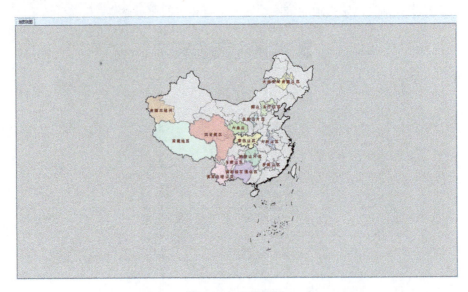

图 8-41　地图视图

属性表

区县	片区	贫困等级	贫困强度	贫困发生率
栾川县	秦巴山区	-11397.70	0.66	0.41
嵩县	秦巴山区	-12144.84	0.49	0.41
汝阳县	秦巴山区	-6756.88	0.98	0.36
洛宁县	秦巴山区	-7994.35	1.08	0.37
鲁山县	秦巴山区	-10317.74	1.03	0.26
卢氏县	秦巴山区	-16640.21	0.76	0.37
南召县	秦巴山区	-7050.12	1.06	0.18

图 8-42　属性视图

8.3.3　业务功能

8.3.3.1　数据管理模块

数据管理是对属性和空间数据的操作，本系统有数据删除与数据导入，空间数据有地图数据和图层数据的添加。

(1) 数据导入

单击数据管理中的【数据导入】，出现如图 8-43 所示界面。

单击【下一步】，选择要添加的数据，以 Excel 格式。内乡县的数据库为 DB_

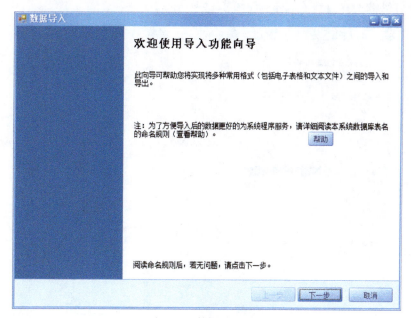

图 8-43　数据导入界面

PervertyIdentify。单击【下一步】，如图 8-44 所示。

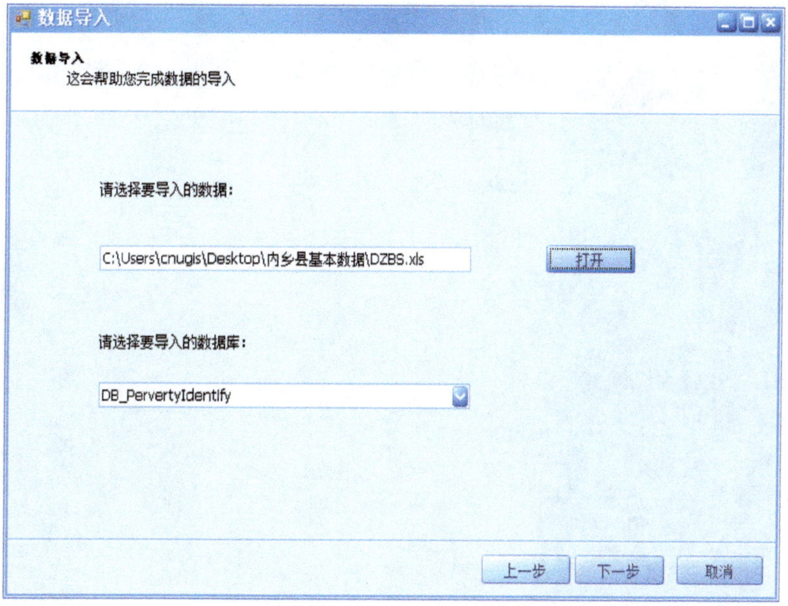

图 8-44　数据导入界面

填好继续选择【下一步】,如图 8-45 所示。

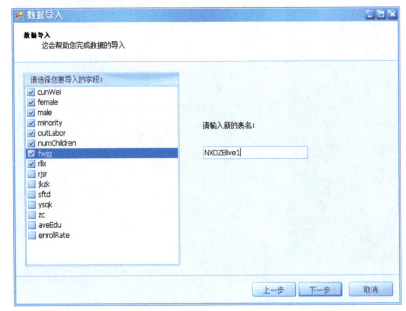

图 8-45　数据导入界面

选择你要添加的字段名,勾选完单击图 8-45 中【下一步】,运行结果如图 8-46 所示。

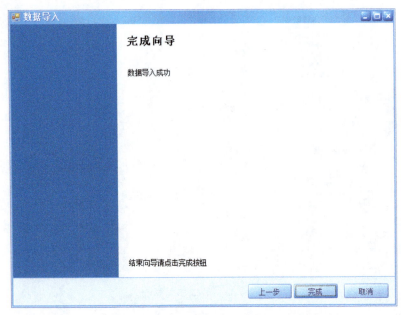

图 8-46　数据导入界面

(2)数据删除

单击数据管理中的【数据删除】，出现如图8-47所示界面。

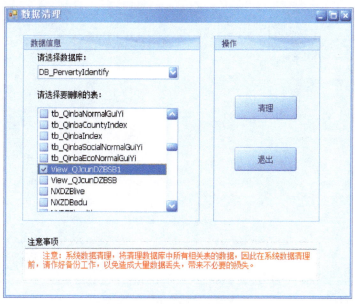

图8-47　数据清理界面

选择数据库DB_PervertyIdentify，再选择要删除的数据表。单击【清理】。

(3)空间地图加载

单击【空间数据】，出现如图8-48所示的对话框。选中你要添加的地图。

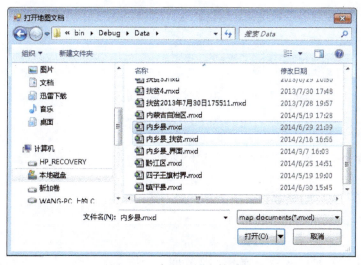

图8-48　打开地图文档界面

(4) 空间图层数据添加

单击【数据图层】，选择做好的图层，如图 8-49 所示。

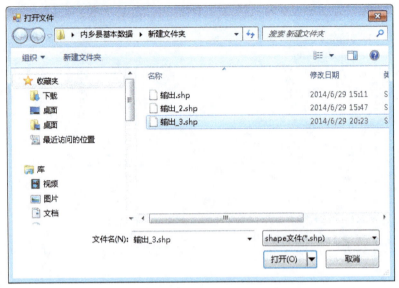

图 8-49　空间数据图层加载

8.3.3.2　贫困监测模块

监测指标分为指标监测、贫困度量、年际/地区变化，在不同级别上侧重点不同，本文档以贫困度量的【基础设施】为例，说明指标监测相关操作，如图 8-50 所示。

图 8-50　指标监测菜单

在系统菜单贫困监测与评估视图下找到【基础设施】，并单击，如图 8-51 所示。

单击【符号参数设置】弹出如图 8-52 所示对话框。

如图 8-53 所示为符号显示。

图 8-53 之后单击【专题图】，如图 8-54 所示。

单击【专题图】，弹出专题图制作界面，支持专题图例、标题的修改等。

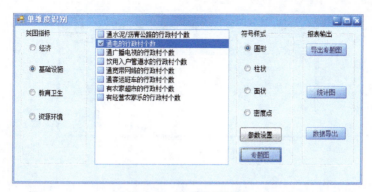

图 8-51　指标监测界面

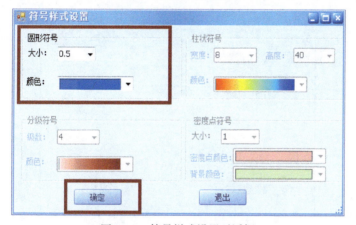

图 8-52　符号样式设置对话框

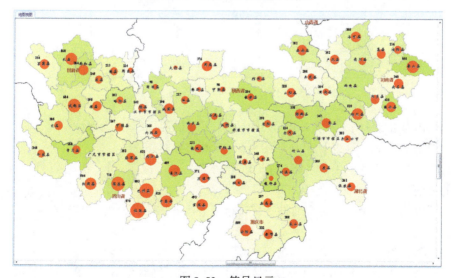

图 8-53　符号显示

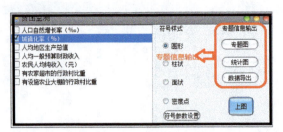

图 8-54　专题信息

双击标题可以修改文字和位置，出现如图 8-55 所示的界面，可以任意地修改。

图 8-55　字体属性设置

双击【指北针】图标，出现如图 8-56 所示的界面。
单击【指北针样式】出现如图 8-57 所示的界面。
选择好指北针，单击【确定】，双击地图上的【比例尺】，出现如图 8-58 所示的界面。
可以修改比例尺的各个属性。单击【比例尺和单位】，出现如图 8-59 所示的界面。
制作之后的专题图效果如图 8-60 所示。
支持【专题图导出】、【专题图打印】等功能，如图 8-61 和图 8-62 所示。

图 8-56 指北针属性设置

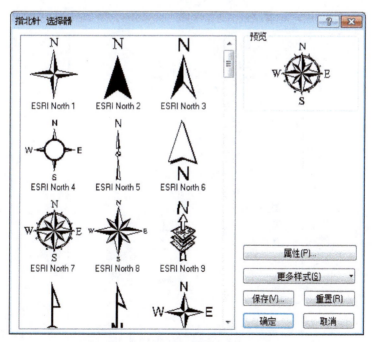

图 8-57 指北针属性设置窗口

图 8-58　指北针属性设置窗口

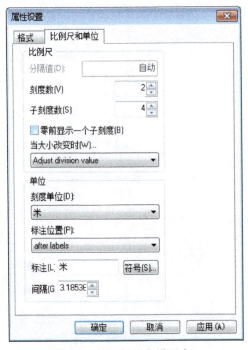

图 8-59　指北针属性设置窗口

第 8 章 多维贫困识别空间信息系统

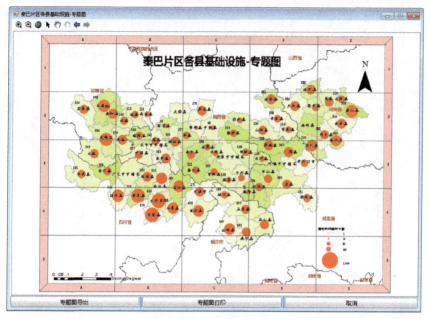

图 8-60　专题图窗口

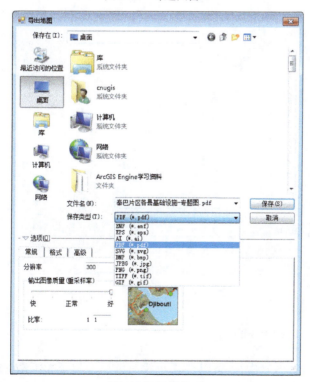

图 8-61　地图导出

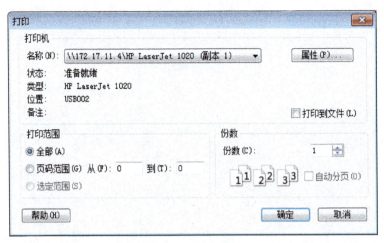

图 8-62　打印设置

单击【统计图】，出现如图 8-63 所示的窗口。

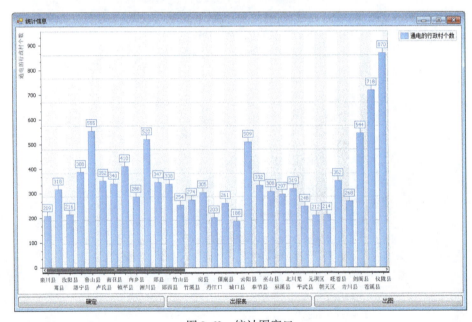

图 8-63　统计图窗口

8.3.3.3　多维贫困分析

进入【多维贫困分析】，有【生态环境质量】、【生态经济耦合度】、【交通优势度】、【生态–经济耦合度】在片区–县的贫困分析。以生态环境质量为例进行使用。如图 8-64 ~ 图 8-66 所示。

图 8-64 片区-县的多维贫困分析

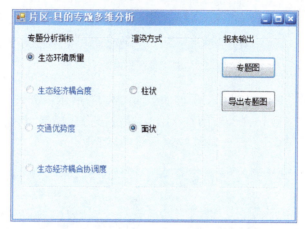

图 8-65 片区-县的多维贫困分析界面

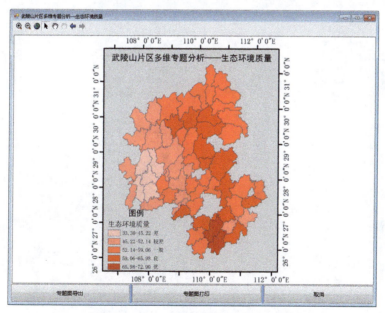

图 8-66 片区-县的多维贫困分析专题图

8.3.3.4 贫困县识别模块

进入秦巴片区级别，单击贫困县识别的【基于综合指标】，如图 8-67 所示。

图 8-67　贫困县识别

然后出现秦巴片区贫困县识别界面，如图 8-68 所示，分别为【社会致贫指数】、【自然致贫指数】、【经济缓贫指数】、【综合指数】等测算。以社会致贫指数为例，单击【测算】，出现如图 8-69 所示的界面。

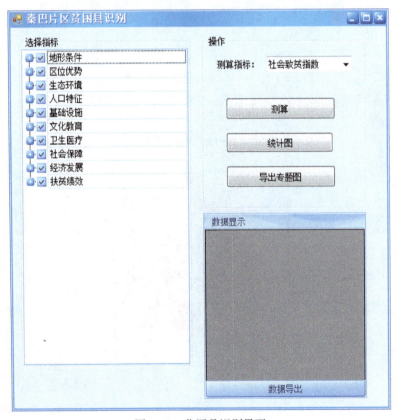

图 8-68　贫困县识别界面

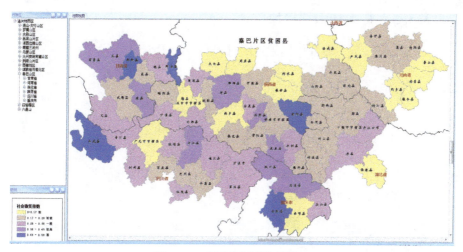

图 8-69 贫困县识别结果界面

单击主菜单的【数据输出】中的【制作专题图】,出现如图 8-70 所示的专题图。

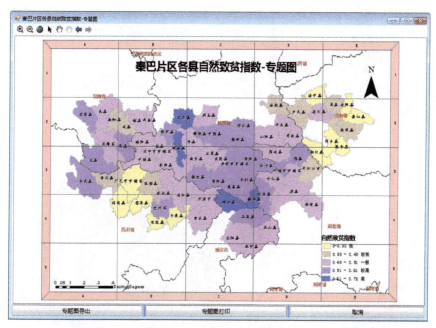

图 8-70 贫困县识别专题图

同理可以对专题图进行调整。

8.3.3.5 贫困村识别模块

单击主菜单的基于综合指标的贫困村识别,如图 8-71 所示。

图 8-71 贫困村识别菜单

然后出现如图 8-72 所示界面。

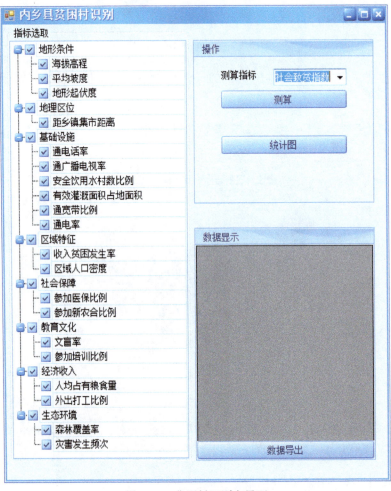

图 8-72 贫困村识别主界面

选择测算指标：社会致贫指数，如图 8-73 所示。

图 8-73 贫困村识别测算指标

单击【测算】，出现如图 8-74 所示的界面。

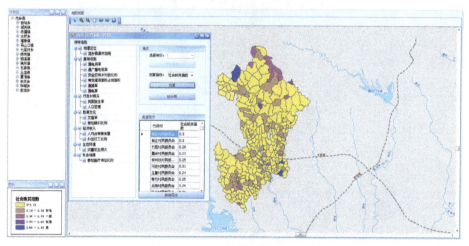

图 8-74 贫困村识别测算结果

单击主菜单的【数据输出】中的【制作专题图】，出现如图 8-75 所示的专题图。

8.3.3.6 贫困人口识别模块

（1）多维度综合指标测算

单击【主界面】的基于多维度综合指标测算，如图 8-76 所示。

然后出现如图 8-77 所示的界面，多维贫困人口的指标测算有多维贫困指数、多维贫困发生率、平均剥夺份额三个指标。以【多维贫困指数】为例。

指标选取，至少选择四个指标，测算指标选择 MPI（多维贫困指数），单击【设置权重】出现如图 8-78 所示的界面。

默认是等权重的测算，可以修改其中的值。单击【提交】后，再单击【测算】，出现如图 8-79 所示的界面。

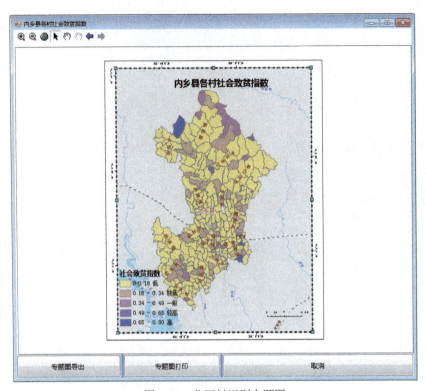

图 8-75 贫困村识别专题图

图 8-76 基于多维度综合指标测算菜单

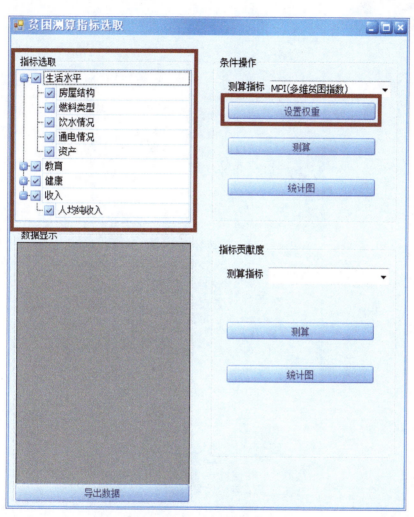

图 8-77　贫困测算主界面

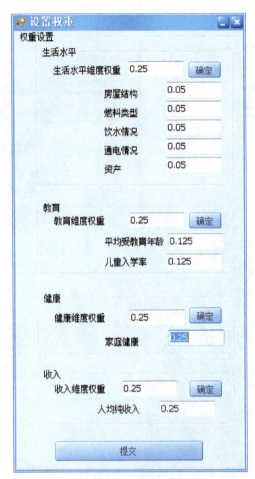

图 8-78 设置权重界面

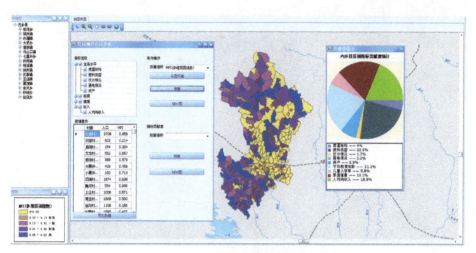

图 8-79　多维贫困测算结果

将内乡县各个村民委员会的 MPI 指标测算出来，在数据显示框显示出来。内乡县贫困指标贡献度是算出 MPI 各项指标的比例。

对指标的贡献度可以通过选择测算指标，单击【测算】，如图 8-80 所示。

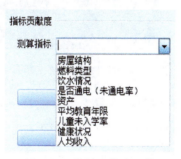

图 8-80　指标贡献度测算

（2）MPI 维度分解

在主菜单的贫困人口识别中，单击【MPI 维度分解】，如图 8-81 所示。

图 8-81　维度分解

然后出现的主界面如图 8-82 所示。

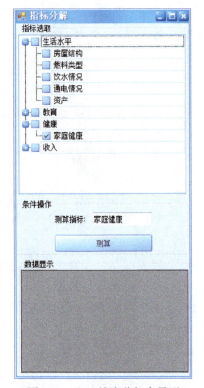

图 8-82　MPI 维度分解主界面

选择其中一个指标进行测算，查看内乡县的每个村的指标不同。单击【测算】对家庭健康该指标进行测算，如图 8-83 所示。

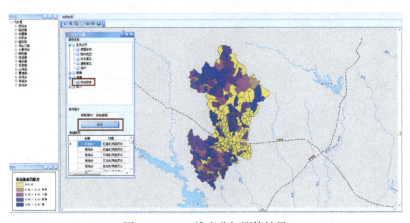

图 8-83　MPI 维度分解测算结果

（3）单指标贫困度量

单击主菜单的【单指标贫困度量】，如图 8-84 所示。

图 8-84　MPI 单指标贫困度量菜单

然后出现如图 8-85 所示的界面。

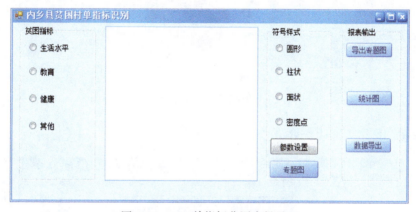

图 8-85　MPI 单指标贫困度量界面

单位【符号样式设置】，改变颜色，如图 8-86 所示。

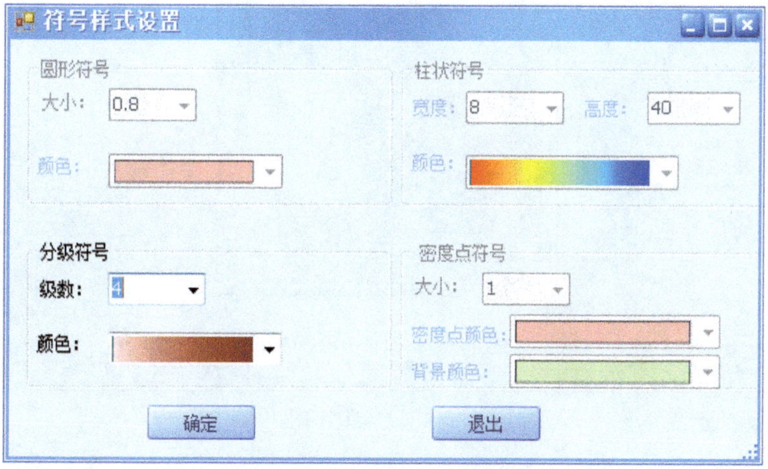

图 8-86　符号样式设置

选择【其他】一个维度,选择第一指标,单击【面状】并单击专题图,如图 8-87 所示。

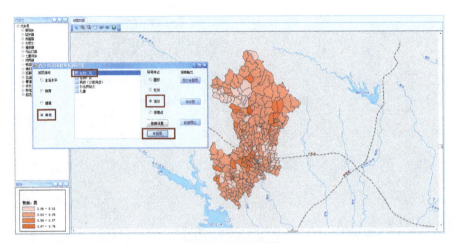

图 8-87 结果专题图

专题图输出,如图 8-88 所示。

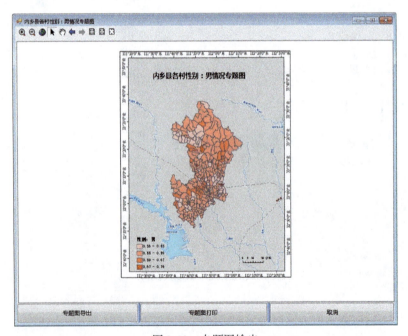

图 8-88 专题图输出

8.3.3.7 用户管理模块

主菜单单击【用户管理】，如图 8-89 所示。

图 8-89　管理用户界面

单击【更改密码】出现如图 8-90 所示的界面。

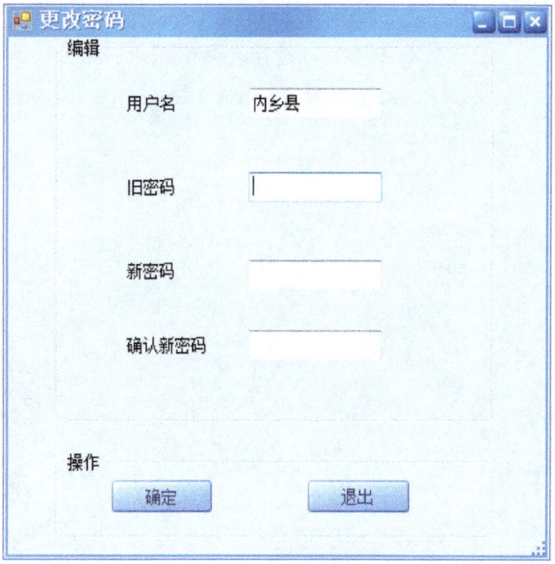

图 8-90　更改密码界面

单击【设置权限】，出现如图 8-91 所示的界面。

8.3.3.8 专题图输出模块

在监测、识别中有介绍地图输出。

8.3.3.9 地图显示工具

显示控制功能为用户提供对所显示的地图数据进行浏览、缩放、移动、缩放等功能。地图视图工具条如图 8-92 所示。

单击【放大】选项　，对当前显示的地图进行任意放大。

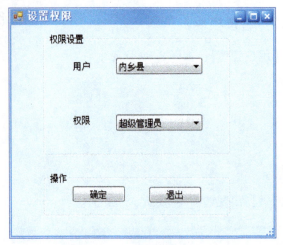

图 8-91　设置密码界面

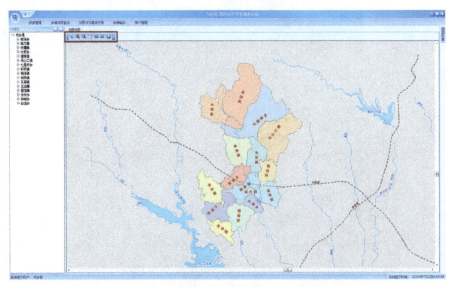

图 8-92　地图视图工具条

单击【缩小】选项 ![icon]，对当前显示的地图进行任意缩小。

单击【拖曳漫游】选项 ![icon]，可任意移动当前显示的地图。

单击【地图左移】选项 ![icon]，可对当前显示的地图进行向左移动的操作。

单击【地图右移】选项 ![icon]，可对当前显示的地图进行向右移动的操作。

单击【地图全图】选项 ![icon]，可对当前显示的地图进行全局的操作。

第 9 章 总结与展望

9.1 总　　结

贫困县发展现状的多维度量与监测是新阶段连片特困区中国农村扶贫开发工作的重要任务之一。对此，本书基于空间信息技术，分别选取省级–市级–县级研究示范区，研究了县级尺度层面上的、瞄准区域与瞄准人口相结合的、综合考虑资源环境与社会经济条件的县级多维贫困监测与评价技术体系，以期实现对连片特困地区贫困现状及其贫困条件的全面掌握，为扶贫资源的优化配置提供精准的对象保障。主要内容如下：

1）面向贫困识别的多源多尺度数据组织：针对面向贫困识别的多源多尺度空间数据的组织管理需求，研究了多源多尺度空间数据组织方法，基于空间数据与属性数据联合索引的关联机制管理多源空间数据，提出了基于空间区域对象地矢栅一体化组织策略，以及利用扩展的 R 树空间索引技术管理多尺度空间数据；提出面向贫困识别专题属性数据的维度组织策略，并结合扩展 R 树索引，以区域名称与专题属性数据关联，实现空间数据与属性数据一体化组织，并在此基础上构建了研究区多源多尺度空间数据库，为贫困地区多源多尺度空间数据组织提供解决途径。

2）县级多维贫困度量：基于多维贫困理论扩充了以往仅仅依靠收入指标衡量贫困的弊端，针对县级人口贫困和区域贫困，分别建立了符合新阶段精准扶贫特征的中国农村贫困对象多维贫困识别与体系，从县域到农户，实现了贫困的精准度量分析；并从人地关系可持续发展的视角，分析了人口贫困与区域贫困的相互关系。

3）县级多维贫困监测与评价模型的构建：为了评价和揭示不同资源环境和社会经济条件下的贫困现状，结合研究区区位条件，分别构建了资源贫困、生态贫困、交通贫困和农村基本公共服务均衡化视角下的耦合协调度模型，利用综合赋权法系统评价研究区相对资源承载力、生态环境质量、交通优势度、基本公共服务发展水平，并与各县经济发展水平进行耦合，计算耦合协同发展度，分别在省–市–县尺度上对其综合发展水平和空间分布特征进行时空分异分析，并提出相应的政策建议。

4）贫困精准识别空间信息系统：基于设计的多维贫困识别与监测数据组织方案与软件详细设计思路，研发了农户–村级–县级多维贫困识别系统，在实现多维贫困识别数据库管理与基础 GIS 平台功能的基础上，基于 .Net 平台与 AE 技术，采用 SQLSERVER 数据库技术，实现了片区–省–县–村–农户各级尺度上的数据管理、多维贫困现状展示、多维贫困测算、多维贫困监测、农户信息上报、数据输出等专题功能。并通过了测试，实现了在典型研究区的示范安装、部署和应用。

关键技术进展包括以下内容：

1）设计并实现了人口贫困与区域贫困相结合的贫困县多维贫困度量模型——定量识别出各贫困县的相对贫困差异，为新阶段贫困县扶贫监测评估工作的开展提供对象支持和方法支持。

2）设计并实现了多维贫困影响因素与经济发展协调关系评估模型——为评判土地利用资源、生态环境、交通基础设施、基本公共服务与经济发展的协调程度提供方法支持。实现了相关方法模型在扶贫领域的创新性应用。

3）在有效组织多源多尺度贫困识别数据的基础上，设计并开发了一套多维贫困识别与监测系统，实现了数据管理、贫困农户识别、贫困村识别、贫困县监测、专题制图与统计报表输出等系统核心功能。实现了对国家级、省级、地市级、县级扶贫业务部门的业务辅助支持。

9.2 展　　望

本书基于地理信息技术，较为系统地研究了县级层面上的多维贫困监测与评价技术体系，由于能力、时间、精力、条件等多方面限制，目前的研究议题还有待进一步深入挖掘，主要表现在以下方面。

1）多源多尺度空间数据组织方面，本研究中多尺度空间数据索引方法主要针对矢量数据，栅格数据的快速显示方法以及矢栅一体化模型还需进一步研究；另外对于扩展 R 树索引，虽然实现了联合查询和快速搜索，但是显示范围与空间数据多尺度表达结合的问题还需改进。

2）相对资源承载力评价方面，评价指标的建立更多地关注资源的数量，用于评价资源质量的精细化指标较少，指标之间的整合与指标的调整有待进一步修正；在进行资源承载力的动态分析时，由于研究的分支内容分支繁杂，研究时间间隔较长，可能会在此过程中出现一系列的误差，如何改进顶层设计、优化计算模型以减小误差，是今后要探索的重要问题。

3）生态环境质量评价方面，受到数据可获取性与数据精度的限制，本研究没有多时相对比分析，使用的社会经济数据源为国务院扶贫办的片区县贫困监测数据，同时为了减小误差以县域为单元进行了后续分析，没有对其进行空间化处理。后续研究中将进一步搜寻更加精细的村户级数据源，对其进行空间化处理，以网格为单元与生态环境质量进行耦合，更加清晰地展现空间分异特征，并在此基础上结合各贫困县、贫困村的扶贫开发规划，给出更具有针对性的发展建议。同时，贫困地区如何在发展经济的同时不对生态环境造成进一步的破坏也是未来需要重点关注的问题。对二者的相互影响相互作用机制应该继续合理科学地进行研究。

另外，在交通优势度计算中，由于技术和数据，没有考虑高速公路的封闭性，即高速公路要通过高速公路出入口才能与其他道路起作用，可能会对研究结果造成一定影响。由于研究时间跨度较长，研究区范围较大，受数据可获取性限制，交通优势度的评价指标体系只选取了具有代表性的5个因子，可能有一定局限性。另外在交通与经济耦合关系研究中，虽然采用了不同方法进行分析，但大多只能评价其相关性，而对交通与经济的影响机理探究较少，需要在以后的研究中进一步加强。

参 考 文 献

阿荣, 佟宝全. 2012. 人口密度空间化模拟研究进展. 赤峰学院学报（自然科学版）, 28（12）: 44-47.

安树伟. 1999. 中国农村贫困问题研究–症结与出路. 北京: 中国环境科学出版社.

安体富, 任强. 2008. 中国公共服务均等化水平指标体系的构建——基于地区差别视角的量化分析. 财贸经济, 06: 79-82.

鲍青青, 唐善茂, 王瑛. 2009. 生态贫困初探. 资源与产业, 11（5）: 111-114.

蔡安宁, 梁进社, 李雪. 2013. 江苏县域交通优势度的空间格局研究. 长江流域资源与环境, 22（2）: 129-125.

蔡安宁, 庄立, 梁进社. 2011. 江苏省区域经济差异测度分析——基于基尼系数分解. 经济地理, 31（12）: 1995-2000.

曹丽琴, 李平湘, 张良培. 2009. 遥感信息基于 DMSP/OLS 夜间灯光数据的城市人口估算——以湖北省各县市为例. GIS 技术, （1）: 83-87.

曹小曙, 薛德升, 阎小培. 2005. 中国干线公路网络联结的城市通达性. 地理学报, 60（6）: 903-910.

曹小曙, 阎小培. 2003. 经济发达地区交通网络演化对通达性空间格局的影响——以广东省东莞市为例. 地理研究, 22（3）: 305-312.

常燕卿. 2000. 大型 GIS 空间数据组织方法初探. 遥感信息, （02）: 28-31.

陈百明. 1991. "中国土地资源生产能力及人口承载量"项目研究方法概论. 自然资源学报, 6（3）: 197-205.

陈昌盛, 蔡跃洲. 2007. 中国政府公共服务: 体制变迁与地区综合评估. 北京: 中国社会科学出版社.

陈广洲, 解华. 2008. 基于空间自相关的安徽省市域发展空间格局研究. 资源开发与市场, 24（2）: 112-114.

陈浩. 1999. 中国贫困地区人口与生态环境分析. 生态经济, 6: 35-38.

陈浩, 周绿林. 2011. 中国公共卫生不均等的结构分析. 中国人口科学, （6）: 72-83, 112.

陈俊杰. 2008. 新疆相对资源承载力时空动态研究. 新疆大学.

陈为. 2009. 森林生态自然保护区资源承载力研究综述. 林业建设, （05）: 47-49.

陈英姿. 2006. 我国相对资源承载力区域差异分析. 吉林大学社会科学学报, （04）: 111-117.

陈英姿. 2009. 中国东北地区资源承载力研究. 长春: 吉林大学.

陈准. 2011. 信息不对称视角下的农村贫困对象瞄准研究. 长沙: 湖南农业大学.

程宝良, 高丽. 2009. 西部脆弱环境分布与贫困关系的研究. 环境科学与技术, 32（2）: 198-202.

程昌秀. 2009. 矢量数据多尺度空间索引方法的研究. 武汉大学学报（信息科学版）, 0（5）: 597-601.

程钰, 刘雷, 任建兰, 等. 2013. 济南都市圈交通可达性与经济发展水平测度及空间格局研究. 经济地理, 33（3）: 59-64.

参考文献

程钰, 刘雷, 任建兰, 等. 2013. 县域综合交通可达性与经济发展水平测度及空间格局研究——对山东省91个县域的定量分析. 地理科学, 33（9）: 1058-1065.

池振合, 杨宜勇. 2012. 贫困线研究综述. 经济理论与经济管理, （7）: 56-64.

重庆市民族宗教事务委员会, 重庆市发展和改革委员会, 重庆市扶贫开发办公室. 2012. 重庆市武陵山片区区域发展与扶贫攻坚实施规划（2011—2020年）.

丹尼斯, 米都斯, 李宝恒. 1997. 增长的极限–罗马俱乐部关于人类困境的报告. 长春: 吉林人民出版社.

邓红艳, 武芳, 翟仁健, 等. 2009. 一种用于空间数据多尺度表达的R树索引结构. 计算机学报, （01）: 177-184.

董大朋, 陈才. 2009. 交通基础设施与东北老工业基地振兴关系分析. 东北师大学报（哲学社会科学版）, （1）: 76-80.

董巍, 刘昕, 孙铭, 等. 2004. 生态旅游承载力评价与功能分区研究——以金华市为例. 复旦学报（自然科学版）, 43（6）: 1025-1029.

范本贤, 张庆合, 剧远景, 等. 2011. 中国区域地质志空间数据库结构设计. 地球信息科学学报, （06）: 720-726.

方智明. 2008. 福建省相对资源承载力和可持续发展研究. 福州: 福建农林大学.

付博, 姜琦刚, 任春颖. 2011. 基于神经网络方法的湿地生态脆弱性评价. 东北师大学报（自然科学版）, 43（1）: 139-143.

付金花. 2008. 奇台绿洲人口与资源、环境、经济可持续发展的互动协调研究. 乌鲁木齐: 新疆大学.

高惠君. 2012. 城市规划空间数据的多尺度处理与表达研究. 北京: 中国矿业大学（北京）.

龚健雅. 2000. 地理信息系统基础. 北京: 科学出版社.

龚晓瑾, 余鹏翼. 2006. 广东可持续发展的资源承载能力、环境容量的分析框架. 商场现代化, （05）: 207-209.

巩杰, 陈利顶, 傅伯杰, 等. 2005. 黄土丘陵区小流域植被恢复的土壤养分效应研究. 水土保持学报, （01）: 93-96.

关小克, 张凤荣, 郭力娜, 等. 2010. 北京市耕地多目标适宜性评价及空间布局研究. 资源科学, 32（3）.

贵州省扶贫开发办公室, 贵州省发展和改革委员会. 2012. 武陵山片区（贵州省）区域发展与扶贫攻坚实施规划（2011—2015年）.

郭晗, 任保平. 2011. 基本公共服务均等化视角下的中国经济增长质量研究. 产经评论, 3: 95-103.

郭辉, 王艳慧, 钱乐毅. 2015. 重庆市黔江区贫困村多维测算模型的构建与应用. 中国科技论文, （03）: 331-335, 347.

郭建忠, 安敏. 1999. GIS中多比例尺地理数据的管理和应用. 解放军测绘学院学报, （01）: 47-49.

郭来喜, 姜德华. 1995. 中国贫困地区环境类型研究. 地理研究, 14（2）: 1-7.

郭琳. 2006. 吉林省相对资源承载力及比较分析. 长春: 吉林大学.

郭熙保.2005.论贫困概念的内涵.山东社会科学,5(12):49-54.

郭小聪,代凯.2013.国内近五年基本公共服务均等化研究：综述与评估.中国人民大学学报,01:145-154.

郭秀锐,毛显强.2000.中国土地承载力计算方法研究综述.地球科学进展,15(6).

郭志义,祝伟.2009.我国山区少数民族贫困成因的框架分析–基于市场参与率的视角.中南民族大学学报(人文社会科学版),29(5):123-129.

国家十四个特困区679个贫困县名单披露.搜狐财经.

国家统计局住户调查办公室.2011.中国农村贫困监测报告.北京：中国统计出版社.

国务院扶贫开发办公室.中国农村扶贫开发纲要(2011—2020).

哈斯巴根,宝音,李百岁.2008.呼和浩特市土地资源人口承载力的系统研究.干旱区资源与环境,(03):26-32.

韩增林,刘天宝.2009.中国地级以上城市城市化质量特征及空间差异.地理研究,06:1508-1515.

何江,李志蜀,陈宇.2008.一种基于R树空间索引技术的GIS数据索引方法.四川大学学报(自然科学版),(06):1341-1346.

何连娜.2011.基于城市布局要素的人口数据空间化研究.测绘科学,36(1):38-41.

何敏,刘友兆.2003.江苏省相对资源承载力与可持续发展问题研究.中国人口资源与环境,(03):84-88.

胡望舒,孙威.2013.基于泰尔指数的北京市区域经济差异.中国科学院研究生院学报,30(3):353-360.

湖北省人民政府扶贫开发办公室,湖北省发展和改革委员会.2013.湖北省武陵山片区区域发展与扶贫攻坚实施规划(2011—2020年).

湖南省发展和改革委员会,湖南省扶贫开发办公室.2012.湖南省武陵山片区区域发展与扶贫攻坚实施规划(2011—2020年).

黄常锋.2012.相对资源承载力模型的改进及其实证研究.乌鲁木齐：新疆大学.

黄海峰.2006.珠三角地区环境与经济协调发展研究及GIS技术应用.广州：中国科学院广州地球化学研究所.

黄绍文,金继运,杨俐苹,等.2003.县级区域粮田土壤养分空间变异与分区管理技术研究.土壤学报,40(1):79-88.

黄晓燕,曹小曙,李涛.2011.海南省区域交通优势度与经济发展关系.地理研究,30(6):985-999.

金凤君,王成军,李秀伟.2008.中国区域交通优势的甄别方法及应用分析.地理学报,63(8):787-798.

金凤君,王姣娥.2004.二十世纪中国铁路网扩展及其空间通达性.地理学报,59(2):293-302.

景跃军,陈英姿.2006.关于资源承载力的研究综述及思考.中国人口资源与环境,16(5):11-14.

莱斯特,R·布朗,哈尔·凯恩.1998.人满为患.北京：科学技术文献出版社.

蓝红星.2012.贫困内涵的动态演进及发展趋势.重庆科技学院学报（社会科学版），(23)：56-59.

李德仁，龚健雅，边馥，等.1993.地理信息系统导论.北京：测绘出版社.

李国彬.2007.脆弱生态环境与贫困耦合机理下的陕北能源化工基地可持续发展研究.西安：西北大学.

李红梅，孟娟.2010.陕西新农村建设中生态环境与贫困的相关性及其成因.安徽农业科学，38(30)：17244-17245.

李佳璐.2009.农户多维度贫困测量——以S省30个国家扶贫开发工作重点县为例.财贸经济，2(10)：63-68.

李剑.2011.基本公共服务评价指标体系研究.商业研究，(5)：48-56.

李九全.2008.陕西省城市竞争力及其通达性比较研究.地理科学，28(4)：471-477.

李军华，杨珊珊.2010.新疆水资源合理开发利用与生态环境保护.环境与可持续发展，(05)：30-32.

李奇.2007.一种基于时间序列指数平滑的决策支持算法的研究.秦皇岛：燕山大学.

李琼.2007.南宁市可持续发展综合承载力研究.南宁：广西大学.

李双成，许月卿，傅小锋.2005.基于GIS和ANN的中国区域贫困化空间模拟分析.资源科学，27(4)：76-81.

李小云，叶敬忠，张雪梅，等.2004.中国农村贫困状况报告.中国农业大学学报（社会科学版），(01)：5-12.

李小云，张悦，李鹤.2011.地震灾害对农村贫困的影响.贵州社会科学，(3)：81-85.

李欣，相生昌，许少华，等.2015.GIS空间数据与属性数据的存储结构研究.计算机应用研究，(11)：64-65，68.

李玉森.2012.辽宁省交通优势度综合评价研究.大连：辽宁师范大学硕士学位论文.

李云娥，周云波.2007.中国城乡收入差距未来发展趋势的预测.山西财经大学学报，(10)：14-18.

李云岭，靳奉祥，季民，等.2003.GIS多比例尺空间数据组织体系构建研究.地理与地理信息科学，(06)：7-10.

李周，孙若梅.1994.生态敏感地带与贫困地区的相关性研究.农村经济与社会.5：49-56.

李宗华.2005.数字城市空间数据基础设施的建设与应用研究.武汉：武汉大学.

廖顺宝，孙九林.2003.基于GIS的青藏高原人口统计数据空间化.地理学报，58(1)：25-33.

廖重斌.1999.环境与经济协调发展的定量评判及其分类体系.热带地理，19(2)：171-177.

刘成栋，马福恒，王献辉.2005.大坝安全评价中的组合融合赋权方法.水电能源科学，(04)：35-37.

刘传明，张义贵，刘杰，等.2011.城市综合交通可达性演变及其与经济发展协调度分析–基于"八五"以来淮安市的实证研究.经济地理，31(12)：2028-2033.

刘德吉.2010.公共服务均等化的评价体系构建.江西行政学院学报，01：12-16.

刘福成.1998.我国农村居民贫困线的测定.农村经济问题，(5)：52-55.

刘洪岐．2008．基于 RS 和 GIS 的北京市生态环境评价研究．北京，首都师范大学．
刘建平．2003．贫困线测定方法研究．山西财经大学学报，25（4）：60-62．
刘鲁君，叶亚平．2000．县域生态环境质量考评研究．环境监测管理与技术，12（4）：13-17．
刘生龙，胡鞍钢．2011．交通基础设施与中国区域经济一体化．经济研究，（3）：72-82．
刘树锋，陈俊合．2004．惠州市相对水资源承载力研究．国土资源科技管理，（06）：169-172．
刘万青，刘咏梅，袁勘省．2007．数字专题地图．北京：科学出版社．
刘正佳，于兴修，李蕾，等．2011．基于 SRP 概念模型的沂蒙山区生态环境脆弱性评价．应用生态学报，22（8）：2084-2090．
卢萍萍．2010．资源环境约束下四川可持续城镇化研究．成都：西南财经大学．
芦彩梅，郝永红．2004．山西省区域生态环境质量综合评价研究．水土保持通报，24（5）：71-73．
陆大道．1995．区域发展及其空间结构．北京：科学出版社．
路鹏，苏以荣，牛铮，等．2007．土壤质量评价指标及其时空变异倡．中国生态农业学报，15（4）．
罗鹏飞，徐逸伦，张楠楠．2004．高速铁路对区域可达性的影响研究——以沪宁地区为例．经济地理，24（3）：407-411．
罗青．2014．面向多源键值数据库的矢量地理数据引擎关键技术研究．南京：南京师范大学．
罗娅，熊康宁，龙成昌．2009．贵州喀斯特地区环境退化与农村经济贫困的互动关系．贵州农业科学，37（12）：207-211．
麻朝晖．2008．贫困地区经济与生态环境协调发展研究．杭州：浙江大学出版社．
马慧强，韩增林，江海旭．2011．我国基本公共服务空间差异格局与质量特征分析．经济地理，02：212-217．
马莉莉．2006．关于循环经济的文献综述．西安财经学院学报，19（1）：29-35．
毛志锋．2000．区域可持续发展的理论与对策．武汉：湖北科学技术出版社．
门宝辉，梁川．2005．基于变异系数权重的水质评价属性识别模型．哈尔滨工业大学学报，37（10）：1373-1375．
孟斌，王劲峰，张文忠，等．2005．基于空间分析方法的中国区域差异研究．地理科学，25（4）：393-400．
孟德友，陆玉麒．2011．基于基尼系数的河南县域经济差异产业分解．经济地理，31（5）：799-804．
孟德友，陆玉麒．2012．基于县域单元的江苏省农民收入区域格局时空演变．经济地理，32（11）：105-112．
孟德友，沈惊宏，陆玉麒．2012．中原经济区县域交通优势度与区域经济空间耦合．经济地理，32（6）：7-14．
闵庆文，余卫东，张建新．2004．区域水资源承载力的模糊综合评价分析方法及应用．水土保持研究，11（3）：14-16．
南锐，王新民，李会欣．2010．区域基本公共服务均等化水平的评价．财经科学，12：58-64．
牛方曲，甘国辉，程昌秀，等．2009．矢量数据多尺度显示中的关键技术．武汉大学学报（信息科学版），（07）：869-872．

欧向军，沈正平，王荣成．2006．中国区域经济增长与差异格局演变探析．地理科学，26（6）：641-648．

欧阳荣，等．2013．土地综合生产力评价与土地质量变化研究．资源科学，25（5）：58-64．

彭勤生，方金云，张娟．2010．基于空间和属性数据的联合索引技术．计算机工程，（08）：71-73．

彭尚平，谭雅丽，雷卫，等．2010．成都市城乡公共服务均等化的评价指标体系研究．四川教育学院学报，26（12）：34-38．

彭贤伟．2002．贵州喀斯特少数民族地区区域贫困机制研究．贵州民族研究，23（4）：96-101．

彭颖，陆玉麒．2010．成渝经济区经济发展差异的时空演变分析．经济地理，30（6）：912-917，943．

齐元静，杨宇，金凤君．2013．中国经济发展阶段及其时空格局演变特征．地理学报，68（4）：517-531．

谯博文，王艳慧，段福洲．2014．连片特困区交通优势度评价及其与贫困关系研究——以武陵山片区及其周边四省为例．资源开发与市场，30（8）：924-928．

秦伟，朱清科，方斌，等．2007．陕西省吴起县生态环境质量综合评价．水土保持通报，南京 27（6）：102-107．

邱微．2008．黑龙江省资源与生态承载力和生态安全评估研究．哈尔滨：哈尔滨工业大学．

仇东宁．2009．国家级油气资源数据库设计及实现．长春：吉林大学．

曲玮，涂勤，牛叔文，等．2012．自然地理环境的贫困效应检验——自然地理条件对农村贫困影响的实证分析．中国农村经济，（2）：21-34．

曲玮，涂勤，牛叔文．2010．贫困与地理环境关系的相关研究述评．甘肃社会科学，（1）：103-106．

屈炳祥．2000．《资本论》与马克思的土地经济学．中南财经大学学报，（02）：22-26．

冉圣宏，金建君，薛纪渝．2002．脆弱生态区评价的理论与方法．自然资源，17（1）：117-122．

沈敬伟，周廷刚，温永宁，等．2013．基于面向对象数据库的空间数据管理．西南大学学报（自然科学版），（04）：132-137．

时光新，王其昌，刘建强．2000．变异系数法在小流域治理效益评价中的应用．水土保持通报，20（6）：47．

史培军，宋长青，景贵飞．2002．加强我国土地利用—覆盖变化及其对生态环境安全影响的研究——从荷兰"全球变化开放科学会议"看人地系统动力学研究的发展趋势．地球科学进展，17（2）：161-168．

宋松柏，蔡焕杰．2004．旱区生态环境质量的综合定量评价模型．生态学报，24（11）：2509-2515．

苏日等．2013．北京松山自然保护区森林群落物种多样性及其神经网络预测．生态学报，33（11）：3394-3403．

苏秀琴．2007．土地资源承载力及优化配置研究．乌鲁木齐：新疆大学．

孙才志，王雪妮，邹玮．2012．基于WPI-LSE模型的中国水贫困测度及空间驱动类型分析．经济地理, 3 (32): 9-15.

孙冲. 2012. 吉林省产业发展与资源利用问题研究. 长春: 吉林大学.

孙威, 张有坤. 2010. 山西省交通优势度评价. 地理科学进展, 29 (12): 1562-1569.

田卫民. 2012. 省域居民收入基尼系数测算及其变动趋势分析. 经济科学, 02: 48-59.

田晓燕. 2011. 工业化与粮食关系的实证分析. 开封: 河南大学.

佟玉权, 龙花楼. 2003. 脆弱生态环境耦合下的贫困地区可持续发展研究. 中国人口资源与环境, 13 (2): 47-51.

万年庆, 罗焕枝, 刘学功. 2008. 对自然资源概念的再认识. 信阳师范学院学报 (自然科学版), (04): 630-634.

汪金花, 赵林, 李军帅. 2010. 城市采沉区次生湿地生态治理 GIS 系统空间数据组织. 金属矿山, (10): 110-113+141.

汪三贵, Albert Park, Shubham C, 等. 2007. 中国新时期农村扶贫与村级贫困瞄准. 管理世界, 5 (1): 62-70.

王成新, 王格芬, 刘瑞超, 等. 2010. 区域交通优势度评价模型的建立与实证——以山东省为例. 人文地理, 25 (1): 73-76.

王冬星, 朱建秋, 杨引霞. 2005. 一种指数平滑预测的参数优化方法及实现. 微机发展, 15 (3): 1-3.

王法辉, 金凤君, 曾光. 2003. 中国航空客运网络的空间演化模式研究. 地理科学, 23 (5): 519-525.

王俭, 孙铁珩, 李培军, 等. 2005. 环境承载力研究进展. 应用生态学报, 16 (4): 768-772.

王良健, 罗璇. 2011. 我国省际农村教育资源配置的公平性. 教育科学, 27 (6): 27-32.

王瑞燕, 赵庚星, 周伟, 等. 2009. 县域生态环境脆弱性评价及其动态分析——以黄河三角洲垦利县为例. 生态学报, 29 (7): 3790-3799.

王守春. 1995. 地理环境在经济和社会发展中的作用的再认识. 地理研究, 14 (1): 94-103.

王涛, 毋河海. 2003. 多比例尺空间数据库的层次对象模型. 地球信息科学, (02): 46-50.

王献芝. 2007. 河南人口素质与社会经济发展. 河南教育学院学报 (哲学社会科学版), (01): 101-106.

王小林, Sabina Alkire. 2009. 中国多维贫困测量: 估计和政策含义. 中国农村经济, (12): 4-23.

王小林. 2012. 贫困标准及全球贫困状况. 经济研究参考, (55): 41-50.

王晓玲. 2013. 我国省区基本公共服务水平及其区域差异分析. 中南财经政法大学学报, 198 (3): 23-29.

王新民, 南锐. 2011. 基本公共服务均等化水平评价体系构建及应用——基于我国 31 个省域的实证研究. 中国软科学, 25 (7): 21-26.

王雪妮, 孙才志, 邹玮. 2011. 中国水贫困与经济贫困空间耦合关系研究. 中国软科学, (12): 180-192.

王亚. 2010. 重庆公路建设与县域经济发展研究. 重庆: 重庆工商大学.

王忠静, 廖四辉, 武晓峰, 等. 2007. 大同市水资源承载能力分析. 南水北调与水利科技,

（03）：47-50.

魏海平．2000．GIS中多尺度地理数据库的研究与应用．测绘学院学报，（02）：134-137.

魏振华，刘志锋，李金萍，等．2014．基于要素扩展管理的海量地质空间数据存储模型的设计与实现．计算机应用与软件，31（7）：36-39.

吴旗韬，张虹鸥，叶玉瑶，等．2012．广东省交通优势度及空间差异．热带地理，32（6）：633-638，646.

吴威，曹有挥，曹卫东，等．2011．长三角地区交通优势度的空间格局．地理研究，30（12）：2199-2208.

吴威，曹有挥，曹卫东．2006．长江三角洲公路网络的可达性空间格局及其演化．地理学报，61（10）：1065-1074.

吴小华．2007．Excel在指数平滑法参数优选中的应用．安徽工业大学学报（社会科学版），（01）：38-39.

吴信才．2009．空间数据库．北京：科学出版社．

吴云勇，李文国．2006．辽宁省交通运输业与经济增长关系的实证分析．辽宁工程技术大学学报（社会科学版），8（5）：480-482.

武陵山片区基本情况［EB/OL］．http://www.seac.gov.cn/art/2012/3/16/art_5461_150691.html．［2012-03-16］．

肖计划，孙群，刘海砚．2009．多源多尺度地图数据的组织与管理．测绘科学技术学报，（01）：24-28.

谢斌，俞乐，吕扬，等．2011．一种多源空间数据统一访问模型的实现．浙江大学学报（理学版），（02）：223-228.

谢风媛，谢凤杰．2012．我国旅游业发展差异：基于基尼系数及其分解的研究．旅游论坛，5（4）：29-34.

辛欣．2010．多尺度农业资源空间数据库的建设．武汉：华中农业大学．

徐旳，陆玉麒．2014．高等级公路网建设对区域可达性的影响：以江苏省为例．经济地理，24（6）：830-833.

徐建刚，尹海伟，钟桂芬．2006．基于空间自相关的非洲经济格局．经济地理，26（5）：771-775.

徐建华．2009．现代地理学中的数学方法．北京：高等教育出版社．

徐明德，李艳春，何娟．2011．区域生态环境脆弱性的GIS"分解-合成"评价分析-以浑源县为例．地球信息科学学报，13（2）：198-204.

徐巍，黄民生．2007．福建省交通运输与经济发展关系的定量分析．福建师范大学学报（哲学社会科学版），（6）：115-125.

许俊奎，武芳，钱海忠．2013．多比例尺地图中居民地要素之间的关联关系及其在空间数据更新中的应用．测绘学报，（06）：898-905，912.

许亚军．2007．陕西省土地资源现状和土地退化防治策略研究．杨凌：西北农林科技大学．

亚森·排吐力，程胜高．2011．乌鲁木齐市相对资源承载力与可持续发展问题研究．环境科学与管理，（01）：148-154.

闫庆武, 卞正富, 王红. 2011. 利用泰森多边形和格网平滑的人口密度空间化研究——以徐州市为例. 武汉大学学报（信息科学版）, 36 (8)：987-991.

闫庆武, 卞正富, 张萍, 等. 2011. 基于居民点密度的人口密度空间化. 地理与地理信息科学, 27 (5)：95-98.

闫庆武, 卞正富, 赵华. 2005. 人口密度空间化的一种方法. 地理与地理信息科学, 21 (5)：45-48.

杨帆, 杨德刚. 2014. 基本公共服务水平的测度及差异分析——以新疆为例. 干旱区资源与环境, 28 (5)：37-42.

杨国涛. 2007. 地理区位、农户特征与贫困分布——基于西海固720个农户的分析. 财贸研究, (2)：19~24.

杨润高. 2009. 边疆地区环境型贫困人口问题探讨. 环境与可持续发展, 6：29-31.

杨霞. 2007. 内蒙古土地退化与地区贫困研究. 呼和浩特：内蒙古师范大学.

杨宇博, 程承旗, 郝继刚, 等. 2013. 基于全球剖分框架的多源空间信息区位关联与综合表达方法. 计算机科学, (05)：8-10.

杨育武, 汤洁, 麻素挺. 2002. 脆弱生态环境指标库的建立及其定量评价. 环境科学研究, 15 (4)：46-49.

姚建. 1998. AHP法在县域生态环境质量评价中的应用. 重庆环境科学, 20 (2)：11-14.

叶初升, 王红霞. 2010. 多维贫困及其度量研究的最新进展：问题与方法. 湖北经济学院学报, 8 (6)：5-11.

叶初升, 赵锐. 2005. 村级贫困的度量：维度与方法. 中国农村经济, 5：39-46.

尹鹏, 李诚固, 陈才. 2015. 新型城镇化情境下人口城镇化与基本公共服务关系研究——以吉林省为例. 经济地理, 01：61-67.

游俊, 冷志明, 丁建军. 2013. 中国连片特困区发展报告 (2013). 北京：社会科学文献出版社.

余春祥. 2004. 可持续发展的环境容量和资源承载力分析. 中国软科学, (02)：130-133.

袁长丰, 刘德钦, 崔先国, 等. 2004. 基于人口GIS的北京市人口密度空间分布分析. 测绘科学, 29 (4)：40-43.

曾宝富. 2010. 中国区域基本公共服务均等化：变化趋势与影响因素. 广州：华南理工大学.

曾永明, 张果. 2011. 基于GIS和BP神经网络的区域农村贫困空间模拟分析——一种区域贫困程度测度新方法. 地理与地理信息科学, 27 (2)：74-79.

曾永明. 2011. 基于GIS和BP神经网络的区域贫困与扶贫现状空间模拟分析. 成都：四川师范大学.

张兵, 金凤君, 于良. 2006. 湖南公路网络演变的可达性评价. 经济地理, 26 (5)：776-779, 796.

张镝, 吴利华. 2008. 我国交通基础设施建设与经济增长关系实证研究. 工业技术经济, 8：87-90.

张海. 2012. 土地的人口承载潜力研究中作物生产力估算方法评价. 中国农业气象, 1：24-26.

张华. 2012. 自然保护区生态旅游环境承载力综合评价指标体系初步研究. 农业环境保护, 21 (4)：365-368.

张华东. 2008. 可持续发展评价指标体系建立原理与方法研究. 环境科学学报, 18 (5): 526-532.

张建华, 陈立中. 2006. 总量贫困测度研究述评. 经济学 (季刊), (2): 676-690.

张剑波, 刘丹, 吴信才. 2006. GIS 中栅格数据存储管理的研究与实现. 桂林工学院学报, (01): 54-58.

张剑宇. 2007. 辽宁省相对资源承载力研究. 长春: 吉林大学.

张洁, 赵其国. 2010. 长江三角洲地区农业可持续发展评价及研究. 土壤学报, (03): 135-139.

张菁蕾. 2007. 多源空间数据的组织管理与应用. 上海: 同济大学.

张利. 2005. 多尺度海量栅格数据组织与管理的研究. 郑州: 中国人民解放军信息工程大学.

张明. 2005. 人口, 资源与环境经济学. 北京: 科学出版社.

张楠. 2002. 中国土地资源生产能力及人口承载量研究. 中国人民大学出版社.

张松林, 张昆. 2007. 全局空间自相关 Moran 指数和 G 系数对比研究. 中山大学学报 (自然科学版), 46 (4): 93-97.

张霞. 2009. 郑州市土地承载力系统动力学研究. 河海大学学报, 27 (1): 53-56.

张晓旭, 冯宗宪. 2008. 中国人均 GDP 的空间相关与地区收敛: 1978-2003. 经济学 (季刊), 7 (2): 399-414.

张新, 刘海炜, 董文, 等. 2011. 省级主体功能区划的交通优势度的分析与应用——以河北省为例. 地球信息科学学报, 13 (2): 170-176, 280.

张兴华. 2011. 临夏州农村贫困问题研究. 兰州: 西北民族大学.

张学良. 2007. 中国交通基础设施与经济增长的区域比较分析. 财经研究, 33 (8): 51-63.

张学志. 2009. 区域可达性演变及与区域经济发展关系研究. 西安: 西北大学.

张亚军, 华一新. 2012. 一种支持多版本空间数据的索引方法. 测绘通报, (S1): 582-584, 592.

张彦琦, 唐贵立, 王文昌, 等. 2008. 基尼系数和泰尔指数在卫生资源配置公平性研究中的应用. 中国卫生统计, 25 (3): 243-246.

张永勇, 夏军, 王中根. 2007. 区域水资源承载力理论与方法探讨. 地理科学进展, 26 (2): 126-132.

张岳. 2010. 中国区域可持续发展水平及其空间分布特征. 地理学报, 55 (2): 139-150.

张昀. 2007. 建议使用指数平滑预测法. 财税与会计, (01): 30-31.

张志江. 2009. 客观权重与主观权重的权衡. 技术经济与管理研究, (03): 62.

张宙云. 2006. 莱州市现代化水网建设及水生态系统保护与修复规划. 山东大学.

张作昌. 2005. 基于要素的多比例尺线状地物空间数据组织. 武汉: 武汉大学.

赵冰, 张杰. 2009. 基于 GIS 的淮河流域桐柏-大别山区生态脆弱性评价. 水土保持研究, 16 (3): 135-138.

赵兵. 2008. 资源环境承载力研究进展及发展趋势. 西安财经学院学报, (03): 114-118.

赵宏斌. 2008. 中国高等教育规模省级区域分布的差异性研究-基于泰尔指数的比较. 中国高教研究, (2): 23-27.

赵伶俐. 2010. 面向城镇化数据整合的数据索引方法研究. 长沙：中南大学.

赵一平，胡安洲. 1994. 关于综合运输理论研究的几个问题. 重庆交通学院学报，13（2）：1-7.

赵一平. 1994. 我国交通运输与农村经济发展关系研究. 综合运输，(5)，2-5.

赵跃龙，刘燕华. 1996. 中国脆弱生态环境分布及其与贫困的关系. 人文地理，11（2）：1-7.

赵跃龙，张玲娟. 1998. 脆弱生态环境定量评价方法的研究. 地理科学，18（1）：73-79.

郑宇，冯德显. 2002. 城市化进程中水土资源可持续利用分析. 地理科学进展，21（3）：223-229.

中共中央，国务院. 2011. 中国农村扶贫开发纲要（2011-2020年）. 中华人民共和国国务院公报，(35).

中华人民共和国国务院. 2010. 关于深入实施西部大开发战略的若干意见.

中华人民共和国环境保护行业标准，HJ/T 192—2006，生态环境状况评价技术规范（试行），2006.

钟小娟，孙保平，赵岩. 2011. 基于主成分分析的云南生态脆弱性评价. 生态环境学报，20（1）：109-113.

周靖. 2005. 我国西部地区新型工业化道路的路径选择. 湖南经济管理干部学院学报，16（4）：19-21.

周亮广，梁虹. 2006. 基于主成分分析和熵的喀斯特地区水资源承载力动态变化研究——以贵阳市为例. 自然资源学报，21（5）.

周宁，郝晋珉，邢婷婷，等. 2012. 黄淮海平原地区交通优势度的空间格局. 经济地理，32（8）：91-96.

周铁军，赵廷宁，戴怡新，等. 2006. 毛乌素沙地县域生态环境质量评价研究——以宁夏回族自治区盐池县为例. 水土保持研究，13（1）：155-159.

朱蕊. 2012. 多源空间矢量数据一致性处理技术研究. 郑州：解放军信息工程大学.

朱王璋. 2015. 多源海量地理栅格数据库引擎技术研究. 北京：北京建筑大学.

朱颖. 2007. 崇明岛土地资源承载力综合评价指标体系研究. 上海：华东师范大学.

朱子明，祁新华. 2009. 基于 Moran'I 的闽南三角洲空间发展研究. 经济地理，29（12）：1977-1980，2070.

邹薇，方迎风. 2012. 怎样测度贫困：从单维到多维. 武汉大学经济与管理学院，(2)：63-69.

21 世纪议程. 联合国经济与社会发展. http://www.un.org/chinese/esa/agenda.htm

A Study on the Equalization of Population and Family Planning Basic Public Services. China Population Today, 2012, 03: 43.

Ai T, Oosterom P. 2002. GAP-Tree Extensions Based onSkeleons. The 10th International Symposium onSpatial Data Handling, Berlin.

Alkire S, Foster J. 2010. Counting and multidimensional poverty measurement. Journal of Public Economics, 95 (7): 476-487.

Alkire S, Foster J. 2011. Understandings and misunderstandings of multidimensional poverty measurement. Journal of Economic Inequality, 9 (2): 289-314.

Alkire S, Santos M E. 2011. The Multidimensional Poverty Index (MPI). OPHI.

Amartya Sen. 任赜, 于真, 译. 2002. 以自由看待发展. 北京: 人民大学出版社.

Bertino E, Damiani M L. 2004. A controlled access to spatial data on web. Proc. of the 7thAGILE Conf. On Geographic Information Science, 369-377.

BINA AGARWAL. Gender, environment, and poverty interlinks: regional variations and temporal shifts in rural india, 1971-91. World Development, 25 (1): 23-52.

Botham R W. 1980. The regional development effeets of road investment. Transportation Planning and Technology, (6): 97-108.

Bowen J. 2000. Airline hubs in Southeast Asia: national economic development and nodalaceessibility. Journal of Transport Geography, 8: 25-41.

Chakravarty, Deut, Silber. 2005. On the watts multidimensional povertyIndex. The Many Dimensions of Poverty International Conference. UNDP International Poverty Centre, 29-32.

Deng Z B, Wu C Y, Zhang J L. 2014. Study on the supply efficiency of rural public service in china based on three-stage DEA model. Asian Agricultural Research, 6 (1): 6-13.

Deng Z B, Zhang J L, Feng Y G, et al. 2013. Factors influencing the supply efficiency of basic public service at county level. Asian Agricultural Research, 09: 53-59.

Editorial Department. 2014. NHFPC launched pilot work of basic public services equalization for migrant population. China Population Today, 2014, 01: 39.

Emily J. 2012. CALLANDER, DEBORAH J. SCHOFIELD, RUPENDRA N. SHRESTHA. Capacity for Freedom-Using a new poverty measure to look at RegionalDiffernces in Living Standards within Australia. Geographical Research, 50 (4): 411-420.

Femald. 1999. Roads to prosperity? Assessing the link between public capital and produtevity. American Economic Review, 89 (3): 619-638.

Gilvan R Guedes, Eduardo S Brondízio, Alisson F Barbieri, et al. 2012. Poverty and inequality in the rural brazilian amazon: a multidimensional approach. Human Ecology, 40 (1): 41-57.

GomaaM. Dawod, MerajN. Mirza, RamzeA. Elzahrany, KhalidA. Al- Ghamdi. GIS- Based Public Services Analysis Based on Municipal Election Areas: A Methodological Approach for the City of Makkah, Saudi Arabia. Journal of Geographic Information System, 2013, 0504.

Gutierrez J, Gonzale R, Gomez G. 1996. The European high-Speed train network: predieted effects on accessibility patterns. Joumal of Transport Geography, 4 (4): 227-238.

Holl A. 2007. Twenty years ofaceessibility improvements. The case of the Spanish motorway building Programme. Journal of Transport Geography, 15: 286-297.

James D, Jansen H, Opschoor H. 1978. Economic Approaches to Environmental Problems-Techniques and Results of Empirical Analysis. elsevier scientific publishing company amsterdan.

Krivtsova V, Vigybo, Legga C, et al. 2009. Fuel modelling in terrestrial ecosystems: an overview in the context of the development of an object- orientated database for wide fire analysis. Ecological Modelling, 2 (20): 2915-2926.

Kullenberg G. 2009. Regional co- development and security—a comprehensive approach. Ocean &

coastal management, 45 (11): 761-776.

Linneker B, Spence N. 1996. Road transport infrastrUcture and regional economic development. Joumal of Transport Geography, 4 (2): 77-92.

Meadows D L. 1972. The Limits to Growth.

Millennuiu Ecosystem Assessment Home Page. http://www.unep.org/maweb/en/index.aspx

MirkoKlaric. 2009. Basic aspects of Public Services in law of European Union. Collected papers of the faculy of law in Split, 463.

Murayama Y. 1994. The impact of railways onaeeessibility in the Japanese urban system. Joumal of Transport Geography, 2 (2): 87-100.

Ndalahwa F. 2005. Madulu. environment, poverty and health linkages in the Wami River basin: a search for sustainable water resource management. Physics and Chemistry of the Earth (30): 950-960.

Oosterom P, Lemmen C. 2001. Spatial data-managementon a very large cadastral database. Computers Environment and Urban Systems, 25 (4/5): 509-528.

Oosterom P. 2005. Scaleless topological data structures Suitable for progressive transfer: the GAP-FaceTree and GAP-Edge Forest. Auto Carto 2005Research Symposium, Las Vegas.

Parrish B D. 2007. Designing the sustainable enterprise. Futures, 39 (7): 846-860.

PaulCS. Progress in Empirical Measurement of theUrban Environment: An Exploration of the Theoreticaland Empirical Advantages of Using Nighttime SatelliteImagery in Urban Studies. 4th International Conference on Integrating GIS and Environmental Modeling (GIS/EM4). Canada, 2000.

Ponsioen T C, Hengsdijk H, Wolf J, et al. 2006. TechnoGIN, a tool for exploring and evaluating resource use efficiency of cropping systems in East and Southeast Asia. Agricultural Systems, 87 (1): 80-100.

Rahaman, KhanRubayet, Salauddin, et al. 2009. A Spatial Analysis on the Provision of Urban Public Services and their Eeficiencies: A Study of some Selected Blocks in Khulna City, Bangladesh. Theoretical and Empirical Researches in Urban Management.

Regional Environmental Monitoring and Assessment Program Home Page. http://www.epa.gov/emap/remap/index.html

Ricard GinéGarriga, Agustí Pérez Foguet. 2013. Unravelling the linkages between water, sanitation, hygiene and rural poverty: the wash poverty index. Water Resource Manage, (27): 1501-1515.

Sasaoka L K, Medeiros C B. 2006. Access Control in Geographic Databases. BerlinHeidoueny: Springer-Verleg, 110-119.

SCOTT M. 2003. SWINTON, GERMAN ESCOBAR, THOMAS REARDON. Poverty and environment in latin America concepts, evidence and policy implications. World Development, 31 (11): 1865-1872.

Sesay S, Yang Z K, Chen J W, et al. 2005. A Secure Database Encryption Scheme. Consumer Communications and Networking Conference, 49-53.

Simenstad C A, Cordell J R. 2010. Ecological assessment criteria for restoring anadromous salmonid habitat in Pacific Northwest estuaries. Ecological Engineering, 15 (3): 283-302.

Song X Q, Deng Wi, Liu Y. 2014. Spatial Spillover and the factors influencing public service supply in sichuan province, China. Journal of Mountain Science, 05: 1356-1371.

SOZER A. 2010. Design and Implementation of Spatiotemporal Databases. Ankara: Middle East Technical University.

Vermeij M J. 2003. Development of a TopologicalDataStructure for On-the-Fly Map Generalisation. Netherlands: Delft University of Technology.

Vickerman R. 1996. Loeation, aceessibility and regional development: the appraisal of trans-European networks. Trmsport Poliey, 2 (4): 225-234.

Viekerman R, Spiekermann K, Wegener M. 1999. Aeeessibility and economic development in europe. Regional Studies, 33 (1): 1-15.

Wang X. 2010. Research review of the ecological carrying capacity. Journal of Sustainable Development, 3 (3).

Wasantha Subasinghe. 2009. 关于贫困的概念分析. 当代经济, (03): 34-35.

Yang Y. 2014. Study of the urban and rural education's fairness in the field of public service. Chinese Studies, 0301.

Yu-ming, G. 2014. 基于遗传算法和BP神经网络的房价预测分析. 计算机工程, 40 (4): 187-191.

Zhu X, Liu S X. 2004. Analysis of impact of the MRT system on aceessibility in SingaPore using an integrated GIS tool. Journal of Transport Geography, (12): 89-101.

后　　记

本书是在由国务院扶贫开发领导小组办公室组织实施的"十二五"国家科技支撑计划项目"扶贫空间信息系统关键技术及其应用"（项目号：2012BAH33B00）的课题"基于空间信息技术的贫困精准识别"（课题号：2012BAH33B03）部分研究成果基础上撰写而成的。

课题在实施过程中，得到国家科学技术部、国家遥感中心的领导以及该领域专家们的大力支持。得到国务院扶贫开发领导小组办公室、中国国际扶贫中心、首都师范大学等单位的领导和专家学者们的鼎力支持和帮助，并在需求调研、测试分析、试验示范阶段得到国务院扶贫开发领导小组办公室、重庆、河南、内蒙古、湖北、广西等各级扶贫业务部门的大力支持。

衷心感谢课题组所有成员在课题执行期间亲力亲为的全程参与和组织协调，为课题的顺利执行和本书的撰写出版付出大量心血。特别感谢段福洲、胡卓玮、胡德勇、李家存、邓磊、宫兆宁等诸位老师对本研究的全方位鼎力支持，他们对研究工作的多次指点使课题组受益匪浅，保障了研究的顺利开展。

特别感谢王志恒、陈烨烽、曹诗颂、张建辰等课题组所有研究生对本书研究专题的辛苦付出。在课题组老师的顶层设计与具体指导下，大家各司其职，从资料收集到数据处理，从模型凝练到案例验证，每一步与老师反反复复的研讨沟通与修改加工，为研究提供了很多实验素材，为本书的出版打下了坚实的基础。感谢课题组所有研究生对本书的文图排版与加工处理所做工作。

全书由王艳慧负责大纲的拟定与撰写统稿。各章具体分工为：第1章、第9章由王艳慧、赵文吉负责撰写；第2章由郭辉负责撰写；第3章由钱乐毅、王白雪负责撰写；第4章由李静怡负责撰写；第5章由宁方馨负责写；第6章由谯博文负责撰写；第7章由迟瑶负责撰写；第8章由王强、郭辉负责撰写。

在此，向所有曾为本书的研究和出版提供帮助的朋友们致以诚挚的谢意！

作　者

2017年5月